CALCULUS ON MANIFOLDS: MODERN APPROACH TO CLASSICAL THEOREMS OF ADVANCED CALCULUS

TURING 图灵数学经典 · 17

流形上的微积分

[美] 迈克尔 · 斯皮瓦克（Michael Spivak）/ 著

齐民友　路见可 / 译

人 民 邮 电 出 版 社

北 京

图书在版编目（CIP）数据

流形上的微积分 /（美）迈克尔 · 斯皮瓦克（Michael Spivak）著；齐民友，路见可译. -- 北京：人民邮电出版社，2025. --（图灵数学经典）. -- ISBN 978-7-115-66462-4

I. O172

中国国家版本馆 CIP 数据核字第 2025L6S905 号

内 容 提 要

本书主要涉及高等微积分的知识，对于一些经典结论进行了现代化的处理，利用微分流形和微分形式，简明而系统地讨论了多元函数的微积分. 内容深入浅出，论证严格而易于理解. 阅读本书需要具备坚实的微积分基础，熟悉线性代数和集合论符号. 除此之外，对抽象数学的理解也是必不可少的.

本书适合学习多元微积分和了解流形的研究生及高年级本科生使用，也可供数学工作者和数学专业师生参考.

◆ 著　　[美] 迈克尔 · 斯皮瓦克（Michael Spivak）
译　　齐民友 路见可
责任编辑　张子尧
责任印制　胡　南

◆ 人民邮电出版社出版发行　　北京市丰台区成寿寺路 11 号
邮编 100164　电子邮件 315@ptpress.com.cn
网址 https://www.ptpress.com.cn
天津千鹤文化传播有限公司印刷

◆ 开本：700 × 1000　1/16
印张：11　　2025 年 4 月第 1 版
字数：204 千字　　2025 年 4 月天津第 1 次印刷

著作权合同登记号　图字：01-2022-2044 号

定价：59.80 元

读者服务热线：(010)84084456-6009 印装质量热线：(010)81055316
反盗版热线：(010)81055315

版 权 声 明

中译本序

中译本第一次问世是在 1981 年，在经历了四分之一个世纪后再次与我国读者见面，是很有意义的.

第一次与读者见面时，正值改革开放初期，大家对获取新的数学知识有着极高的热情. 而现在再次呈献给读者时，人们关注的仍然是如何使我国的数学教育与研究工作更好地跟上世界数学发展的步伐. 从不少读过此书或用此书进行过教学的读者的反馈来看，本书仍是有益的. 正如原书序所说，本书内容是初等的，但是探讨的方法都是现代的. 它与我们常见的经典的微积分教材比较，具有明显的特色——“现代的和经典的处理方式按照完全不同的思路进行，其间有许多交汇点，最终汇合在最后一节.” 读过本书后，后续读物是什么? 也如原书序所说：“至少有一半主要的数学分支都可以很有根据地推荐为本书内容的合理的继续.” 由此可以看到，本书所介绍的内容，特别是处理方法对读者在数学上的发展有着非常重要的价值.

那么，本书是不是很难? 这要看读者的要求. 本书篇幅小，内容简洁，陈述也不晦涩. 如果只是粗略读一次，至少能学会现代数学的某些概念、用语和方法. 但是真正的问题在于，现代的与经典的数学比较，在思路、风格上都大有不同. 要想学到现代数学的一些思想与方法，进而能运用自如，当然不是易事. 所以原书作者希望读者“鼓起勇气彻底学好第 4 章，确信这些努力是值得的”. 数学界有一句“格言”：数学不是看懂的，而是算懂的. 意思是想要真正掌握数学，唯一的办法就是拿起笔来自己算上一算. 所以原书序说“习题是本书最重要的部分”. 当本书的编辑建议为本书编写习题解答时，我们开始还有一些犹豫，因为不少同志都说，如果把习题都解答了出来，一本好书就至少会降低一半价值. 但是当我们仔细看过习题后，发现这里几乎没有依样画葫芦般的模仿性操作，也几乎没有什么技巧性的“难题”. 书中的习题主要是帮助读者领略或掌握一些现代数学的风格和表述方法. 这就不应该只靠大学生自己单枪匹马地探索解题方法. 所以我们仍然选了一些有代表性的题目，阐述了我们自己的想法. 但是这些题目也没有完全做到底，读者自己仍然要下苦功夫，甚至查阅一些参考书. 可以说，本书的“附录”只是一份参考材料. 书中仍有不少习题应该在参考书中寻找解答. 因此，第 5 章后一部分习题就完全没有给出提示，因为那样会占用太多篇幅. 同时原书作者似乎也只是把重点放在前四章和第 5 章的前一半.

无论如何，这个附录一定有许多缺点：可能对习题理解有误，可能解法有误. 至于有些题目做得“不好”是必然的，希望读者不吝赐教. 但是如果这些提示对读者有所启发而引发动手解题的欲望，也就完全达到了目的.

原书提到了少量参考书，不仅如原书作者所说的可能不完备，甚至对求解习题也不会有立竿见影的效果. 我们也不打算再多列一些. 至少，所有关于微分流形、微分拓扑的书，大部分是可以用的. 但想要达到上面讲的目的，再读一本篇幅大一点的书似乎是很有必要的. 译者想请大家注意原书作者的一本大部头书（五卷集）：M. Spivak. *A Comprehensive Introduction to Differential Geometry*. Publish or Perish, Inc. Berkeley, 1979. 这是一本几何名著，第一卷是讲微分流形的. 读者如果有可能下一点功夫至少读上前几章，必会大有收获——但也不一定能找到这里的习题的详细解答.

不少同志使用过本书作为教材. 浙江大学干丹岩教授特别详细地提供了自己在教学中发现的原书的错误，我们在修订译本时大都作了修正. 武汉大学杜乃林教授在我们编写习题解答时提供了极大的帮助. 在此表示诚挚的谢意. 这次出版译者自己也改正了一些错误. 我们诚恳地欢迎读者继续提出批评意见.

译　者

2005 年国庆节

原书序

“高等微积分”中有一些部分，因为其概念和方法比较复杂，所以在初等水平上难以严格处理. 本书就是专门讲述这些部分的. 这里采用的探讨方法是复杂的数学中初等形式的现代方法. 作为正式要求的预备知识只需要一学期的线性代数知识，对集合论的记号略有了解，以及一门内容合适的大学一年级微积分课 [其中至少应提到实数集的上确界（sup）与下确界（inf）]. 除此之外，对抽象数学一定程度的熟悉（哪怕是潜在的）也几乎是不可缺少的.

本书前半部的内容是高等微积分中的简单部分，它把初等微积分中的一些内容推广到高维. 第 1 章是预备知识，第 2 章、第 3 章分别讨论微分和积分.

本书其余部分用于研究曲线、曲面和更高维的类似物. 这里，现代的和经典的处理方式按照完全不同的思路进行，其间有许多交汇点，最终汇合在最后一节. 印在本书（英文版）封面上的那个很经典的方程也是本书中的最后一个定理（斯托克斯定理）. 这个定理具有奇妙的历史，它经历过惊人的变化.

这个定理在威廉 · 汤姆森爵士（Sir William Thomson）[即后来的开尔文勋爵（Lord Kelvin）] 于 1850 年 7 月 2 日致斯托克斯的信末附笔中被首次提出. 它公开出现则是在 1854 年，作为当年史密斯奖的第 8 道竞赛题. 这个竞赛由斯托克斯教授主持，每年由剑桥大学最好的数学学生参加. 到他去世之时，这个结果就广为人知了. 人们将其命名为斯托克斯定理. 与他同时代的人至少对此给出过三个证明：汤姆森发表了第一个，第二个见于汤姆森和泰特（Tait）所著的《论自然哲学》（*Treatise on Natural Philosophy*），麦克斯韦（Maxwell）在《电磁论》（*Electricity and Magnetism*）[13] 中又给出了第三个证明. 此后，斯托克斯的名字被用于更一般的结果，在数学的某些领域的发展中显然如此重要，以至于斯托克斯定理可以看作“推广”的价值的一个例证.

本书中斯托克斯定理有三种形式. 斯托克斯本人得到的形式在最后一节，还有和它不可分离的伴随定理——格林定理和散度定理. 这三个定理，也就是本书（英文版）副标题里提到的经典定理，很容易从一个现代的斯托克斯定理推导出来，后者出现在第 5 章靠前的部分. 经典定理关于曲线和曲面所讲的内容就是这个现代的斯托克斯定理关于它们的高维类似物（流形）所讲的内容，这在 5.1 节中进行了深入的研究. 研究流形的理由仅从它在现代数学中的重要性就足以说明，其实它并不比详细研究曲线和曲面更费力.

读者可能会以为现代斯托克斯定理至少和可以由它推导出的经典定理一样难. 其实不然，它只不过是斯托克斯定理的另外一种讲法的一个很简单的推论. 这个很抽象的讲法是第 4 章最后的也是主要的结果. 完全有理由设想，迄今回避的难点必然隐藏在这里. 然而这个定理的证明在数学家看来却是自明的——只是直接的计算而已. 但是，如果没有第 4 章中大量复杂的定义，这个自明的陈述恐怕都令人无法理解. 这里有一些好的理由说明为什么定理如此容易而定义却很难. 斯托克斯定理的发展表明，一个简单的原理可以化装成好几个复杂的结果. 许多定理的证明只不过是撕掉这层伪装罢了. 另外，定义有双重目的：它们既以严格的概念代替模糊的想法，又是非常好的证明工具. 第 4 章前两节准确地定义了经典数学中所谓“微分表达式”$P\,\mathrm{d}x + Q\,\mathrm{d}y + R\,\mathrm{d}z$ 或 $P\,\mathrm{d}x\,\mathrm{d}y + Q\,\mathrm{d}y\,\mathrm{d}z + R\,\mathrm{d}z\,\mathrm{d}x$ 是什么，并且证明了它们的运算规则. 在 4.3 节中定义的链以及单位分解（在第 3 章里已介绍）使我们不必在证明中把流形切成小块. 它们把有关流形的问题转化成关于欧几里得空间的问题. 每件在流形里看起来很难的事，在欧几里得空间里却都很容易.

把一个主题的深奥之处集中到定义上去，无可否认是很省事的，但这必定会给读者造成一些困难. 我希望读者鼓起勇气彻底学好第 4 章，确信这些努力是值得的：最后一节中的经典定理只代表了第 4 章的少数应用，而绝不是最重要的应用. 许多其他的应用放在习题里，读者查阅参考文献还可以找到进一步的发展.

关于习题和参考文献还要讲几句，本书大多数小节末都有习题，并且（和定理一样）按章编号. 加了星号的问题表明正文要用到其结果，但是这种谨慎其实是不必要的——习题是本书最重要的部分，读者至少应该对所有题目都试一试. 参考文献肯定编得既不完备又繁冗不堪，因为至少有一半主要的数学分支都可以很有根据地推荐为本书内容的合理的继续. 我试图把它编得虽不完备但很诱人.

在本书的写作过程中，我收到了很多批评和建议. 我特别感谢 Richard Palais、Hugo Rossi、Robert Seeley 和 Charles Stenard 提出的许多有用的评论.

我借重印本书的机会改正热情的读者向我指出的许多印刷和原稿中的小错误. 此外，定理 3-11 之后的内容已完全修订和改正. 另一些重要的改变如果放进正文中，势必会造成过大的改动，所以放在了书末的补遗里.

迈克尔 · 斯皮瓦克

1968 年 3 月于美国马萨诸塞州沃尔瑟姆市

目　　录

第 1 章　欧几里得空间上的函数

1.1　范数与内积

欧几里得 n 维空间（简称欧氏空间）$\mathbb{R}^n$ 定义为一切由实数 x^i 构成的 n 数组 $(x^1,\cdots,x^n)$（一个“1 数组”就是一个数）的集合（$\mathbb{R}^1=\mathbb{R}$ 则是一切实数的集合）. $\mathbb{R}^n$ 的元通常称为 $\mathbb{R}^n$ 中的点，而 $\mathbb{R}^1$、$\mathbb{R}^2$、$\mathbb{R}^3$ 通常分别称为直线、平面和空间. 若 $\boldsymbol{x}$ 表示 $\mathbb{R}^n$ 的元，则 $\boldsymbol{x}$ 是一个 n 数组，其中第 i 个数记作 x^i，于是我们可以将其写成

$$\boldsymbol{x}=\left(x^1,\cdots,x^n\right).$$

$\mathbb{R}^n$ 中的点也常常称为 $\mathbb{R}^n$ 中的向量，因为按照运算规则 $\boldsymbol{x}+\boldsymbol{y}=(x^1+y^1,\cdots,x^n+y^n)$ 以及 $a\boldsymbol{x}=(ax^1,\cdots,ax^n)$，$\mathbb{R}^n$ 是一个向量空间（在实数域上，维数为 n）. 在这个向量空间中，向量 $\boldsymbol{x}$ 的长度概念通常称为 $\boldsymbol{x}$ 的**范数** $|\boldsymbol{x}|$，定义为 $|\boldsymbol{x}|=\sqrt{(x^1)^2+\cdots+(x^n)^2}$. 若 $n=1$，则 $|x|$ 就是通常的 x 的绝对值. 范数和 $\mathbb{R}^n$ 的向量空间结构间的如下关系极为重要.

定理 1-1　若 $\boldsymbol{x},\boldsymbol{y}\in\mathbb{R}^n$ 且 $a\in\mathbb{R}$，则

(1) $|\boldsymbol{x}|\geqslant 0$，$|\boldsymbol{x}|=0$ 当且仅当 $\boldsymbol{x}=\boldsymbol{0}$.

(2) $\left|\sum_{i=1}^n x^iy^i\right|\leqslant|\boldsymbol{x}|\cdot|\boldsymbol{y}|$，等式成立当且仅当 $\boldsymbol{x}$ 与 $\boldsymbol{y}$ 线性相关.

(3) $|\boldsymbol{x}+\boldsymbol{y}|\leqslant|\boldsymbol{x}|+|\boldsymbol{y}|$.

(4) $|a\boldsymbol{x}|=|a|\cdot|\boldsymbol{x}|$.

证明　(1) 留给读者证明.

(2) 若 $\boldsymbol{x}$ 与 $\boldsymbol{y}$ 线性相关，则等式明显成立. 若不是这样，则对一切 $\lambda\in\mathbb{R}$ 有 $\lambda\boldsymbol{y}-\boldsymbol{x}\neq\boldsymbol{0}$，所以

$$0<|\lambda\boldsymbol{y}-\boldsymbol{x}|^2=\sum_{i=1}^n\left(\lambda y^i-x^i\right)^2=\lambda^2\sum_{i=1}^n\left(y^i\right)^2-2\lambda\sum_{i=1}^n x^iy^i+\sum_{i=1}^n\left(x^i\right)^2.$$

因此，右边是关于 λ 的没有实根的二次式，其判别式必须为负，于是有

$$4\left(\sum_{i=1}^n x^iy^i\right)^2-4\sum_{i=1}^n\left(x^i\right)^2\cdot\sum_{i=1}^n\left(y^i\right)^2<0.$$

(3)
$$|\boldsymbol{x}+\boldsymbol{y}|^2=\sum_{i=1}^n\left(x^i+y^i\right)^2$$

$$
\begin{aligned}
&= \sum_{i=1}^{n}\left(x^i\right)^2 + \sum_{i=1}^{n}\left(y^i\right)^2 + 2\sum_{i=1}^{n} x^i y^i \\
&\leqslant |\boldsymbol{x}|^2 + |\boldsymbol{y}|^2 + 2|\boldsymbol{x}|\cdot|\boldsymbol{y}| \qquad \text{由 (2)} \\
&= (|\boldsymbol{x}| + |\boldsymbol{y}|)^2.
\end{aligned}
$$

(4)
$$
|a\boldsymbol{x}| = \sqrt{\sum_{i=1}^{n}\left(ax^i\right)^2} = \sqrt{a^2\sum_{i=1}^{n}\left(x^i\right)^2} = |a|\cdot|\boldsymbol{x}|.
$$
■

在 (2) 中出现的量 $\sum_{i=1}^{n} x^i y^i$ 称为 $|\boldsymbol{x}|$ 与 $|\boldsymbol{y}|$ 的内积，并记作 $\langle \boldsymbol{x}, \boldsymbol{y}\rangle$. 内积的一些最重要的性质如下所述.

定理 1-2　若 $\boldsymbol{x}$、$\boldsymbol{x}_1$、$\boldsymbol{x}_2$ 与 $\boldsymbol{y}$、$\boldsymbol{y}_1$、$\boldsymbol{y}_2$ 是 $\mathbb{R}^n$ 中的向量，且 $a \in \mathbb{R}$，则

(1) $\langle \boldsymbol{x}, \boldsymbol{y}\rangle = \langle \boldsymbol{y}, \boldsymbol{x}\rangle$　（对称性）.

(2) $\langle a\boldsymbol{x}, \boldsymbol{y}\rangle = \langle \boldsymbol{x}, a\boldsymbol{y}\rangle = a\langle \boldsymbol{x}, \boldsymbol{y}\rangle$　（双线性）.

$\langle \boldsymbol{x}_1 + \boldsymbol{x}_2, \boldsymbol{y}\rangle = \langle \boldsymbol{x}_1, \boldsymbol{y}\rangle + \langle \boldsymbol{x}_2, \boldsymbol{y}\rangle$

$\langle \boldsymbol{x}, \boldsymbol{y}_1 + \boldsymbol{y}_2\rangle = \langle \boldsymbol{x}, \boldsymbol{y}_1\rangle + \langle \boldsymbol{x}, \boldsymbol{y}_2\rangle$

(3) $\langle \boldsymbol{x}, \boldsymbol{x}\rangle \geqslant 0$，$\langle \boldsymbol{x}, \boldsymbol{x}\rangle = 0$ 当且仅当 $\boldsymbol{x} = \boldsymbol{0}$　（正定性）.

(4) $|\boldsymbol{x}| = \sqrt{\langle \boldsymbol{x}, \boldsymbol{x}\rangle}$.

(5) $\langle \boldsymbol{x}, \boldsymbol{y}\rangle = \dfrac{|\boldsymbol{x}+\boldsymbol{y}|^2 - |\boldsymbol{x}-\boldsymbol{y}|^2}{4}$　（极化等式）.

证明　(1) $\langle \boldsymbol{x}, \boldsymbol{y}\rangle = \sum\limits_{i=1}^{n} x^i y^i = \sum\limits_{i=1}^{n} y^i x^i = \langle \boldsymbol{y}, \boldsymbol{x}\rangle$.

(2) 由 (1) 可知，只需证明

$$
\begin{aligned}
\langle a\boldsymbol{x}, \boldsymbol{y}\rangle &= a\langle \boldsymbol{x}, \boldsymbol{y}\rangle, \\
\langle \boldsymbol{x}_1 + \boldsymbol{x}_2, \boldsymbol{y}\rangle &= \langle \boldsymbol{x}_1, \boldsymbol{y}\rangle + \langle \boldsymbol{x}_2, \boldsymbol{y}\rangle.
\end{aligned}
$$

这些可由下列等式得出:

$$
\begin{aligned}
\langle a\boldsymbol{x}, \boldsymbol{y}\rangle &= \sum_{i=1}^{n}\left(ax^i\right)y^i = a\sum_{i=1}^{n} x^i y^i = a\langle \boldsymbol{x}, \boldsymbol{y}\rangle, \\
\langle \boldsymbol{x}_1 + \boldsymbol{x}_2, \boldsymbol{y}\rangle &= \sum_{i=1}^{n}\left(x_1^i + x_2^i\right)y^i = \sum_{i=1}^{n} x_1^i y^i + \sum_{i=1}^{n} x_2^i y^i = \langle \boldsymbol{x}_1, \boldsymbol{y}\rangle + \langle \boldsymbol{x}_2, \boldsymbol{y}\rangle.
\end{aligned}
$$

(3) 和 (4) 留给读者证明.

(5)
$$
\begin{aligned}
&\frac{|\boldsymbol{x}+\boldsymbol{y}|^2 - |\boldsymbol{x}-\boldsymbol{y}|^2}{4} \\
&= \frac{1}{4}[\langle \boldsymbol{x}+\boldsymbol{y}, \boldsymbol{x}+\boldsymbol{y}\rangle - \langle \boldsymbol{x}-\boldsymbol{y}, \boldsymbol{x}-\boldsymbol{y}\rangle] \qquad \text{由 (4)}
\end{aligned}
$$

$$
\begin{aligned}
&= \frac{1}{4}[\langle \boldsymbol{x},\boldsymbol{x}\rangle + 2\langle \boldsymbol{x},\boldsymbol{y}\rangle + \langle \boldsymbol{y},\boldsymbol{y}\rangle - (\langle \boldsymbol{x},\boldsymbol{x}\rangle - 2\langle \boldsymbol{x},\boldsymbol{y}\rangle + \langle \boldsymbol{y},\boldsymbol{y}\rangle)] \\
&= \langle \boldsymbol{x},\boldsymbol{y}\rangle.
\end{aligned}
$$

■

我们对记号作一些重要注解以结束本节. 向量 $(0,\cdots,0)$ 通常简记为 $\mathbf{0}$. $\mathbb{R}^n$ 的**通常基**是 $\boldsymbol{e}_1,\cdots,\boldsymbol{e}_n$，其中 $\boldsymbol{e}_i=(0,\cdots,0,1,0,\cdots,0)$ 在第 i 个位置上是 1. 若 $T:\mathbb{R}^n\to\mathbb{R}^m$ 是一个线性变换，则 T 关于 $\mathbb{R}^n$ 与 $\mathbb{R}^m$ 的通常基的矩阵是 $m\times n$ 矩阵 $\boldsymbol{A}=(a_{ij})$，其中 $T(\boldsymbol{e}_i)=\sum_{j=1}^m a_{ji}\boldsymbol{e}_i$——$T(\boldsymbol{e}_i)$ 出现在矩阵的第 i 列. 若 $S:\mathbb{R}^m\to\mathbb{R}^p$ 有 $p\times m$ 矩阵 $\boldsymbol{B}$，则 $S\circ T$ 有 $p\times n$ 矩阵 $\boldsymbol{BA}$（这里 $S\circ T(\boldsymbol{x})=S(T(\boldsymbol{x}))$. 在绝大多数线性代数书中，$S\circ T$ 简记为 ST），为了求出 $T(\boldsymbol{x})$，我们来计算 $m\times 1$ 矩阵

$$
\begin{pmatrix} y^1 \\ \vdots \\ y^m \end{pmatrix} = \begin{pmatrix} a_{11} & \cdots & a_{1n} \\ \vdots & & \vdots \\ a_{m1} & \cdots & a_{mn} \end{pmatrix} \cdot \begin{pmatrix} x^1 \\ \vdots \\ x^n \end{pmatrix},
$$

则 $T(\boldsymbol{x})=(y^1,\cdots,y^m)$. 以下习惯记法大大简化了许多公式：若 $\boldsymbol{x}\in\mathbb{R}^n$ 且 $\boldsymbol{y}\in\mathbb{R}^m$，则 $(\boldsymbol{x},\boldsymbol{y})$ 表示

$$
(x^1,\cdots,x^n,y^1,\cdots,y^m)\in\mathbb{R}^{n+m}.
$$

习题

***1-1.** 求证 $|\boldsymbol{x}|\leqslant\sum_{i=1}^n|x^i|$.

1-2. 定理 1-1(3) 中的等式何时成立? 提示：重新检查证明，答案并不是“当 $\boldsymbol{x}$ 与 $\boldsymbol{y}$ 线性相关时”.

1-3. 求证 $|\boldsymbol{x}-\boldsymbol{y}|\leqslant|\boldsymbol{x}|+|\boldsymbol{y}|$. 何时等式成立?

1-4. 求证 $\big||\boldsymbol{x}|-|\boldsymbol{y}|\big|\leqslant|\boldsymbol{x}-\boldsymbol{y}|$.

1-5. $|\boldsymbol{y}-\boldsymbol{x}|$ 称为 $|\boldsymbol{x}|$ 与 $|\boldsymbol{y}|$ 间的**距离**. 求证并在几何上解释“三角不等式”：

$$
|\boldsymbol{z}-\boldsymbol{x}|\leqslant|\boldsymbol{z}-\boldsymbol{y}|+|\boldsymbol{y}-\boldsymbol{x}|.
$$

1-6. 设 f 与 g 在 $[a,b]$ 上平方可积.

(a) 求证 $\left|\int_a^b f\cdot g\right|\leqslant\left(\int_a^b f^2\right)^{\frac{1}{2}}\cdot\left(\int_a^b g^2\right)^{\frac{1}{2}}$. 提示：分别考虑以下两种情况：对某个 $\lambda\in\mathbb{R}$ 有 $0=\int_a^b(f-\lambda g)^2$；对一切 $\lambda\in\mathbb{R}$ 有 $0\leqslant\int_a^b(f-\lambda g)^2$.

(b) 若等式成立，$f=\lambda g$ 必定对某个 $\lambda\in\mathbb{R}$ 成立吗? 若 f 与 g 连续又会怎样?

(c) 证明定理 1-1(2) 是 (a) 的一种特殊情形.

1-7. 对于一个线性变换 $T:\mathbb{R}^n\to\mathbb{R}^n$，如果 $|T(\boldsymbol{x})|=|\boldsymbol{x}|$，那么 T 称为**保范数的**；如果 $\langle T\boldsymbol{x},T\boldsymbol{y}\rangle=\langle\boldsymbol{x},\boldsymbol{y}\rangle$，那么 T 称为**保内积的**.

(a) 求证 T 是保范数的，当且仅当 T 是保内积的.

(b) 求证这种线性变换 T 是一一映射，而且 T^{-1} 也是同一种变换.

1-8. 若 $\boldsymbol{x},\boldsymbol{y}\in\mathbb{R}^n$ 不为零，$\boldsymbol{x}$ 与 $\boldsymbol{y}$ 之间的**角**记作 $\angle(\boldsymbol{x},\boldsymbol{y})$，定义为 $\arccos(\langle\boldsymbol{x},\boldsymbol{y}\rangle/(|\boldsymbol{x}|\cdot|\boldsymbol{y}|))$. 由定理 1-2(2) 可知，它是有意义的. 线性变换 T 称为**保角的**，如果 T 是一一映射，且对 $\boldsymbol{x},\boldsymbol{y}\neq\boldsymbol{0}$ 有 $\angle(T\boldsymbol{x},T\boldsymbol{y})=\angle(\boldsymbol{x},\boldsymbol{y})$.

(a) 求证：若 T 是保范数的，则 T 是保角的.

(b) 若 $\mathbb{R}^n$ 有一组基 $\boldsymbol{x}_1,\cdots,\boldsymbol{x}_n$，又有正数 $\lambda_1,\cdots,\lambda_n$ 使得 $T\boldsymbol{x}_i=\lambda_i\boldsymbol{x}_1$，求证 T 是保角的，当且仅当所有 λ_i 皆相等. ①

(c) 有哪些 $T:\mathbb{R}^n\to\mathbb{R}^n$ 是保角的?

1-9. 若 $0\leqslant\theta<\pi$，设 $T:\mathbb{R}^2\to\mathbb{R}^2$ 的矩阵为 $\begin{pmatrix}\cos\theta & \sin\theta\\ -\sin\theta & \cos\theta\end{pmatrix}$，求证 T 是保角的，且若 $\boldsymbol{x}\neq\boldsymbol{0}$ 则 $\angle(\boldsymbol{x},T\boldsymbol{x})=\theta$.

***1-10.** 若 $T:\mathbb{R}^m\to\mathbb{R}^n$ 是一个线性变换，证明存在数 M 使得对于 $\boldsymbol{h}\in\mathbb{R}^m$ 有 $|T(\boldsymbol{h})|\leqslant M|\boldsymbol{h}|$. 提示：用 $|\boldsymbol{h}|$ 以及 T 的矩阵的元素估计 $|T(\boldsymbol{h})|$.

1-11. 若 $\boldsymbol{x},\boldsymbol{y}\in\mathbb{R}^n$，$\boldsymbol{z},\boldsymbol{w}\in\mathbb{R}^m$，证明 $\langle(\boldsymbol{x},\boldsymbol{z}),(\boldsymbol{y},\boldsymbol{w})\rangle=\langle\boldsymbol{x},\boldsymbol{y}\rangle+\langle\boldsymbol{z},\boldsymbol{w}\rangle$ 以及 $|(\boldsymbol{x},\boldsymbol{z})|=\sqrt{|\boldsymbol{x}|^2+|\boldsymbol{z}|^2}$. 注意，$(\boldsymbol{x},\boldsymbol{z})$ 与 $(\boldsymbol{y},\boldsymbol{w})$ 表示 $\mathbb{R}^{n+m}$ 中的点.

***1-12.** 设 $(\mathbb{R}^n)^*$ 表示向量空间 $\mathbb{R}^n$ 的对偶空间. 若 $\boldsymbol{x}\in\mathbb{R}^n$，用 $\varphi_{\boldsymbol{x}}(\boldsymbol{y})=\langle\boldsymbol{x},\boldsymbol{y}\rangle$ 定义 $\varphi_{\boldsymbol{x}}\in(\mathbb{R}^n)^*$，用 $T(\boldsymbol{x})=\varphi_{\boldsymbol{x}}$ 定义 $T:\mathbb{R}^n\to(\mathbb{R}^n)^*$. 证明 T 是一个线性变换，且是一一映射，并得出结论：每个 $\varphi\in(\mathbb{R}^n)^*$ 都是关于唯一的一个 $\boldsymbol{x}\in\mathbb{R}^*$ 的 $\varphi_{\boldsymbol{x}}$.

***1-13.** 若 $\boldsymbol{x},\boldsymbol{y}\in\mathbb{R}^n$，$\langle\boldsymbol{x},\boldsymbol{y}\rangle=0$，则称 $\boldsymbol{x}$ 与 $\boldsymbol{y}$ **垂直**（或**正交**）. 若 $\boldsymbol{x}$ 与 $\boldsymbol{y}$ 垂直，求证 $|\boldsymbol{x}+\boldsymbol{y}|^2=|\boldsymbol{x}|^2+|\boldsymbol{y}|^2$.

1.2　欧几里得空间的子集

闭区间 $[a,b]$ 在 $\mathbb{R}^2$ 中有一个自然的类似物，这就是**闭矩形** $[a,b]\times[c,d]$，定义为一切数对 (x,y) 的集合，其中 $x\in[a,b]$，$y\in[c,d]$. 更一般地，若 $A\subset\mathbb{R}^m$，$B\subset\mathbb{R}^n$，则 $A\times B\subset\mathbb{R}^{m+n}$ 定义为一切 $(\boldsymbol{x},\boldsymbol{y})\in\mathbb{R}^{m+n}$ 的集合，其中 $\boldsymbol{x}\in A$，

① 原书并不要求 λ_i 为正，结论“当且仅当所有 $|\lambda_i|$ 皆相等”则是不正确的，因为有反例. 见该题解答中“$\lambda_i>0$ 的条件不能去掉，因为有如下反例”起始的一段（第 120 页）. ——译者注

$\boldsymbol{y} \in B$. 特别地，$\mathbb{R}^{m+n} = \mathbb{R}^m \times \mathbb{R}^n$. 若 $A \subset \mathbb{R}^m$，$B \subset \mathbb{R}^n$，$C \subset \mathbb{R}^p$，则 $(A \times B) \times C = A \times (B \times C)$，二者皆简记为 $A \times B \times C$. 这一记法也可推广到任意个数的集合的乘积. 集合 $[a_1, b_1] \times \cdots \times [a_n, b_n] \subset \mathbb{R}^n$ 称作 $\mathbb{R}^n$ 中的**闭矩形**，而集合 $(a_1, b_1) \times \cdots \times (a_n, b_n) \subset \mathbb{R}^n$ 称作**开矩形**. 更一般地，一个集合 $U \subset \mathbb{R}^n$ 称作**开集**（图 1-1），如果对每个 $\boldsymbol{x} \in U$，都有一个开矩形 A 使得 $\boldsymbol{x} \in A \subset U$.

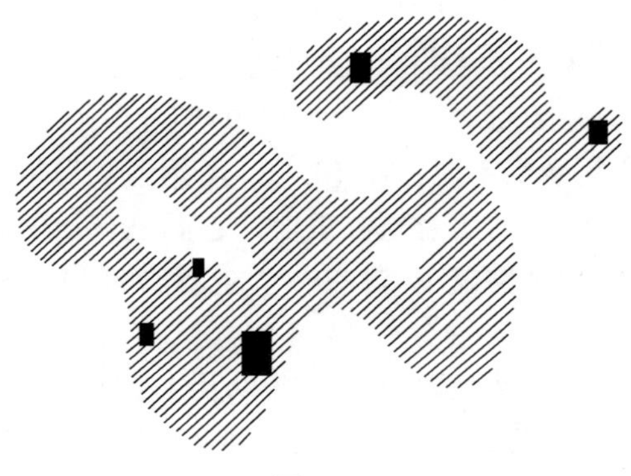

图 1-1

$\mathbb{R}^n$ 的子集 C 称为**闭集**，如果 $\mathbb{R}^n - C$ 是开集. 例如，若 C 只含有限多个点，则 C 为闭集. 读者应该补充证明：$\mathbb{R}^n$ 中的闭矩形确实为闭集.

若 $A \subset \mathbb{R}^n$ 且 $\boldsymbol{x} \in \mathbb{R}^n$，则下列三种可能性之一必成立（图 1-2）.

1. 存在一个开矩形 B 使得 $\boldsymbol{x} \in B \subset A$.
2. 存在一个开矩形 B 使得 $\boldsymbol{x} \in B \subset \mathbb{R}^n - A$.
3. 若 B 是任何一个使得 $\boldsymbol{x} \in B$ 的开矩形，则 B 同时含有 A 与 $\mathbb{R}^n - A$ 中的点.

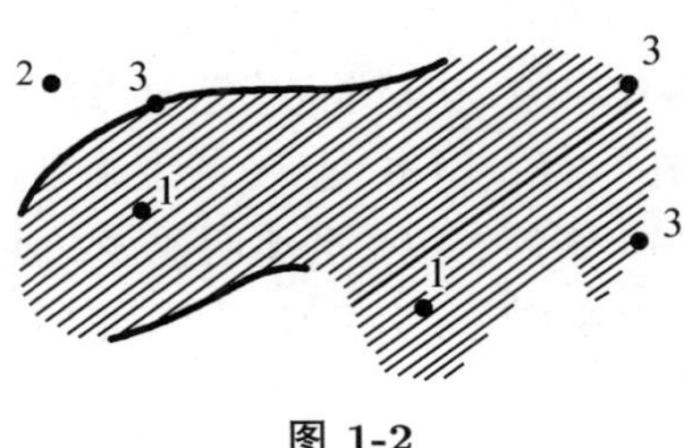

图 1-2

满足 (1) 的那些点构成 A 的**内域**，满足 (2) 的那些点构成 A 的**外域**，满足 (3) 的那些点构成 A 的**边界**. 习题 1-16 到习题 1-18 表明这些术语有时可能有意想不到的意义.

不难看出，任何集合 A 的内域是开集；A 的外域实际上是 $\mathbb{R}^n - A$ 的内域，所以也是开集. 因此它们的并集是开集（习题 1-14），而所剩下的，即其边界，必定是闭集.

我们称一组开集的族 $\mathcal{O}$ 为 A 的一个**开覆盖**（或称 $\mathcal{O}$ **覆盖** A），如果任何一点 $\boldsymbol{x} \in A$ 都在 $\mathcal{O}$ 中的某开集中. 例如，若 $\mathcal{O}$ 是一切开区间 $(a, a+1)$ 的集合，其中 $a \in \mathbb{R}$，则 $\mathcal{O}$ 是 $\mathbb{R}$ 的一个（开）覆盖. 很明显，$\mathcal{O}$ 中的有限个开集不能覆盖 $\mathbb{R}$，也不能覆盖 $\mathbb{R}$ 的任何无界子集. 类似情况对有界集也可能发生. 设对一切正整数 $n > 1$，$\mathcal{O}$ 是一切开区间 $(1/n, 1-1/n)$ 的集合，则 $\mathcal{O}$ 是 $(0,1)$ 的一个开覆盖，但 $\mathcal{O}$ 中的有限个集合仍不能覆盖 $(0,1)$. 虽然这一现象可能不会出现特别的坏处，但这种状况不会发生的集合至关重要，它们已有一个特殊的名称：集合 A 称为**紧集**，如果它的任何开覆盖 $\mathcal{O}$ 都有一个能覆盖 A 的子族，由有限个开集构成.

只有有限个点的集合显然是紧集，由 0 以及 $1/n$（对一切整数 n）构成的无限集 A 也是紧集（理由：若 $\mathcal{O}$ 是一个覆盖，则 $\mathcal{O}$ 中存在某开集 U 有 $0 \in U$，那么 A 中只有有限个别的点不在 U 中，对于每个这样的点至多只要一个开集就可以了）.

下列几个结果可大大简化对紧集的认识，其中只有第一个结果有一定的深度（也就是用到了有关实数的一些性质）.

定理 1-3 (海涅–博雷尔定理)　闭区间 $[a, b]$ 是紧集.

证明　若 $\mathcal{O}$ 是 $[a, b]$ 的一个开覆盖，设

$$A = \{x : a \leqslant x \leqslant b \text{ 且 } [a, x] \text{ 能被 } \mathcal{O} \text{ 中的有限个开集所覆盖}\}.$$

注意 $a \in A$，且 A 显然有上界（以 b 为上界）. 我们希望证明 $b \in A$. 这相当于证明关于 $\alpha = A$ 的上确界 的两件事：(1) $\alpha \in A$，(2) $b = \alpha$ 即可.

因 $\mathcal{O}$ 是一个覆盖，故 $\mathcal{O}$ 中存在某个 U 有 $\alpha \in U$，那么在某区间中 α 左边的所有点也在 U 中（见图 1-3）. 因 α 是 A 的上确界，故在此区间中存在某个 $x \in A$. 这样，$[a, x]$ 能被 $\mathcal{O}$ 中的有限个开集所覆盖，而 $[x, \alpha]$ 被单个集合 U 所覆盖. 因此 $[a, \alpha]$ 能被 $\mathcal{O}$ 中的有限个开集所覆盖，即 $\alpha \in A$. 这就证明了 (1).

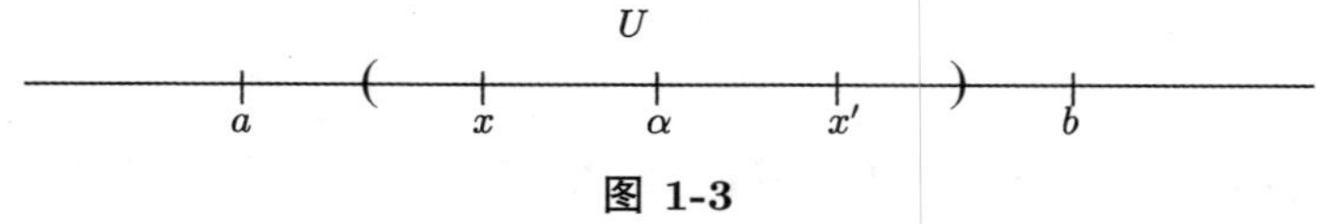

图 1-3

要证 (2) 为真，假设不然：$\alpha < b$. 因此在 α 与 b 之间有一点 x' 使得 $[\alpha, x'] \subset U$.

因 $\alpha \in A$，故区间 $[a, \alpha]$ 能被 $\mathcal{O}$ 中的有限个开集所覆盖，而 $[\alpha, x']$ 已被 U 覆盖，所以 $x' \in A$，这和 α 是 A 的上确界相矛盾. ■

若 $B \subset \mathbb{R}^m$ 是紧集且 $\boldsymbol{x} \in \mathbb{R}^n$，易知 $\{\boldsymbol{x}\} \times B \subset \mathbb{R}^{n+m}$ 是紧集. 但是，我们可以得出一个强得多的论断.

定理 1-4 若 B 是紧集，$\mathcal{O}$ 是 $\{\boldsymbol{x}\} \times B$ 的一个开覆盖，则存在包含 $\boldsymbol{x}$ 的开集 $U \subset \mathbb{R}^n$ 使得 $U \times B$ 能被 $\mathcal{O}$ 中的有限个集合所覆盖.

证明 因为 $\{\boldsymbol{x}\} \times B$ 是紧集，所以我们可以一开始就认为 $\mathcal{O}$ 是有限的，只要找出开集 U 使得 $U \times B$ 能被 $\mathcal{O}$ 所覆盖即可.

对每个 $\boldsymbol{y} \in B$，点 $(\boldsymbol{x}, \boldsymbol{y})$ 在 $\mathcal{O}$ 中的某开集 W 中. 因 W 是开集，故对某开矩形 $U_{\boldsymbol{y}} \times V_{\boldsymbol{y}}$ 我们有 $(\boldsymbol{x}, \boldsymbol{y}) \in U_{\boldsymbol{y}} \times V_{\boldsymbol{y}} \subset W$. 这些集合 $V_{\boldsymbol{y}}$ 覆盖紧集 B，即有限个集合 $V_{\boldsymbol{y}_1}, \cdots, V_{\boldsymbol{y}_k}$ 覆盖 B. 令 $U = U_{\boldsymbol{y}_1} \cap \cdots \cap U_{\boldsymbol{y}_k}$. 若 $(\boldsymbol{x}', \boldsymbol{y}') \in U \times B$，则对某个 i，我们有 $\boldsymbol{y}' \in V_{\boldsymbol{y}_i}$（图 1-4），当然 $\boldsymbol{x}' \in U_{\boldsymbol{y}_i}$. 因此 $(\boldsymbol{x}', \boldsymbol{y}') \in U_{\boldsymbol{y}_i} \times V_{\boldsymbol{y}_i}$，它包含在 $\mathcal{O}$ 中的某个 W 中. ■

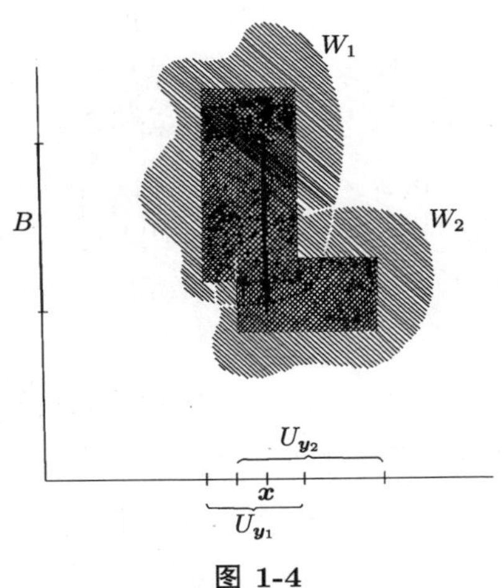

图 1-4

推论 1-5 若 $A \subset \mathbb{R}^n$ 与 $B \subset \mathbb{R}^m$ 是紧集，则 $A \times B \subset \mathbb{R}^{n+m}$ 也是紧集.

证明 若 $\mathcal{O}$ 是 $A \times B$ 的一个开覆盖，则对每个 $\boldsymbol{x} \in A$，$\mathcal{O}$ 覆盖 $\{\boldsymbol{x}\} \times B$. 由定理 1-4 可知，有包含 $\boldsymbol{x}$ 的一个开集 $U_{\boldsymbol{x}}$，使得 $U_{\boldsymbol{x}} \times B$ 能被 $\mathcal{O}$ 中的有限个集合覆盖. 因为 A 是紧集，所以有限个集合 $U_{\boldsymbol{x}_1}, \cdots, U_{\boldsymbol{x}_n}$ 覆盖 A. 因为 $\mathcal{O}$ 中的有限个集合覆盖每个 $U_{\boldsymbol{x}_i} \times B$，所以 $\mathcal{O}$ 中的有限个集合也就覆盖整个 $A \times B$. ■

推论 1-6 若每个 A_i 都是紧集，则 $A_1 \times \cdots \times A_k$ 也是紧集. 特别地，$\mathbb{R}^k$ 中的闭矩形是紧集.

推论 1-7　$\mathbb{R}^n$ 中的有界闭集是紧集.

[逆定理也为真（习题 1-20）.]

证明　若 $A \subset \mathbb{R}^n$ 是有界闭集，则对某闭矩形 B，有 $A \subset B$. 若 $\mathcal{O}$ 是 A 的一个开覆盖，则 $\mathcal{O}$ 与 $\mathbb{R}^n - A$ 一起是 B 的一个开覆盖. 因此，$\mathcal{O}$ 中的有限个集合 $U_1, \cdots, U_k$ 可能再加上 $\mathbb{R}^n - A$ 共同覆盖 B，进而有 $U_1, \cdots, U_k$ 覆盖 A. ■

习题

***1-14.** 求证任意数量（甚至是无穷多个）的开集的并集是开集. 求证两个（从而有限个）开集的交集是开集. 对于无穷多个开集给出一个反例.

1-15. 求证 $\{\boldsymbol{x} \in \mathbb{R}^n : |\boldsymbol{x} - \boldsymbol{a}| < r\}$ 是开集（见习题 1-27）.

1-16. 求下列集合的内域、外域和边界：

$$\{\boldsymbol{x} \in \mathbb{R}^n : |\boldsymbol{x}| \leqslant 1\},$$
$$\{\boldsymbol{x} \in \mathbb{R}^n : |\boldsymbol{x}| = 1\},$$
$$\{\boldsymbol{x} \in \mathbb{R}^n : x^i \text{ 均是有理数}\}.$$

1-17. 构造一个集合 $A \subset [0,1] \times [0,1]$，使得 A 至多只含每条水平线和垂直线上的一点，但 A 的边界 $= [0,1] \times [0,1]$. 提示：只要能保证 A 在正方形 $[0,1] \times [0,1]$ 的每 1/4 中含有点，又在每 1/16 中含有点，如此进行下去即可.

1-18. 若 $A \subset [0,1]$ 是一些开区间 (a_i, b_i) 的并集，使得 $(0,1)$ 中的每个有理数都包含在某个 (a_i, b_i) 中，求证 A 的边界 $= [0,1] - A$.

***1-19.** 若 A 是包含任何有理数 $r \in [0,1]$ 的一个闭集，求证 $[0,1] \subset A$.

1-20. 求证推论 1-7 的逆：$\mathbb{R}^n$ 中的紧集是有界闭集（见习题 1-28）.

***1-21.** (a) 若 A 是闭集且 $\boldsymbol{x} \notin A$，求证存在一个数 $d > 0$ 使得对一切 $\boldsymbol{y} \in A$ 有 $|\boldsymbol{y} - \boldsymbol{x}| \geqslant d$.

(b) 若 A 是闭集，B 是紧集，且 $A \cap B = \varnothing$，求证存在 $d > 0$ 使得对一切 $\boldsymbol{y} \in A$ 和 $\boldsymbol{x} \in B$ 有 $|\boldsymbol{y} - \boldsymbol{x}| \geqslant d$. 提示：对每个 $\boldsymbol{b} \in B$ 找出包含 $\boldsymbol{b}$ 的开集 U 使得这一关系式对 $\boldsymbol{x} \in U \cap B$ 成立.

(c) 若 A 与 B 都是闭集但都不是紧集，试在 $\mathbb{R}^2$ 中找出一个反例.

***1-22.** 若 U 是开集且 $C \subset U$ 是紧集，证明存在紧集 D 使得 $C \subset D$ 的内域且 $D \subset U$.

1.3 函数与连续性

从 $\mathbb{R}^n$ 到 $\mathbb{R}^m$ 的一个**函数** [有时称为 n 元（向量值）函数] 是一个规则，它把 $\mathbb{R}^n$ 中的每一点对应到 $\mathbb{R}^m$ 中的某一点. 函数 f 使 $\boldsymbol{x}$ 对应的点记作 $f(\boldsymbol{x})$. $f:\mathbb{R}^n \to \mathbb{R}^m$（读作"$f$ 把 $\mathbb{R}^n$ 映射到 $\mathbb{R}^m$"）表明 $f(\boldsymbol{x}) \in \mathbb{R}^m$ 是对 $\boldsymbol{x} \in \mathbb{R}^n$ 定义的. 记号 $f: A \to \mathbb{R}^m$ 表示 $f(\boldsymbol{x})$ 仅对集合 A 中的 $\boldsymbol{x}$ 有定义，A 称为 f 的**定义域**. 若 $B \subset A$，我们定义 $f(B)$ 为对于 $\boldsymbol{x} \in B$ 的一切 $f(\boldsymbol{x})$ 的集合. 若 $C \subset \mathbb{R}^m$，我们定义 $f^{-1}(C) = \{\boldsymbol{x} \in A : f(\boldsymbol{x}) \in C\}$. 记号 $f: A \to B$ 表示 $f(A) \subset B$.

通过作出函数 $f:\mathbb{R}^2 \to \mathbb{R}$ 的图像，我们可以得到它的一个方便的表示，这个图像就是一切形如 $(x, y, f(x, y))$ 的 3 数组的集合，它实际上是三维空间中的一个图形（例如图 2-1 和图 2-2）.

若 $f, g: \mathbb{R}^n \to \mathbb{R}$，则函数 $f+g$、$f-g$、$f \cdot g$ 和 f/g 的定义与一元情况完全相同. 若 $f: A \to \mathbb{R}^m$，$g: B \to \mathbb{R}^p$，其中 $B \subset \mathbb{R}^m$，**复合函数** $g \circ f$ 的定义为 $g \circ f(\boldsymbol{x}) = g(f(\boldsymbol{x}))$，$g \circ f$ 的定义域为 $A \cap f^{-1}(B)$. 若 $f: A \to \mathbb{R}^m$ 是一一映射，也就是，当 $\boldsymbol{x} \neq \boldsymbol{y}$ 时 $f(\boldsymbol{x}) \neq f(\boldsymbol{y})$，我们定义**反函数** $f^{-1}: f(A) \to \mathbb{R}^n$，这里要求 $f^{-1}(\boldsymbol{z})$ 是唯一的 $\boldsymbol{x} \in A$ 并且 $f(\boldsymbol{x}) = \boldsymbol{z}$.

一个函数 $f: A \to \mathbb{R}^m$ 通过 $f(\boldsymbol{x}) = (f^1(\boldsymbol{x}), \cdots, f^m(\boldsymbol{x}))$ 确定 m 个**分量函数** $f^1, \cdots, f^m: A \to \mathbb{R}$. 反过来，若给定 m 个函数 $g^1, \cdots, g^m: A \to \mathbb{R}$，则有唯一的函数 $f: A \to \mathbb{R}^m$ 使得 $f^i = g_i$，即 $f(\boldsymbol{x}) = (g_1(\boldsymbol{x}), \cdots, g_m(\boldsymbol{x}))$. 这个函数 f 将记作 $(g_1, \cdots, g_m)$，这样就总有 $f = (f^1, \cdots, f^m)$. 若 $\pi: \mathbb{R}^n \to \mathbb{R}^n$ 是恒等函数 $\pi(\boldsymbol{x}) = \boldsymbol{x}$，则 $\pi^i(\boldsymbol{x}) = x^i$. 函数 π^i 称作第 i 个**投影函数**.

和一元情况一样，记号 $\lim\limits_{\boldsymbol{x} \to \boldsymbol{a}} f(\boldsymbol{x}) = \boldsymbol{b}$ 表示，当选取 $\boldsymbol{x}$ 足够接近于 $\boldsymbol{a}$ 但不等于 $\boldsymbol{a}$ 时，我们可以使 $f(\boldsymbol{x})$ 任意地接近于 $\boldsymbol{b}$. 用数学术语讲，这表明：对任何数 $\epsilon > 0$，存在数 $\delta > 0$ 使得对 f 的定义域中的一切满足 $0 < |\boldsymbol{x} - \boldsymbol{a}| < \delta$ 的 $\boldsymbol{x}$ 有 $|f(\boldsymbol{x}) - \boldsymbol{b}| < \epsilon$. 函数 $f: A \to \mathbb{R}^m$ 称为在 $\boldsymbol{a} \in A$ 处**连续**，如果 $\lim\limits_{\boldsymbol{x} \to \boldsymbol{a}} f(\boldsymbol{x}) = f(\boldsymbol{a})$. $f: A \to \mathbb{R}^m$ 在所有 $\boldsymbol{a} \in A$ 处连续就简称 f 是连续的. 关于连续性概念的令人惊喜的一点是，它可以不用极限来定义. 由下一定理可知，$f: \mathbb{R}^n \to \mathbb{R}^m$ 连续，当且仅当只要 $U \subset \mathbb{R}^m$ 是开集，$f^{-1}(U)$ 就是开集. 若 f 的定义域不是 $\mathbb{R}^n$ 的全部，则需要一个稍微复杂的条件.

定理 1-8 若 $A \subset \mathbb{R}^n$，函数 $f: A \to \mathbb{R}^m$ 连续，当且仅当对任何开集 $U \subset \mathbb{R}^m$ 存在某开集 $V \subset \mathbb{R}^n$ 使得 $f^{-1}(U) = V \cap A$.

证明 设 f 连续. 若 $\boldsymbol{a} \in f^{-1}(U)$，则 $f(\boldsymbol{a}) \in U$. 因 U 是开集，故有开矩形 B 使得 $f(\boldsymbol{a}) \in B \subset U$. 因 f 在 $\boldsymbol{a}$ 处连续，故我们只要选取包含 $\boldsymbol{a}$ 的某个充分小的

矩形 C 中的 $\boldsymbol{x}$，就能保证 $f(\boldsymbol{x}) \in B$. 对每个 $\boldsymbol{a} \in f^{-1}(U)$ 这样做，并令 V 为所有这些 C 的并集. 显然 $f^{-1}(U) = V \cap A$. 其逆定理也类似，留给读者去证明. ■

定理 1-8 的以下结论极为重要.

定理 1-9　若 $f: A \to \mathbb{R}^m$ 是连续的，其中 $A \subset \mathbb{R}^n$，且 A 是紧集，则 $f(A) \subset \mathbb{R}^m$ 也是紧集.

证明　设 $\mathcal{O}$ 是 $f(A)$ 的一个开覆盖. 对于 $\mathcal{O}$ 中的每个开集 U，存在一个开集 V_U 使得 $f^{-1}(U) = V_U \cap A$. 一切 V_U 的集合是 A 的一个开覆盖. 因 A 是紧集，故有有限个集合 $V_{U_1}, \cdots, V_{U_k}$ 覆盖 A，于是 $U_1, \cdots, U_k$ 覆盖 $f(A)$. ■

若 $f: A \to \mathbb{R}$ 有界，则 f 在 $\boldsymbol{a} \in A$ 处不连续的程度可以用一个确切的方法加以度量. 对 $\delta > 0$，令

$$M(\boldsymbol{a}, f, \delta) = \sup\{f(\boldsymbol{x}) : \boldsymbol{x} \in A \text{ 且 } |\boldsymbol{x} - \boldsymbol{a}| < \delta\},$$
$$m(\boldsymbol{a}, f, \delta) = \inf\{f(\boldsymbol{x}) : \boldsymbol{x} \in A \text{ 且 } |\boldsymbol{x} - \boldsymbol{a}| < \delta\}.$$

f 在 $\boldsymbol{a}$ 处的**振幅** $o(f, \boldsymbol{a})$ 定义为 $o(f, \boldsymbol{a}) = \lim\limits_{\delta \to 0}[M(\boldsymbol{a}, f, \delta) - m(\boldsymbol{a}, f, \delta)]$. 因为 $M(\boldsymbol{a}, f, \delta) - m(\boldsymbol{a}, f, \delta)$ 随 δ 的减小而减小，所以这个极限恒存在. 关于 $o(f, \boldsymbol{a})$ 有两个重要事实.

定理 1-10　有界函数 f 在 $\boldsymbol{a}$ 处连续，当且仅当 $o(f, \boldsymbol{a}) = 0$.

证明　设 f 在 $\boldsymbol{a}$ 处连续. 对每个数 $\epsilon > 0$，我们都可以选取数 $\delta > 0$ 使得对一切 $\boldsymbol{x} \in A$ 且 $|\boldsymbol{x} - \boldsymbol{a}| < \delta$ 恒有 $|f(\boldsymbol{x}) - f(\boldsymbol{a})| < \epsilon$，于是有 $M(\boldsymbol{a}, f, \delta) - m(\boldsymbol{a}, f, \delta) \leqslant 2\epsilon$. 这对任何 ϵ 为真，故有 $o(f, \boldsymbol{a}) = 0$. 其逆定理的证法类似，留给读者. ■

定理 1-11　设 $A \subset \mathbb{R}^n$ 是闭集. 若 $f: A \to \mathbb{R}$ 是任何一个有界函数，$\epsilon > 0$，则 $\{\boldsymbol{x} \in A : o(f, \boldsymbol{x}) \geqslant \epsilon\}$ 是闭集.

证明　设 $B = \{\boldsymbol{x} \in A : o(f, \boldsymbol{x}) \geqslant \epsilon\}$. 我们要证明 $\mathbb{R}^n - B$ 是开集. 如果 $\boldsymbol{x} \in \mathbb{R}^n - B$，那么要么有 $\boldsymbol{x} \notin A$，要么有 $\boldsymbol{x} \in A$ 以及 $o(f, \boldsymbol{x}) < \epsilon$. 在第一种情况下，因 A 是闭集，故存在包含 $\boldsymbol{x}$ 的开矩形 C 使得 $C \subset \mathbb{R}^n - A \subset \mathbb{R}^n - B$. 在第二种情况下，存在 $\delta > 0$ 使得 $M(\boldsymbol{x}, f, \delta) - m(\boldsymbol{x}, f, \delta) < \epsilon$. 令 C 是包含 $\boldsymbol{x}$ 的一个开矩形，使得对一切 $\boldsymbol{y} \in C$ 有 $|\boldsymbol{x} - \boldsymbol{y}| < \delta$. 若 $\boldsymbol{y} \in C$，就存在 δ_1，使得对所有满足 $|\boldsymbol{z} - \boldsymbol{y}| < \delta_1$ 的 $\boldsymbol{z}$ 有 $|\boldsymbol{x} - \boldsymbol{z}| < \delta$. 因此 $M(\boldsymbol{y}, f, \delta_1) - m(\boldsymbol{y}, f, \delta_1) < \epsilon$，从而有 $o(f, \boldsymbol{y}) < \epsilon$，所以 $C \subset \mathbb{R}^n - B$. ■

习题

1-23. 若 $f: A \to \mathbb{R}^m$ 且 $\boldsymbol{a} \in A$，证明 $\lim\limits_{\boldsymbol{x} \to \boldsymbol{a}} f(\boldsymbol{x}) = \boldsymbol{b}$ 当且仅当对于 $i = 1, \cdots, m$ 有 $\lim\limits_{\boldsymbol{x} \to \boldsymbol{a}} f^i(\boldsymbol{x}) = b^i$.

1-24. 求证 $f: A \to \mathbb{R}^m$ 在 $\boldsymbol{a}$ 处连续，当且仅当每个 f^i 都如此.

1-25. 求证线性变换 $T: \mathbb{R}^n \to \mathbb{R}^m$ 是连续的. 提示：利用习题 1-10.

1-26. 设 $A = \{(x, y) \in \mathbb{R}^2 : x > 0 \text{ 且 } 0 < y < x^2\}$.

(a) 证明经过 $(0,0)$ 的任何一条直线都包含 $(0,0)$ 周围的一个区间，该区间在 $\mathbb{R}^2 - A$ 中.

(b) 这样定义 $f: \mathbb{R}^2 \to \mathbb{R}$：当 $\boldsymbol{x} \notin A$ 时 $f(\boldsymbol{x}) = 0$，当 $\boldsymbol{x} \in A$ 时 $f(\boldsymbol{x}) = 1$. 对 $\boldsymbol{h} \in \mathbb{R}^2$ 定义 $g_{\boldsymbol{h}}: \mathbb{R} \to \mathbb{R}$ 为 $g_{\boldsymbol{h}}(t) = f(t\boldsymbol{h})$. 求证每个 $g_{\boldsymbol{h}}$ 在 0 处连续，但 f 在 $(0,0)$ 处不连续.

1-27. 通过考察 $f(\boldsymbol{x}) = |\boldsymbol{x} - \boldsymbol{a}|$ 确定的 $f: \mathbb{R}^n \to \mathbb{R}$ 来证明 $\{\boldsymbol{x} \in \mathbb{R}^n : |\boldsymbol{x} - \boldsymbol{a}| < r\}$ 是开集.

1-28. 若 $A \subset \mathbb{R}^n$ 不是闭集，证明存在无界的连续函数 $f: A \to \mathbb{R}$. 提示：如果 $\boldsymbol{x} \in \mathbb{R}^n - A$ 但 $\boldsymbol{x} \notin (\mathbb{R}^n - A)$ 的内域，令 $f(\boldsymbol{y}) = 1/|\boldsymbol{y} - \boldsymbol{x}|$.

1-29. 若 A 是紧集，求证任何连续函数 $f: A \to \mathbb{R}$ 有最大值和最小值.

1-30. 设 $f: [a, b] \to \mathbb{R}$ 是一个增函数. 若 $x_1, \cdots, x_n \in [a, b]$ 各不相同，证明

$$\sum_{i=1}^{n} o(f, x_i) < f(b) - f(a).$$

第 2 章　微分

2.1　基本定义

回想一下，函数 $f:\mathbb{R}\to\mathbb{R}$ 在 $a\in\mathbb{R}$ 处可微是指：存在 $f'(a)$ 使得

$$\lim_{h\to 0}\frac{f(a+h)-f(a)}{h}=f'(a). \tag{2.1}$$

对一般情形的函数 $f:\mathbb{R}^n\to\mathbb{R}^m$，这个式子当然没有意义，但可以用一种方式将其重写使之有意义. 若 $\lambda:\mathbb{R}\to\mathbb{R}$ 是由 $\lambda(h)=f'(a)\cdot h$ 定义的线性变换，则式 (2.1) 等价于

$$\lim_{h\to 0}\frac{f(a+h)-f(a)-\lambda(h)}{h}=0. \tag{2.2}$$

式 (2.2) 常常可以解释为 $\lambda+f(a)$ 是 f 在 a 处的一个不错的近似（见习题 2-9）. 因而我们集中注意力于线性变换 λ，并把可微性的定义重新表述如下.

函数 $f:\mathbb{R}\to\mathbb{R}$ 在 $\boldsymbol{a}\in\mathbb{R}$ 处可微，如果有一个线性变换 $\lambda:\mathbb{R}\to\mathbb{R}$ 使得

$$\lim_{h\to 0}\frac{f(a+h)-f(a)-\lambda(h)}{h}=0.$$

在这个形式下，可微性的定义可以轻易地推广至高维：

函数 $f:\mathbb{R}^n\to\mathbb{R}^m$ 在 $\boldsymbol{a}\in\mathbb{R}^n$ **处可微**，如果存在线性变换 $\lambda:\mathbb{R}^n\to\mathbb{R}^m$ 使得

$$\lim_{\boldsymbol{h}\to\boldsymbol{0}}\frac{|f(\boldsymbol{a}+\boldsymbol{h})-f(\boldsymbol{a})-\lambda(\boldsymbol{h})|}{|\boldsymbol{h}|}=0.$$

注意，$\boldsymbol{h}$ 是 $\mathbb{R}^n$ 中的点，$f(\boldsymbol{a}+\boldsymbol{h})-f(\boldsymbol{a})-\lambda(\boldsymbol{h})$ 是 $\mathbb{R}^m$ 中的点，所以范数记号是必要的. 这个线性变换 λ 记作 $\mathrm{D}f(\boldsymbol{a})$，称作 f 在 $\boldsymbol{a}$ 处的**导数**. 这里说“这个线性变换 λ”的理由如下.

定理 2-1　*若 $f:\mathbb{R}^n\to\mathbb{R}^m$ 在 $\boldsymbol{a}\in\mathbb{R}^n$ 处可微，则存在唯一的线性变换 $\lambda:\mathbb{R}^n\to\mathbb{R}^m$ 使得*

$$\lim_{\boldsymbol{h}\to\boldsymbol{0}}\frac{|f(\boldsymbol{a}+\boldsymbol{h})-f(\boldsymbol{a})-\lambda(\boldsymbol{h})|}{|\boldsymbol{h}|}=0.$$

证明　假定 $\mu:\mathbb{R}^n\to\mathbb{R}^m$ 也满足

$$\lim_{\boldsymbol{h}\to\boldsymbol{0}}\frac{|f(\boldsymbol{a}+\boldsymbol{h})-f(\boldsymbol{a})-\mu(\boldsymbol{h})|}{|\boldsymbol{h}|}=0.$$

令 $d(\boldsymbol{h}) = f(\boldsymbol{a}+\boldsymbol{h}) - f(\boldsymbol{a})$，则

$$\begin{aligned}\lim_{\boldsymbol{h}\to\boldsymbol{0}} \frac{|\lambda(\boldsymbol{h})-\mu(\boldsymbol{h})|}{|\boldsymbol{h}|} &= \lim_{\boldsymbol{h}\to\boldsymbol{0}} \frac{|\lambda(\boldsymbol{h})-d(\boldsymbol{h})+d(\boldsymbol{h})-\mu(\boldsymbol{h})|}{|\boldsymbol{h}|}\\ &\leqslant \lim_{\boldsymbol{h}\to\boldsymbol{0}} \frac{|\lambda(\boldsymbol{h})-d(\boldsymbol{h})|}{|\boldsymbol{h}|} + \lim_{\boldsymbol{h}\to\boldsymbol{0}} \frac{|d(\boldsymbol{h})-\mu(\boldsymbol{h})|}{|\boldsymbol{h}|}\\ &= 0.\end{aligned}$$

此外，因 $\dfrac{|\lambda(\boldsymbol{h})-\mu(\boldsymbol{h})|}{|\boldsymbol{h}|} \geqslant 0$，故 $\displaystyle\lim_{\boldsymbol{h}\to\boldsymbol{0}} \frac{|\lambda(\boldsymbol{h})-\mu(\boldsymbol{h})|}{|\boldsymbol{h}|} = 0$. 若 $\boldsymbol{x}\in\mathbb{R}^n$，则当 $t\to 0$ 时 $t\boldsymbol{x}\to 0$. 因此对 $\boldsymbol{x}\neq 0$ 我们有

$$0 = \lim_{t\to 0} \frac{|\lambda(t\boldsymbol{x})-\mu(t\boldsymbol{x})|}{|t\boldsymbol{x}|} = \frac{|\lambda(\boldsymbol{x})-\mu(\boldsymbol{x})|}{|\boldsymbol{x}|}.$$

所以 $\lambda(\boldsymbol{x}) = \mu(\boldsymbol{x})$. ■

我们以后将会发现求 $\mathrm{D}f(\boldsymbol{a})$ 的一个简单方法. 目前我们来考察由 $f(x,y) = \sin x$ 定义的函数 $f:\mathbb{R}^2\to\mathbb{R}$，那么 $\lambda = \mathrm{D}f(a,b)$ 满足 $\lambda(x,y) = (\cos a)\cdot x$. 要证明它，注意

$$\begin{aligned}&\lim_{(h,k)\to\boldsymbol{0}} \frac{|f(a+h,b+k)-f(a,b)-\lambda(h,k)|}{|(h,k)|}\\ &= \lim_{(h,k)\to\boldsymbol{0}} \frac{|\sin(a+h)-\sin a-(\cos a)\cdot h|}{|(h,k)|}.\end{aligned}$$

因为 $\sin'(a) = \cos a$，所以有

$$\lim_{h\to 0} \frac{|\sin(a+h)-\sin a-(\cos a)\cdot h|}{|h|} = 0.$$

因为 $|(h,k)| \geqslant |h|$，所以还有

$$\lim_{h\to 0} \frac{|\sin(a+h)-\sin a-(\cos a)\cdot h|}{|(h,k)|} = 0.$$

考察 $\mathrm{D}f(\boldsymbol{a}):\mathbb{R}^n\to\mathbb{R}^m$ 关于 $\mathbb{R}^n$ 与 $\mathbb{R}^m$ 的通常基的矩阵常常十分方便. 这个 $m\times n$ 矩阵称为 f 在 $\boldsymbol{a}$ 处的**雅可比矩阵**，记作 $f'(\boldsymbol{a})$. 若 $f(x,y) = \sin x$，则 $f'(a,b) = (\cos a, 0)$. 若 $f:\mathbb{R}\to\mathbb{R}$，则 $f'(a)$ 是 1×1 矩阵，其唯一的元素就是在初等微积分中记作 $f'(a)$ 的那个数.

若 f 仅定义在包含 $\boldsymbol{a}$ 的某开集上，则 $\mathrm{D}f(\boldsymbol{a})$ 有定义. 为使定理的叙述流畅而又不失普遍性，我们只考虑定义在 $\mathbb{R}^n$ 上的函数. 若 $f:\mathbb{R}^n\to\mathbb{R}^m$ 在每个 $\boldsymbol{a}\in A$ 处都可微，则称 f 在 A 上可微. 若 $f:A\to\mathbb{R}^m$，又若 f 可以扩张为在包含 A 的某开集上的可微函数，则称 f 是可微的.

习题

***2-1.** 求证：若 $f:\mathbb{R}^n\to\mathbb{R}^m$ 在 $\boldsymbol{a}\in\mathbb{R}^n$ 处可微，则它在 $\boldsymbol{a}$ 处连续. 提示：利用习题 1-10.

2-2. 函数 $f:\mathbb{R}^2\to\mathbb{R}$ 称为**与第二元无关**，如果对每个 $x\in\mathbb{R}$，对所有 $y_1,y_2\in\mathbb{R}$ 都有 $f(x,y_1)=f(x,y_2)$. 试证 f 与第二元无关，当且仅当存在函数 $g:\mathbb{R}\to\mathbb{R}$ 使得 $f(x,y)=g(x)$. $f'(a,b)$ 用 g' 表示时是什么?

2-3. 给出函数 $f:\mathbb{R}^2\to\mathbb{R}$ 与第一元无关的定义，并对这种 f 求出 $f'(a,b)$. 什么样的函数既与第一元无关又与第二元无关?

2-4. 设 g 是单位圆 $\{\boldsymbol{x}\in\mathbb{R}^2:|\boldsymbol{x}|=1\}$ 上的连续函数且有 $g(0,1)=g(1,0)=0$，$g(-\boldsymbol{x})=-g(\boldsymbol{x})$. 定义 $f:\mathbb{R}^2\to\mathbb{R}$ 为

$$f(\boldsymbol{x})=\begin{cases}|\boldsymbol{x}|\cdot g\left(\dfrac{\boldsymbol{x}}{|\boldsymbol{x}|}\right), & \boldsymbol{x}\neq\boldsymbol{0},\\ 0, & \boldsymbol{x}=\boldsymbol{0}.\end{cases}$$

(a) 若 $\boldsymbol{x}\in\mathbb{R}^2$ 且 $h:\mathbb{R}\to\mathbb{R}$ 定义为 $h(t)=f(t\boldsymbol{x})$，证明 h 是可微的.

(b) 证明 f 在 $(0,0)$ 处不可微，除非 $g=0$. 提示：当 $k=0$ 时（然后当 $h=0$ 时）考察 (h,k)，先证明 $\mathrm{D}f(0,0)$ 必须是零.

2-5. 设 $f:\mathbb{R}^2\to\mathbb{R}$ 由下式定义：

$$f(x,y)=\begin{cases}\dfrac{x|y|}{\sqrt{x^2+y^2}}, & (x,y)\neq\boldsymbol{0},\\ 0, & (x,y)=\boldsymbol{0}.\end{cases}$$

证明 f 是习题 2-4 中考虑的那种函数，所以 f 在 $(0,0)$ 处不可微.

2-6. 设 $f:\mathbb{R}^2\to\mathbb{R}$ 定义为 $f(x,y)=\sqrt{|xy|}$. 求证 f 在 $(0,0)$ 处不可微.

2-7. 设 $f:\mathbb{R}^n\to\mathbb{R}$ 是使得 $|f(\boldsymbol{x})|\leqslant|\boldsymbol{x}|^2$ 的函数. 证明 f 在 $\boldsymbol{0}$ 处可微.

2-8. 设 $f:\mathbb{R}\to\mathbb{R}^2$. 求证：$f$ 在 a 处可微，当且仅当 f^1 与 f^2 在 $a\in\mathbb{R}$ 处可微，此时

$$f'(a)=\begin{pmatrix}(f^1)'(a)\\(f^2)'(a)\end{pmatrix}.$$

2-9. 两个函数 $f,g:\mathbb{R}\to\mathbb{R}$ 称为在 a 处 n **阶相等**，如果

$$\lim_{h\to0}\frac{f(a+h)-g(a+h)}{h^n}=0.$$

(a) 试证：f 在 a 处可微，当且仅当 f 在 a 处连续，且存在形如 $g(x) = a_0 + a_1(x-a)$ 的函数 g 使得 f 与 g 在 a 处一阶相等.

(b) 若 $f'(x), \cdots, f^{(n)}(x)$ 在 $x=a$ 附近存在，$f^{(n)}(x)$ 在 a 处连续，试证 f 与由

$$g(x) = \sum_{i=0}^{n} \frac{f^{(i)}(a)}{i!}(x-a)^i$$

定义的函数 g 在 a 处 n 阶相等. 提示：极限

$$\lim_{x\to a} \frac{f(x) - \sum\limits_{i=0}^{n} \frac{f^{(i)}(a)}{i!}(x-a)^i}{(x-a)^n}$$

可用洛必达法则计算.

2.2 基本定理

定理 2-2 (链式法则) 若 $f:\mathbb{R}^n \to \mathbb{R}^m$ 在 $\boldsymbol{a}$ 处可微，$g:\mathbb{R}^m \to \mathbb{R}^p$ 在 $f(\boldsymbol{a})$ 处可微，则其复合 $g\circ f:\mathbb{R}^n \to \mathbb{R}^p$ 在 $\boldsymbol{a}$ 处可微，且

$$\mathrm{D}(g\circ f)(\boldsymbol{a}) = \mathrm{D}g(f(\boldsymbol{a}))\circ \mathrm{D}f(\boldsymbol{a}).$$

注 此式可写成

$$(g\circ f)'(\boldsymbol{a}) = g'(f(\boldsymbol{a}))\cdot f'(\boldsymbol{a}).$$

若 $m=n=p=1$，我们便得到初等微积分中的链式法则.

证明 令 $\boldsymbol{b} = f(\boldsymbol{a})$，$\lambda = \mathrm{D}f(\boldsymbol{a})$，$\mu = \mathrm{D}g(f(\boldsymbol{a}))$. 如果我们定义

$$\varphi(\boldsymbol{x}) = f(\boldsymbol{x}) - f(\boldsymbol{a}) - \lambda(\boldsymbol{x}-\boldsymbol{a}), \tag{2.3}$$

$$\psi(\boldsymbol{y}) = g(\boldsymbol{y}) - g(\boldsymbol{b}) - \mu(\boldsymbol{y}-\boldsymbol{b}), \tag{2.4}$$

$$\rho(\boldsymbol{x}) = g\circ f(\boldsymbol{x}) - g\circ f(\boldsymbol{a}) - \mu\circ\lambda(\boldsymbol{x}-\boldsymbol{a}), \tag{2.5}$$

那么

$$\lim_{\boldsymbol{x}\to\boldsymbol{a}} \frac{|\varphi(\boldsymbol{x})|}{|\boldsymbol{x}-\boldsymbol{a}|} = 0, \tag{2.6}$$

$$\lim_{\boldsymbol{y}\to\boldsymbol{b}} \frac{|\psi(\boldsymbol{y})|}{|\boldsymbol{y}-\boldsymbol{b}|} = 0. \tag{2.7}$$

而我们必须证明

$$\lim_{\boldsymbol{x}\to\boldsymbol{a}} \frac{|\rho(\boldsymbol{x})|}{|\boldsymbol{x}-\boldsymbol{a}|} = 0.$$

现在

$$\begin{aligned}\rho(\boldsymbol{x}) &= g(f(\boldsymbol{x})) - g(\boldsymbol{b}) - \mu(\lambda(\boldsymbol{x}-\boldsymbol{a}))\\ &= g(f(\boldsymbol{x})) - g(\boldsymbol{b}) - \mu(f(\boldsymbol{x}) - f(\boldsymbol{a}) - \varphi(\boldsymbol{x})) &&\text{由 (2.3)}\\ &= [g(f(\boldsymbol{x})) - g(\boldsymbol{b}) - \mu(f(\boldsymbol{x}) - f(\boldsymbol{a}))] + \mu(\varphi(\boldsymbol{x}))\\ &= \psi(f(\boldsymbol{x})) + \mu(\varphi(\boldsymbol{x})), &&\text{由 (2.4)}\end{aligned}$$

于是我们必须证明

$$\lim_{\boldsymbol{x}\to\boldsymbol{a}} \frac{|\psi(f(\boldsymbol{x}))|}{|\boldsymbol{x}-\boldsymbol{a}|} = 0, \tag{2.8}$$

$$\lim_{\boldsymbol{x}\to\boldsymbol{a}} \frac{|\mu(\varphi(\boldsymbol{x}))|}{|\boldsymbol{x}-\boldsymbol{a}|} = 0. \tag{2.9}$$

式 (2.9) 可以从式 (2.6) 和习题 1-10 轻松推得. 如果 $\epsilon > 0$，那么从式 (2.7) 推知，对某个 $\delta > 0$ 我们有

$$|\psi(f(\boldsymbol{x}))| < \epsilon|f(\boldsymbol{x}) - \boldsymbol{b}|, \quad \text{只要 } |f(\boldsymbol{x}) - \boldsymbol{b}| < \delta,$$

而对某个 δ_1，只要 $|\boldsymbol{x}-\boldsymbol{a}| < \delta_1$，这一点就成立. 因此，由习题 1-10可知，对某个 M，

$$\begin{aligned}|\psi(f(\boldsymbol{x}))| &< \epsilon|f(\boldsymbol{x}) - \boldsymbol{b}|\\ &= \epsilon|\varphi(\boldsymbol{x}) + \lambda(\boldsymbol{x}-\boldsymbol{a})|\\ &\leqslant \epsilon|\varphi(\boldsymbol{x})| + \epsilon M|\boldsymbol{x}-\boldsymbol{a}|.\end{aligned}$$

式 (2.8) 现得证. ■

定理 2-3 (1) 若 $f:\mathbb{R}^n \to \mathbb{R}^m$ 是一个常值函数 (也就是说，对某个 $\boldsymbol{y}\in\mathbb{R}^m$，我们有：对一切 $\boldsymbol{x}\in\mathbb{R}^n$，$f(\boldsymbol{x}) = \boldsymbol{y}$)，则

$$\mathrm{D}f(\boldsymbol{a}) = 0.$$

(2) 若 $f:\mathbb{R}^n \to \mathbb{R}^m$ 是一个线性变换，则

$$\mathrm{D}f(\boldsymbol{a}) = f.$$

(3) 若 $f:\mathbb{R}^n \to \mathbb{R}^m$，则 f 在 $\boldsymbol{a}\in\mathbb{R}^n$ 处可微，当且仅当每个 f^i 都是如此，且

$$\mathrm{D}f(\boldsymbol{a}) = (\mathrm{D}f^1(\boldsymbol{a}), \cdots, \mathrm{D}f^m(\boldsymbol{a})).$$

于是 $f'(\boldsymbol{a})$ 是 $m\times n$ 矩阵，其第 i 行是 $(f^i)'(\boldsymbol{a})$.

(4) 若 $s:\mathbb{R}^2\to\mathbb{R}$ 定义为 $s(x,y) = x+y$，则

$$\mathrm{D}s(a,b) = s.$$

(5) 若 $p:\mathbb{R}^2\to\mathbb{R}$ 定义为 $p(x,y) = x\cdot y$，则

$$\mathrm{D}p(a,b)(x,y) = bx + ay.$$

于是 $p'(a,b) = (b,a)$.

证明 (1) $\lim\limits_{\boldsymbol{h}\to\boldsymbol{0}}\dfrac{|f(\boldsymbol{a}+\boldsymbol{h})-f(\boldsymbol{a})-\boldsymbol{0}|}{|\boldsymbol{h}|}=\lim\limits_{\boldsymbol{h}\to\boldsymbol{0}}\dfrac{|\boldsymbol{y}-\boldsymbol{y}-\boldsymbol{0}|}{|\boldsymbol{h}|}=0.$

(2) $\lim\limits_{\boldsymbol{h}\to\boldsymbol{0}}\dfrac{|f(\boldsymbol{a}+\boldsymbol{h})-f(\boldsymbol{a})-f(\boldsymbol{h})|}{|\boldsymbol{h}|}=\lim\limits_{\boldsymbol{h}\to\boldsymbol{0}}\dfrac{|f(\boldsymbol{a})+f(\boldsymbol{h})-f(\boldsymbol{a})-f(\boldsymbol{h})|}{|\boldsymbol{h}|}=0.$

(3) 若每个 f^i 在 $\boldsymbol{a}$ 处都可微，且

$$\lambda=(\mathrm{D}f^1(\boldsymbol{a}),\cdots,\mathrm{D}f^m(\boldsymbol{a})),$$

则

$$\begin{aligned}&f(\boldsymbol{a}+\boldsymbol{h})-f(\boldsymbol{a})-\lambda(\boldsymbol{h})\\&=(f^1(\boldsymbol{a}+\boldsymbol{h})-f^1(\boldsymbol{a})-\mathrm{D}f^1(\boldsymbol{a})(\boldsymbol{h}),\cdots,\\&\qquad f^m(\boldsymbol{a}+\boldsymbol{h})-f^m(\boldsymbol{a})-\mathrm{D}f^m(\boldsymbol{a})(\boldsymbol{h})).\end{aligned}$$

因此

$$\begin{aligned}&\lim_{\boldsymbol{h}\to\boldsymbol{0}}\frac{|f(\boldsymbol{a}+\boldsymbol{h})-f(\boldsymbol{a})-\lambda(\boldsymbol{h})|}{|\boldsymbol{h}|}\\&\leqslant\lim_{\boldsymbol{h}\to\boldsymbol{0}}\sum_{i=1}^{m}\frac{|f^i(\boldsymbol{a}+\boldsymbol{h})-f^i(\boldsymbol{a})-\mathrm{D}f^i(\boldsymbol{a})(\boldsymbol{h})|}{|\boldsymbol{h}|}=0.\end{aligned}$$

此外，若 f 在 $\boldsymbol{a}$ 处可微，则由 (2) 与定理 2-2 可知，$f^i=\pi^i\circ f$ 在 $\boldsymbol{a}$ 处可微.

(4) 由 (2) 推得.

(5) 令 $\lambda(x,y)=bx+ay$，那么

$$\lim_{(h,k)\to\boldsymbol{0}}\frac{|p(a+h,b+k)-p(a,b)-\lambda(h,k)|}{|(h,k)|}=\lim_{(h,k)\to\boldsymbol{0}}\frac{|hk|}{|(h,k)|}.$$

现在

$$|hk|\leqslant\begin{cases}|h|^2, & 若\ |k|\leqslant|h|,\\|k|^2, & 若\ |h|\leqslant|k|,\end{cases}$$

于是有 $|hk|\leqslant|h|^2+|k|^2$. 因此，

$$\frac{|hk|}{|(h,k)|}\leqslant\frac{h^2+k^2}{\sqrt{h^2+k^2}}=\sqrt{h^2+k^2},$$

因而有

$$\lim_{(h,k)\to\boldsymbol{0}}\frac{|hk|}{|(h,k)|}=0.$$

■

推论 2-4 若 $f,g:\mathbb{R}^n\to\mathbb{R}$ 在 $\boldsymbol{a}$ 处可微，则

$$\begin{aligned}\mathrm{D}(f+g)(\boldsymbol{a})&=\mathrm{D}f(\boldsymbol{a})+\mathrm{D}g(\boldsymbol{a}),\\\mathrm{D}(f\cdot g)(\boldsymbol{a})&=g(\boldsymbol{a})\mathrm{D}f(\boldsymbol{a})+f(\boldsymbol{a})\mathrm{D}g(\boldsymbol{a}).\end{aligned}$$

此外，若 $g(\boldsymbol{a})\neq 0$，则

$$\mathrm{D}(f/g)(\boldsymbol{a})=\frac{g(\boldsymbol{a})\mathrm{D}f(\boldsymbol{a})-f(\boldsymbol{a})\mathrm{D}g(\boldsymbol{a})}{[g(\boldsymbol{a})]^2}.$$

证明　我们将证明第一个公式而把其余的留给读者．因为 $f+g=s\circ(f,g)$，所以

$$\begin{aligned}\mathrm{D}(f+g)(\boldsymbol{a})&=\mathrm{D}s(f(\boldsymbol{a}),g(\boldsymbol{a}))\circ\mathrm{D}(f,g)(\boldsymbol{a})\\&=s\circ(\mathrm{D}f(\boldsymbol{a}),\mathrm{D}g(\boldsymbol{a}))\\&=\mathrm{D}f(\boldsymbol{a})+\mathrm{D}g(\boldsymbol{a}).\end{aligned}$$

■

下面这样的函数 $f:\mathbb{R}^n\to\mathbb{R}^m$ 的可微性现在得到了保证：其各分量函数可以从函数 π^i（它们是线性变换）以及我们在初等微积分中早已知道如何求导的函数经过加法、乘法、除法和复合而获得．但是，求 $\mathrm{D}f(\boldsymbol{x})$ 或 $f'(\boldsymbol{x})$ 可能是一项相当艰巨的工作．例如，设 $f:\mathbb{R}^2\to\mathbb{R}$ 定义为 $f(x,y)=\sin(xy^2)$．因为 $f=\sin\circ(\pi^1\cdot[\pi^2]^2)$，所以

$$\begin{aligned}f'(a,b)&=\sin'(ab^2)\cdot[b^2(\pi^1)'(a,b)+a([\pi^2]^2)'(a,b)]\\&=\sin'(ab^2)\cdot[b^2(\pi^1)'(a,b)+2ab(\pi^2)'(a,b)]\\&=(\cos(ab^2))\cdot[b^2(1,0)+2ab(0,1)]\\&=(b^2\cos(ab^2),2ab\cos(ab^2)).\end{aligned}$$

幸运的是，我们很快将会发现计算 f' 的一种简单得多的方法．

习题

2-10. 利用本节中的定理为下列函数求 f'．

(a) $f(x,y,z)=x^y$.

(b) $f(x,y,z)=(x^y,z)$.

(c) $f(x,y)=\sin(x\sin y)$.

(d) $f(x,y,z)=\sin(x\sin(y\sin z))$.

(e) $f(x,y,z)=x^{y^z}$.

(f) $f(x,y,z)=x^{y+z}$.

(g) $f(x,y,z)=(x+y)^z$.

(h) $f(x,y)=\sin(xy)$.

(i) $f(x,y)=[\sin(xy)]^{\cos 3}$.

(j) $f(x,y)=(\sin(xy),\sin(x\sin y),x^y)$.

2-11. 为下列函数求 f'（其中 $g:\mathbb{R}\to\mathbb{R}$ 是连续的）.

(a) $f(x,y)=\int_a^{x+y}g$.

(b) $f(x,y)=\int_a^{x\cdot y}g$.

(c) $f(x,y,z)=\int_{x^y}^{\sin(x\sin(y\sin z))}g$.

2-12. 函数 $f:\mathbb{R}^n\times\mathbb{R}^m\to\mathbb{R}^p$ 称为**双线性的**，如果对 $\boldsymbol{x},\boldsymbol{x}_1,\boldsymbol{x}_2\in\mathbb{R}^n$，$\boldsymbol{y},\boldsymbol{y}_1,\boldsymbol{y}_2\in\mathbb{R}^m$ 以及 $a\in\mathbb{R}$，有

$$f(a\boldsymbol{x},\boldsymbol{y})=af(\boldsymbol{x},\boldsymbol{y})=f(\boldsymbol{x},a\boldsymbol{y}),$$
$$f(\boldsymbol{x}_1+\boldsymbol{x}_2,\boldsymbol{y})=f(\boldsymbol{x}_1,\boldsymbol{y})+f(\boldsymbol{x}_2,\boldsymbol{y}),$$
$$f(\boldsymbol{x},\boldsymbol{y}_1+\boldsymbol{y}_2)=f(\boldsymbol{x},\boldsymbol{y}_1)+f(\boldsymbol{x},\boldsymbol{y}_2).$$

(a) 求证若 f 是双线性的，则

$$\lim_{(\boldsymbol{h},\boldsymbol{k})\to\boldsymbol{0}}\frac{|f(\boldsymbol{h},\boldsymbol{k})|}{|(\boldsymbol{h},\boldsymbol{k})|}=0.$$

(b) 求证 $\mathrm{D}f(\boldsymbol{a},\boldsymbol{b})(\boldsymbol{x},\boldsymbol{y})=f(\boldsymbol{a},\boldsymbol{y})+f(\boldsymbol{x},\boldsymbol{b})$.

(c) 证明定理 2-3 中 $\mathrm{D}p(a,b)$ 的公式是 (b) 的一种特殊情况.

2-13. 定义 $IP:\mathbb{R}^n\times\mathbb{R}^n\to\mathbb{R}$ 为 $IP(\boldsymbol{x},\boldsymbol{y})=\langle\boldsymbol{x},\boldsymbol{y}\rangle$.

(a) 求 $\mathrm{D}(IP)(\boldsymbol{a},\boldsymbol{b})$ 与 $(IP)'(\boldsymbol{a},\boldsymbol{b})$.

(b) 若 $f,g:\mathbb{R}\to\mathbb{R}^n$ 可微且 $h:\mathbb{R}\to\mathbb{R}$ 定义为 $h(t)=\langle f(t),g(t)\rangle$，证明

$$h'(a)=\langle f'(a)^{\mathrm{T}},g(a)\rangle+\langle f(t),g'(a)^{\mathrm{T}}\rangle.$$

（注意 $f'(a)$ 是一个 $n\times1$ 矩阵，其转置矩阵 $f'(a)^{\mathrm{T}}$ 是一个 $1\times n$ 矩阵，我们把它看作 $\mathbb{R}^n$ 的元.）

(c) 若 $f:\mathbb{R}\to\mathbb{R}^n$ 可微且对一切 t 有 $|f(t)|=1$，证明 $\langle f'(t)^{\mathrm{T}},f(t)\rangle=0$.

(d) 举出一个可微函数 $f:\mathbb{R}\to\mathbb{R}$ 使得由 $|f|(t)=|f(t)|$ 定义的函数 $|f|$ 不可微.

2-14. 设 E_i（$i=1,\cdots,k$）是维数不必相同的欧氏空间. 函数 $f:E_1\times\cdots\times E_k\to\mathbb{R}^p$ 称为**重线性的**，如果对任意选定的 $\boldsymbol{x}_j\in E_j$（$j\neq i$），由 $g(\boldsymbol{x})=f(\boldsymbol{x}_1,\cdots,\boldsymbol{x}_{i-1},\boldsymbol{x},\boldsymbol{x}_{i+1},\cdots,\boldsymbol{x}_k)$ 定义的函数 $g:E_i\to\mathbb{R}^p$ 是一个线性变换.

(a) 若 f 是重线性的且 $i\neq j$，证明对于 $\boldsymbol{h}=(\boldsymbol{h}_1,\cdots,\boldsymbol{h}_k)$，其中 $\boldsymbol{h}_l\in E_l$，我们有

$$\lim_{\boldsymbol{h}\to\boldsymbol{0}}\frac{|f(\boldsymbol{a}_1,\cdots,\boldsymbol{a}_{i-1},\boldsymbol{h}_i,\boldsymbol{a}_{i+1},\cdots,\boldsymbol{a}_{j-1},\boldsymbol{h}_j,\boldsymbol{a}_{j+1},\cdots,\boldsymbol{a}_k)|}{|\boldsymbol{h}|}=0.$$

提示：若 $g(\boldsymbol{x},\boldsymbol{y})=f(\boldsymbol{a}_1,\cdots,\boldsymbol{a}_{i-1},\boldsymbol{x},\boldsymbol{a}_{i+1},\cdots,\boldsymbol{a}_{j-1},\boldsymbol{y},\boldsymbol{a}_{j+1},\cdots,\boldsymbol{a}_k)$，则 g 是双线性的.

(b) 求证

$$\mathrm{D}f(\boldsymbol{a}_1,\cdots,\boldsymbol{a}_k)(\boldsymbol{x}_1,\cdots,\boldsymbol{x}_k)=\sum_{i=1}^{k}f(\boldsymbol{a}_1,\cdots,\boldsymbol{a}_{i-1},\boldsymbol{x}_i,\boldsymbol{a}_{i+1},\cdots,\boldsymbol{a}_k).$$

2-15. 把一个 $n\times n$ 矩阵的每一列视作 $\mathbb{R}^n$ 的元，从而把矩阵本身当作 n 重乘积 $\mathbb{R}^n\times\cdots\times\mathbb{R}^n$ 中的点.

(a) 求证 $\det : \mathbb{R}^n \times \cdots \times \mathbb{R}^n \to \mathbb{R}$ 可微且

$$\mathrm{D}(\det)(\boldsymbol{a}_1,\cdots,\boldsymbol{a}_n)(\boldsymbol{x}_1,\cdots,\boldsymbol{x}_n) = \sum_{i=1}^n \det\begin{pmatrix}\boldsymbol{a}_1\\ \vdots\\ \boldsymbol{a}_{i-1}\\ \boldsymbol{x}_i\\ \boldsymbol{a}_{i+1}\\ \vdots\\ \boldsymbol{a}_n\end{pmatrix}.$$

(b) 若 $a_{ij} : \mathbb{R} \to \mathbb{R}$ 可微，$f(t) = \det(a_{ij}(t))$，试证

$$f'(t) = \sum_{j=1}^n \det\begin{pmatrix} a_{11}(t) & \cdots & a_{1n}(t)\\ \vdots & & \vdots\\ a'_{j1}(t) & \cdots & a'_{jn}(t)\\ \vdots & & \vdots\\ a_{n1}(t) & \cdots & a_{nn}(t)\end{pmatrix}.$$

(c) 若对一切 t 有 $\det(a_{ij}(t)) \neq 0$，且 $b_1,\cdots,b_n : \mathbb{R} \to \mathbb{R}$ 都是可微的，设函数 $s_1,\cdots,s_n : \mathbb{R} \to \mathbb{R}$ 使得 $s_1(t),\cdots,s_n(t)$ 是方程组

$$\sum_{j=1}^n a_{ji}(t)s_j(t) = b_i(t), \quad i = 1,\cdots,n$$

的解，求证 s_i 可微并求出 $s'_i(t)$.

2-16. 设 $f : \mathbb{R}^n \to \mathbb{R}^m$ 可微且有可微的逆 $f^{-1} : \mathbb{R}^m \to \mathbb{R}^n$. 证明 $(f^{-1})'(\boldsymbol{a}) = [f'(f^{-1}(\boldsymbol{a}))]^{-1}$. 提示：$f \circ f^{-1}(\boldsymbol{x}) = \boldsymbol{x}$.

2.3 偏导数

我们从讨论“每次对一个元求导”的问题开始. 对 $f : \mathbb{R}^n \to \mathbb{R}$ 且 $\boldsymbol{a} \in \mathbb{R}^n$，如果极限

$$\lim_{h\to 0}\frac{f(a^1,\cdots,a^{i-1},a^i+h,a^{i+1},\cdots,a^n) - f(a^1,\cdots,a^n)}{h}$$

存在，就记作 $\mathrm{D}_i f(\boldsymbol{a})$，称为在 $\boldsymbol{a}$ 处的**偏导数**. 注意 $\mathrm{D}_i f(\boldsymbol{a})$ 也是某函数的常导数，这很重要. 实际上，若 $g(x) = f(a^1,\cdots,a^{i-1},x,a^{i+1},\cdots,a^n)$，则 $\mathrm{D}_i f(\boldsymbol{a}) = g'(a^i)$. 这表明，$\mathrm{D}_i f(\boldsymbol{a})$ 是 f 的图像和平面 $x^j = a^j$（$j \neq i$）的交线在 $(\boldsymbol{a}, f(\boldsymbol{a}))$ 处的切线的斜率（图 2-1 为二维情况）. 这也表明，计算 $\mathrm{D}_i f(\boldsymbol{a})$ 是我们已经会做的

问题. 如果 $f(x^1,\cdots,x^n)$ 已由关于 $x^1,\cdots,x^n$ 的某公式给出，我们就可以这样求 $D_if(x^1,\cdots,x^n)$：把所有 x^j（$j\neq i$）都看作常数，然后把所得的 x^i 的函数对 x^i 求导. 例如，若 $f(x,y)=\sin(xy^2)$，则 $D_1f(x,y)=y^2\cos(xy^2)$，$D_2f(x,y)=2xy\cos(xy^2)$. 又若 $f(x,y)=x^y$，则 $D_1f(x,y)=yx^{y-1}$，$D_2f(x,y)=x^y\ln x$.

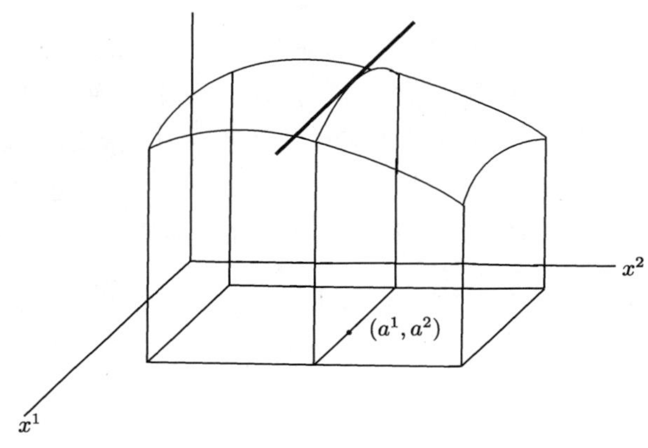

图 2-1

稍经练习（例如，做本节末的习题），就和已经会计算的常导数一样，很容易地计算出 D_if.

如果对一切 $\boldsymbol{x}\in\mathbb{R}^n$，$D_if(\boldsymbol{x})$ 存在，我们便得到一个函数 $D_if:\mathbb{R}^n\to\mathbb{R}$. 这个函数在 $\boldsymbol{x}$ 处的第 j 个偏导数，也就是 $D_j(D_if)(\boldsymbol{x})$，常常记作 $D_{i,j}f(\boldsymbol{x})$. 注意，这个记号把 i 与 j 的次序颠倒了. 实际上，这个次序通常是没有关系的，因为绝大多数函数（在习题中给出一个例外）满足 $D_{i,j}f=D_{j,i}f$. 有许多定理精巧地证明了这个等式. 下面这个定理已经足够，我们把它的陈述放在这里而把证明放在后面（习题 3-28）.

定理 2-5 若 $D_{i,j}f$ 与 $D_{j,i}f$ 在包含 $\boldsymbol{a}$ 的一个开集上连续，则

$$D_{i,j}f(\boldsymbol{a})=D_{j,i}f(\boldsymbol{a}).$$

函数 $D_{i,j}f$ 叫作 f 的**二阶（混合）偏导数**. 高阶（混合）偏导数的定义也显而易见. 显然，定理 2-5 能用来证明在适当条件下高阶偏导数的相应等式. 若 f 有一切阶的连续偏导数，则 $D_{i_1,\cdots,i_k}f$ 中 $i_1,\cdots,i_k$ 的次序是完全无所谓的. 具有这种性质的函数称为 C^∞ 函数. 在以下各章中，为方便起见，经常仅限于讨论 C^∞ 函数.

在下节中，偏导数将用于求导数. 它们还有另外一个重要的用处——求函数的极大值和极小值.

定理 2-6 设 $A \subset \mathbb{R}^n$. 若 $f: A \to \mathbb{R}$ 在 A 的内域中的点 $\boldsymbol{a}$ 处达到极大（或极小），且 $D_i f(\boldsymbol{a})$ 存在，则 $D_i f(\boldsymbol{a}) = 0$.

证明 设 $g_i(x) = f(a^1, \cdots, a^{i-1}, x, a^{i+1}, \cdots, a^n)$. 显然 g_i 在 a^i 处有极大值（或极小值），且 g_i 在包含 a^i 的一个开区间上有定义. 因此 $0 = g_i'(a^i) = D_i f(\boldsymbol{a})$. ■

提醒读者，定理 2-6 的逆不成立，即使当 $n = 1$ 时也不成立（若 $f: \mathbb{R} \to \mathbb{R}$ 由 $f(x) = x^3$ 定义，则 $f'(0) = 0$，但 f 在 0 处没有极大值或极小值）. 若 $n > 1$，定理 2-6 的逆则以一种更为奇特的方式不成立. 例如，设 $f: \mathbb{R}^2 \to \mathbb{R}$ 由 $f(x, y) = x^2 - y^2$ 定义（图 2-2），则因 g_1 在 0 处有一个极小值，故 $D_1 f(0, 0) = 0$；而因 g_2 在 0 处有一个极大值，故 $D_2 f(0, 0) = 0$. 显然 $(0, 0)$ 既不是极大值点也不是极小值点.

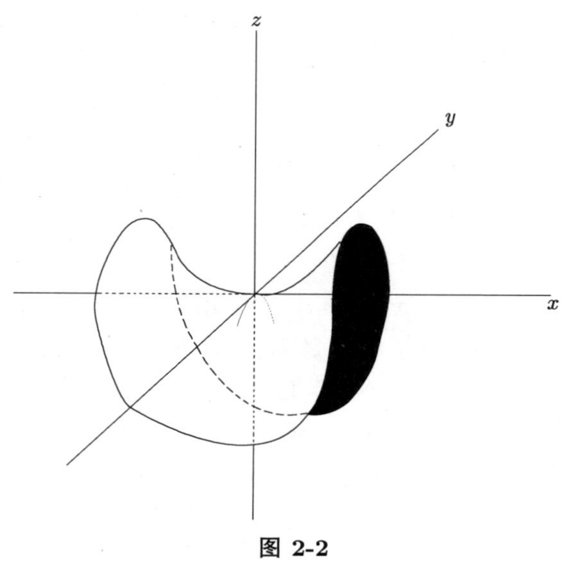

图 2-2

如果用定理 2-6 来求 f 在 A 上的最大值或最小值，那么必须另外检查 f 在边界点处的值——这是一件可怕的事情，因为 A 的边界可能是整个 A. 习题 2-27 指明了一种做法，习题 5-16 陈述了一个经常可用的好方法.

习题

2-17. 求下列函数的偏导数.

(a) $f(x, y, z) = x^y$.

(b) $f(x,y,z)=z$.

(c) $f(x,y)=\sin(x\sin y)$.

(d) $f(x,y,z)=\sin(x\sin(y\sin z))$.

(e) $f(x,y,z)=x^{y^z}$.

(f) $f(x,y,z)=x^{y+z}$.

(g) $f(x,y,z)=(x+y)^z$.

(h) $f(x,y)=\sin(xy)$.

(i) $f(x,y)=[\sin(xy)]^{\cos 3}$.

2-18. 求下列函数的偏导数（其中 $g:\mathbb{R}\to\mathbb{R}$ 连续）.

(a) $f(x,y)=\int_a^{x+y}g$.

(b) $f(x,y)=\int_y^x g$.

(c) $f(x,y)=\int_a^{xy}g$.

(d) $f(x,y)=\int_a^{\int_b^y g}g$.

2-19. 若 $f(x,y)=x^{x^{x^{x^y}}}+(\ln x)(\arctan(\arctan(\arctan(\sin(\cos xy)-\ln(x+y)))))$，求 $D_2f(1,y)$. 提示：有一个很容易的做法.

2-20. 通过 g 与 h 的导数求 f 的偏导数.

(a) $f(x,y)=g(x)h(y)$.

(b) $f(x,y)=g(x)^{h(y)}$.

(c) $f(x,y)=g(x)$.

(d) $f(x,y)=g(y)$.

(e) $f(x,y)=g(x+y)$.

***2-21.** 设 $g_1,g_2:\mathbb{R}^2\to\mathbb{R}$ 连续. 定义 $f:\mathbb{R}^2\to\mathbb{R}$ 为

$$f(x,y)=\int_0^x g_1(t,0)\mathrm{d}t+\int_0^y g_2(x,t)\mathrm{d}t.$$

(a) 证明 $D_2f(x,y)=g_2(x,y)$.

(b) f 应怎样定义才能使 $D_1f(x,y)=g_1(x,y)$?

(c) 求函数 $f:\mathbb{R}^2\to\mathbb{R}$ 使得 $D_1f(x,y)=x$，$D_2f(x,y)=y$. 再求 f 使得 $D_1f(x,y)=y$，$D_2f(x,y)=x$.

***2-22.** 若 $f:\mathbb{R}^2\to\mathbb{R}$ 且 $D_2f=0$，证明 f 与第二元无关. 若 $D_1f=D_2f=0$，证明 f 是常数.

***2-23.** 设 $A=\{(x,y)\in\mathbb{R}^2: x<0$ 或 $(x\geqslant 0$ 且 $y\neq 0)\}$.

(a) 若 $f:A\to\mathbb{R}$ 且 $D_1f=D_2f=0$，证明 f 是常数. 提示：注意，A

中任何两点可用一串线段相连，每一段平行于某个坐标轴.

(b) 求函数 $f: A \to \mathbb{R}$ 使得 $\mathrm{D}_2 f = 0$，但 f 不是与第二元无关.

2-24. 定义 $f: \mathbb{R}^2 \to \mathbb{R}$ 为

$$f(x,y) = \begin{cases} xy\dfrac{x^2-y^2}{x^2+y^2}, & (x,y) \neq \mathbf{0}, \\ 0, & (x,y) = \mathbf{0}. \end{cases}$$

(a) 试证：对一切 x 有 $\mathrm{D}_2 f(x,0) = x$，对一切 y 有 $\mathrm{D}_1 f(0,y) = -y$.

(b) 试证：$\mathrm{D}_{1,2} f(0,0) \neq \mathrm{D}_{2,1} f(0,0)$.

***2-25.** 定义 $f: \mathbb{R} \to \mathbb{R}$ 为

$$f(x) = \begin{cases} \mathrm{e}^{-x^{-2}}, & x \neq 0, \\ 0, & x = 0. \end{cases}$$

证明 f 是 C^∞ 函数，且对一切 i 有 $f^{(i)}(0) = 0$. 提示：极限

$$f'(0) = \lim_{h\to 0} \frac{\mathrm{e}^{-h^{-2}}}{h} = \lim_{h\to 0} \frac{1/h}{\mathrm{e}^{h^{-2}}}$$

可用洛必达法则计算. 对 $x \neq 0$ 求 $f'(x)$ 非常容易，然后 $f''(0) = \lim\limits_{h\to 0} \dfrac{f'(h)}{h}$ 也可用洛必达法则求得.

***2-26.** 设

$$f(x) = \begin{cases} \mathrm{e}^{-(x-1)^{-2}} \cdot \mathrm{e}^{-(x+1)^{-2}}, & x \in (-1,1), \\ 0, & x \notin (-1,1). \end{cases}$$

(a) 证明 $f: \mathbb{R} \to \mathbb{R}$ 是一个 C^∞ 函数，它在 $(-1,1)$ 上为正，在其他处为 0.

(b) 证明存在 C^∞ 函数 $g: \mathbb{R} \to [0,1]$，使得当 $x \leqslant 0$ 时 $g(x) = 0$，当 $x \geqslant \epsilon$ 时 $g(x) = 1$. 提示：如果 f 是一个 C^∞ 函数，在 $(0,\epsilon)$ 上为正，在其他处为 0，令

$$g(x) = \int_0^x f \Big/ \int_0^\epsilon f\,.$$

(c) 若 $\boldsymbol{a} \in \mathbb{R}^n$，定义 $g: \mathbb{R}^n \to \mathbb{R}$ 为

$$g(\boldsymbol{x}) = f([x^1 - a^1]/\epsilon) \cdots f([x^n - a^n]/\epsilon).$$

证明 g 是一个 C^∞ 函数，它在

$$(a^1-\epsilon, a^1+\epsilon) \times \cdots \times (a^n-\epsilon, a^n+\epsilon)$$

上为正，在其他处为 0.

(d) 若 $A \subset \mathbb{R}^n$ 是开集且 $C \subset A$ 是紧集，证明存在一个非负 C^∞ 函数 $f: A \to \mathbb{R}$ 使得当 $\boldsymbol{x} \in C$ 时 $f(\boldsymbol{x}) > 0$，而在含于 A 中的某闭集之外

有 $f=0$.

(e) 证明可以选取 $f: A\to[0,1]$，使得对 $\boldsymbol{x}\in C$ 有 $f(\boldsymbol{x})=1$. 提示：如果 (d) 中的函数 f 对 $\boldsymbol{x}\in C$ 有 $f(\boldsymbol{x})\geqslant\epsilon$，考察 $g\circ f$，其中 g 是 (b) 中的函数.

2-27. 定义 $g,h:\{\boldsymbol{x}\in\mathbb{R}^2:|\boldsymbol{x}|\leqslant 1\}\to\mathbb{R}^3$ 为

$$g(x,y)=\left(x,y,\sqrt{1-x^2-y^2}\right),$$
$$h(x,y)=\left(x,y,-\sqrt{1-x^2-y^2}\right).$$

证明 f 在 $\{\boldsymbol{x}\in\mathbb{R}^3:|\boldsymbol{x}|=1\}$ 上的最大值是 $f\circ g$ 或者 $f\circ h$ 在 $\{\boldsymbol{x}\in\mathbb{R}^2:|\boldsymbol{x}|\leqslant 1\}$ 上的最大值.

2.4 导数

比较过习题 2-10 和习题 2-17 的读者可能已经猜到下面的结论.

定理 2-7 若 $f:\mathbb{R}^n\to\mathbb{R}^m$ 在 $\boldsymbol{a}$ 处可微，则对于 $1\leqslant i\leqslant m$，$1\leqslant j\leqslant n$，$\mathrm{D}_j f^i(\boldsymbol{a})$ 存在，且 $f'(\boldsymbol{a})$ 是 $m\times n$ 矩阵 $(\mathrm{D}_j f^i(\boldsymbol{a}))$.

证明 先假定 $m=1$，故 $f:\mathbb{R}^n\to\mathbb{R}$. 用 $h(x)=(a^1,\cdots,a^{j-1},x,a^{j+1},\cdots,a^n)$ 定义 $h:\mathbb{R}\to\mathbb{R}^n$，其中 x 在第 j 个位置，则 $\mathrm{D}_j f(\boldsymbol{a})=(f\circ h)'(a^j)$. 因此，由定理 2-2 可知，

$$\begin{aligned}(f\circ h)'(a^j)&=f'(\boldsymbol{a})\cdot h'(a^j)\\&=f'(\boldsymbol{a})\cdot\begin{pmatrix}0\\ \vdots\\ 1\\ \vdots\\ 0\end{pmatrix}\leftarrow \text{第 } j \text{ 个位置}.\end{aligned}$$

因为 $(f\circ h)'(a^j)$ 有唯一的元素 $\mathrm{D}_j f(\boldsymbol{a})$，所以说明 $\mathrm{D}_j f(\boldsymbol{a})$ 存在且为 $1\times n$ 矩阵 $f'(\boldsymbol{a})$ 的第 j 个元素.

由定理 2-3 可知每个 f^i 都可微，且 $f'(\boldsymbol{a})$ 的第 i 行是 $(f^i)'(\boldsymbol{a})$，所以本定理对任意 m 都成立. ■

在习题中有几个例子表明定理 2-7 的逆不成立. 但若添加一个假设，它还是对的.

定理 2-8 若 $f:\mathbb{R}^n\to\mathbb{R}^m$，则若所有 $\mathrm{D}_j f^i(\boldsymbol{x})$ 在包含 $\boldsymbol{a}$ 的一个开集上存在

且函数 $\mathrm{D}_j f^i$ 在 $\boldsymbol{a}$ 处连续，则 $\mathrm{D}f(\boldsymbol{a})$ 存在.（这样的函数 f 称为在 $\boldsymbol{a}$ 处连续可微.）

证明　和定理 2-7 的证明一样，只要考察 $m=1$ 的情况就够了，所以考虑 $f:\mathbb{R}^n\to\mathbb{R}$，于是有

$$\begin{aligned}f(\boldsymbol{a}+\boldsymbol{h})-f(\boldsymbol{a})=&f(a^1+h^1,a^2,\cdots,a^n)-f(a^1,\cdots,a^n)\\&+f(a^1+h^1,a^2+h^2,a^3,\cdots,a^n)-f(a^1+h^1,a^2,\cdots,a^n)\\&+\cdots\\&+f(a^1+h^1,\cdots,a^n+h^n)-f(a^1+h^1,\cdots,a^{n-1}+h^{n-1},a^n).\end{aligned}$$

回想 $\mathrm{D}_1 f$ 是由 $g(x)=f(x,a^2,\cdots,a^n)$ 定义的函数 g 的导数. 对 g 应用中值定理，便得

$$f(a^1+h^1,a^2,\cdots,a^n)-f(a^1,\cdots,a^n)=h^1\cdot\mathrm{D}_1 f(b_1,a^2,\cdots,a^n),$$

这里 b_1 是 a^1 与 a^1+h^1 间的某个数. 同样，在和式中第 i 项等于（对某个 $\boldsymbol{c}_i$）

$$h^i\cdot\mathrm{D}_i f(a^1+h^1,\cdots,a^{i-1}+h^{i-1},b_i,a^{i+1},\cdots,a^n)=h^i\mathrm{D}_i f(\boldsymbol{c}_i).$$

因此，

$$\begin{aligned}\lim_{\boldsymbol{h}\to\boldsymbol{0}}\frac{\left|f(\boldsymbol{a}+\boldsymbol{h})-f(\boldsymbol{a})-\sum\limits_{i=1}^{n}\mathrm{D}_i f(\boldsymbol{a})\cdot h^i\right|}{|\boldsymbol{h}|}&=\lim_{\boldsymbol{h}\to\boldsymbol{0}}\frac{\left|\sum\limits_{i=1}^{n}[\mathrm{D}_i f(\boldsymbol{c}_i)-\mathrm{D}_i f(\boldsymbol{a})]\cdot h^i\right|}{|\boldsymbol{h}|}\\&\leqslant\lim_{\boldsymbol{h}\to\boldsymbol{0}}\sum_{i=1}^{n}|\mathrm{D}_i f(\boldsymbol{c}_i)-\mathrm{D}_i f(\boldsymbol{a})|\cdot\frac{|h^i|}{|\boldsymbol{h}|}\\&\leqslant\lim_{\boldsymbol{h}\to\boldsymbol{0}}\sum_{i=1}^{n}|\mathrm{D}_i f(\boldsymbol{c}_i)-\mathrm{D}_i f(\boldsymbol{a})|\\&=0,\end{aligned}$$

因为 $\mathrm{D}_i f$ 在 $\boldsymbol{a}$ 处连续. ■

虽然在证明定理 2-7 时应用了链式法则，但去掉它也很容易. 定理 2-8 保证函数可微，定理 2-7 给出其导数，所以链式法则看来似乎是多余的. 但是，它有一个关于偏导数的极为重要的推论.

定理 2-9　设 $g_1,\cdots,g_m:\mathbb{R}^n\to\mathbb{R}$ 在 $\boldsymbol{a}$ 处连续可微，并设 $f:\mathbb{R}^m\to\mathbb{R}$ 在 $(g_1(\boldsymbol{a}),\cdots,g_m(\boldsymbol{a}))$ 处连续可微. 用 $F(\boldsymbol{x})=f(g_1(\boldsymbol{x}),\cdots,g_m(\boldsymbol{x}))$ 定义 $F:\mathbb{R}^n\to\mathbb{R}$，则

$$\mathrm{D}_i F(\boldsymbol{a})=\sum_{j=1}^{m}\mathrm{D}_j f(g_1(\boldsymbol{a}),\cdots,g_m(\boldsymbol{a}))\cdot\mathrm{D}_i g_j(\boldsymbol{a}).$$

证明 函数 F 正好是复合函数 $f\circ g$，其中 $g=(g_1,\cdots,g_m)$. 因 g_i 在 $\boldsymbol{a}$ 处连续可微，故由定理 2-8 可知 g 在 $\boldsymbol{a}$ 处可微. 故由定理 2-2 可得

$$\begin{aligned}F'(\boldsymbol{a})&=f'(g(\boldsymbol{a}))\cdot g'(\boldsymbol{a})\\&=(\mathrm{D}_1f(g(\boldsymbol{a})),\cdots,\mathrm{D}_mf(g(\boldsymbol{a})))\cdot\begin{pmatrix}\mathrm{D}_1g_1(\boldsymbol{a})&\cdots&\mathrm{D}_ng_1(\boldsymbol{a})\\\vdots&&\vdots\\\mathrm{D}_1g_m(\boldsymbol{a})&\cdots&\mathrm{D}_ng_m(\boldsymbol{a})\end{pmatrix}.\end{aligned}$$

但 $\mathrm{D}_iF(\boldsymbol{a})$ 是此式左边第 i 个元素，而 $\sum_{j=1}^m\mathrm{D}_jf(g_1(\boldsymbol{a}),\cdots,g_m(\boldsymbol{a}))\cdot\mathrm{D}_ig_j(\boldsymbol{a})$ 是右边第 i 个元素. ■

定理 2-9 也常常称为链式法则，但它比定理 2-2 弱，因为 g 或 f 可微并不需要 g_i 或 f 连续可微（见习题 2-32）. 绝大多数需要利用定理 2-9 的计算都是十分直接的. 对于由

$$F(x,y)=f(g(x,y),h(x),k(y))$$

定义的 $F:\mathbb{R}^2\to\mathbb{R}$，其中 $h,k:\mathbb{R}\to\mathbb{R}$，要求更为细致. 为应用定理 2-9，用

$$\bar{h}(x,y)=h(x),\qquad \bar{k}(x,y)=k(y)$$

定义 $\bar{h},\bar{k}:\mathbb{R}^2\to\mathbb{R}$，于是有

$$\begin{aligned}&\mathrm{D}_1\bar{h}(x,y)=h'(x),\qquad &&\mathrm{D}_2\bar{h}(x,y)=0,\\&\mathrm{D}_1\bar{k}(x,y)=0,&&\mathrm{D}_2\bar{k}(x,y)=k'(y).\end{aligned}$$

我们可以写

$$F(x,y)=f(g(x,y),\bar{h}(x,y),\bar{k}(x,y)).$$

令 $\boldsymbol{a}=(g(x,y),h(x),k(y))$，便得

$$\begin{aligned}\mathrm{D}_1F(x,y)&=\mathrm{D}_1f(\boldsymbol{a})\cdot\mathrm{D}_1g(x,y)+\mathrm{D}_2f(\boldsymbol{a})\cdot h'(x),\\\mathrm{D}_2F(x,y)&=\mathrm{D}_1f(\boldsymbol{a})\cdot\mathrm{D}_2g(x,y)+\mathrm{D}_3f(\boldsymbol{a})\cdot k'(y).\end{aligned}$$

当然，没有必要真的写出函数 $\bar{h}$ 与 $\bar{k}$.

习题

2-28. 求下列函数的偏导数的表达式.

(a) $F(x,y)=f(g(x)k(y),g(x)+h(y))$.

(b) $F(x,y,z)=f(g(x+y),h(y+z))$.

(c) $F(x,y,z)=f(x^y,y^z,z^x)$.

(d) $F(x,y)=f(x,g(x),h(x,y))$.

2-29. 设 $f:\mathbb{R}^n\to\mathbb{R}$. 对 $\boldsymbol{x}\in\mathbb{R}^n$，如果极限

$$\lim_{t\to 0}\frac{f(\boldsymbol{a}+t\boldsymbol{x})-f(\boldsymbol{a})}{t}$$

存在，就记作 $\mathrm{D}_{\boldsymbol{x}}f(\boldsymbol{a})$，称为 f 在 $\boldsymbol{a}$ 处沿 $\boldsymbol{x}$ 方向的**方向导数**.

(a) 试证 $\mathrm{D}_{\boldsymbol{e}_i}f(\boldsymbol{a})=\mathrm{D}_if(\boldsymbol{a})$.

(b) 试证 $\mathrm{D}_{t\boldsymbol{x}}f(\boldsymbol{a})=t\mathrm{D}_{\boldsymbol{x}}f(\boldsymbol{a})$.

(c) 若 f 在 $\boldsymbol{a}$ 处可微，试证 $\mathrm{D}_{\boldsymbol{x}}f(\boldsymbol{a})=\mathrm{D}f(\boldsymbol{a})(\boldsymbol{x})$，从而有 $\mathrm{D}_{\boldsymbol{x}+\boldsymbol{y}}f(\boldsymbol{a})=\mathrm{D}_{\boldsymbol{x}}f(\boldsymbol{a})+\mathrm{D}_{\boldsymbol{y}}f(\boldsymbol{a})$.

2-30. 设 f 如习题 2-4 中所定义. 证明对一切 $\boldsymbol{x}$，$\mathrm{D}_{\boldsymbol{x}}f(0,0)$ 存在；但若 $g\neq 0$，则对一切 $\boldsymbol{x}$ 和 $\boldsymbol{y}$，$\mathrm{D}_{\boldsymbol{x}+\boldsymbol{y}}f(0,0)=\mathrm{D}_{\boldsymbol{x}}f(0,0)+\mathrm{D}_{\boldsymbol{y}}f(0,0)$ 不成立.

2-31. 设 $f:\mathbb{R}^2\to\mathbb{R}$ 如习题 1-26 中所定义. 试证：虽然 f 在 $(0,0)$ 处是不连续的，但 $\mathrm{D}_{\boldsymbol{x}}f(0,0)$ 对一切 $\boldsymbol{x}$ 存在.

2-32. (a) 设 $f:\mathbb{R}\to\mathbb{R}$ 定义为

$$f(x)=\begin{cases}x^2\sin\dfrac{1}{x}, & x\neq 0,\\ 0, & x=0.\end{cases}$$

证明 f 在 0 处可微，但 f' 在 0 处不连续.

(b) 设 $f:\mathbb{R}^2\to\mathbb{R}$ 定义为

$$f(x,y)=\begin{cases}(x^2+y^2)\sin\dfrac{1}{\sqrt{x^2+y^2}}, & (x,y)\neq\mathbf{0},\\ 0, & (x,y)=\mathbf{0}.\end{cases}$$

证明 f 在 $(0,0)$ 处可微，但 D_if 在 $(0,0)$ 处不连续.

2-33. 求证：D_1f^j 在 $\boldsymbol{a}$ 处的连续性可以从定理 2-8 的假设中去掉.

2-34. 函数 $f:\mathbb{R}^n\to\mathbb{R}$ 称为 m 次**齐次的**，如果对一切 $\boldsymbol{x}$ 都有 $f(t\boldsymbol{x})=t^mf(\boldsymbol{x})$. 若 f 还是可微的，试证

$$\sum_{i=1}^n x^i\mathrm{D}_if(\boldsymbol{x})=mf(\boldsymbol{x}).$$

提示：若 $g(t)=f(t\boldsymbol{x})$，求 $g'(1)$.

2-35. 若 $f:\mathbb{R}^n\to\mathbb{R}$ 可微且 $f(\mathbf{0})=0$，求证存在 $g_i:\mathbb{R}^n\to\mathbb{R}$ 使得

$$f(\boldsymbol{x})=\sum_{i=1}^n x^ig_i(\boldsymbol{x}).$$

提示：若 $h_{\boldsymbol{x}}(t)=f(t\boldsymbol{x})$，则 $f(\boldsymbol{x})=\int_0^1 h'_{\boldsymbol{x}}(t)\mathrm{d}t$.

2.5 反函数

设 $f:\mathbb{R}\to\mathbb{R}$ 在包含 a 的一个开集上连续可微且 $f'(a)\neq 0$. 若 $f'(a)>0$, 则存在包含 a 的开区间 V 使得对 $x\in V$ 有 $f'(x)>0$; 若 $f'(a)<0$, 则有类似的命题. 因此 f 在 V 上递增（或递减），所以是一一映射，而且存在定义在包含 $f(a)$ 的某开区间 W 上的反函数 f^{-1}. 此外不难证明 f^{-1} 是可微的，且对 $y\in W$ 有

$$(f^{-1})'(y)=\frac{1}{f'(f^{-1}(y))}.$$

对高维的类似讨论就复杂多了，但其结果（定理 2-11）非常重要. 先讲一个简单引理.

引理 2-10 设 $A\subset\mathbb{R}^n$ 是一个矩形，并设 $f:A\to\mathbb{R}^n$ 连续可微. 若存在数 M 对 A 的内域中的一切 $\boldsymbol{x}$ 有 $|\mathrm{D}_jf^i(\boldsymbol{x})|\leqslant M$，则对所有 $\boldsymbol{x},\boldsymbol{y}\in A$ 有

$$|f(\boldsymbol{x})-f(\boldsymbol{y})|\leqslant n^2M|\boldsymbol{x}-\boldsymbol{y}|.$$

证明 我们有

$$\begin{aligned}f^i(\boldsymbol{y})-f^i(\boldsymbol{x})=\sum_{j=1}^{n}\big[&f^i(y^1,\cdots,y^j,x^{j+1},\cdots,x^n)\\&-f^i(y^1,\cdots,y^{j-1},x^j,\cdots,x^n)\big].\end{aligned}$$

应用中值定理，便得（对某个 z_{ij}）

$$\begin{aligned}&f^i(y^1,\cdots,y^j,x^{j+1},\cdots,x^n)-f^i(y^1,\cdots,y^{j-1},x^j,\cdots,x^n)\\&=(y^j-x^j)\cdot\mathrm{D}_jf^i(z_{ij}).\end{aligned}$$

等式右边的绝对值小于或等于 $M\cdot|y^j-x^j|$. 因此，

$$|f^i(\boldsymbol{y})-f^i(\boldsymbol{x})|\leqslant\sum_{j=1}^{n}|y^j-x^j|\cdot M\leqslant nM|\boldsymbol{y}-\boldsymbol{x}|,$$

因为 $|y^j-x^j|\leqslant|\boldsymbol{y}-\boldsymbol{x}|$. 最后得到

$$|f(\boldsymbol{y})-f(\boldsymbol{x})|\leqslant\sum_{i=1}^{n}|f^i(\boldsymbol{y})-f^i(\boldsymbol{x})|\leqslant n^2M\cdot|\boldsymbol{y}-\boldsymbol{x}|.$$ ■

定理 2-11 (反函数定理) 设 $f:\mathbb{R}^n\to\mathbb{R}^n$ 在包含 $\boldsymbol{a}$ 的一个开集上连续可微，且 $\det f'(\boldsymbol{a})\neq 0$，则存在包含 $\boldsymbol{a}$ 的开集 V 和包含 $f(\boldsymbol{a})$ 的开集 W，使得 $f:V\to W$ 有一个连续可微的反函数 $f^{-1}:W\to V$，且对一切 $\boldsymbol{y}\in W$ 满足

$$(f^{-1})'(\boldsymbol{y})=[f'(f^{-1}(\boldsymbol{y}))]^{-1}.$$

证明 设 λ 是线性变换 $\mathrm{D}f(\boldsymbol{a})$，则因 $\det f'(\boldsymbol{a})\neq 0$，故 λ 是非奇异的，于是 $\mathrm{D}(\lambda^{-1}\circ f)(\boldsymbol{a})=\mathrm{D}(\lambda^{-1})(f(\boldsymbol{a}))\circ\mathrm{D}f(\boldsymbol{a})=\lambda^{-1}\circ\mathrm{D}f(\boldsymbol{a})$ 是恒等线性变换. 若定理

对 $\lambda^{-1}\circ f$ 为真，则显然对 f 也为真，所以我们一开始就可以设 λ 是恒等变换. 这样一旦 $f(\boldsymbol{a}+\boldsymbol{h})=f(\boldsymbol{a})$，就有

$$\frac{|f(\boldsymbol{a}+\boldsymbol{h})-f(\boldsymbol{a})-\lambda(\boldsymbol{h})|}{|\boldsymbol{h}|}=\frac{|\boldsymbol{h}|}{|\boldsymbol{h}|}=1.$$

但是

$$\lim_{\boldsymbol{h}\to\boldsymbol{0}}\frac{|f(\boldsymbol{a}+\boldsymbol{h})-f(\boldsymbol{a})-\lambda(\boldsymbol{h})|}{|\boldsymbol{h}|}=0,$$

这表明对于任意地接近 $\boldsymbol{a}$ 但不等于 $\boldsymbol{a}$ 的 $\boldsymbol{x}$，不能有 $f(\boldsymbol{x})=f(\boldsymbol{a})$. 因此，存在包含 $\boldsymbol{a}$ 在其内域中的闭矩形 U，使得以下结论成立.

(1) 若 $\boldsymbol{x}\in U$ 且 $\boldsymbol{x}\neq\boldsymbol{a}$，则 $f(\boldsymbol{x})\neq f(\boldsymbol{a})$.

因为 f 在包含 $\boldsymbol{a}$ 的一个开集上连续可微，所以还有

(2) 对 $\boldsymbol{x}\in U$ 有 $\det f'(\boldsymbol{x})\neq 0$.

(3) 对一切 i 和 j 以及 $\boldsymbol{x}\in U$ 有 $|\mathrm{D}_jf^i(\boldsymbol{x})-\mathrm{D}_jf^i(\boldsymbol{a})|<1/2n^2$.

注意，把 (3) 和引理 2-10 应用于 $g(\boldsymbol{x})=f(\boldsymbol{x})-\boldsymbol{x}$，就能推出对 $\boldsymbol{x}_1,\boldsymbol{x}_2\in U$ 有

$$|f(\boldsymbol{x}_1)-\boldsymbol{x}_1-(f(\boldsymbol{x}_2)-\boldsymbol{x}_2)|\leqslant\frac{1}{2}|\boldsymbol{x}_1-\boldsymbol{x}_2|.$$

因为

$$|\boldsymbol{x}_1-\boldsymbol{x}_2|-|f(\boldsymbol{x}_1)-f(\boldsymbol{x}_2)|\leqslant|f(\boldsymbol{x}_1)-\boldsymbol{x}_1-(f(\boldsymbol{x}_2)-\boldsymbol{x}_2)|\leqslant\frac{1}{2}|\boldsymbol{x}_1-\boldsymbol{x}_2|,$$

所以

(4) 对一切 $\boldsymbol{x}_1,\boldsymbol{x}_2\in U$ 有 $|\boldsymbol{x}_1-\boldsymbol{x}_2|\leqslant 2|f(\boldsymbol{x}_1)-f(\boldsymbol{x}_2)|$.

现在 f(U 的边界) 是一个紧集，由 (1) 可知，它不含 $f(\boldsymbol{a})$（图 2-3），所以存在数 $d>0$，使得当 $\boldsymbol{x}\in U$ 的边界 时 $|f(\boldsymbol{a})-f(\boldsymbol{x})|\geqslant d$. 令 $W=\{\boldsymbol{y}:|\boldsymbol{y}-f(\boldsymbol{a})|<d/2\}$. 若 $\boldsymbol{y}\in W$ 且 $\boldsymbol{x}\in U$ 的边界，则

(5) $|\boldsymbol{y}-f(\boldsymbol{a})|<|\boldsymbol{y}-f(\boldsymbol{x})|$.

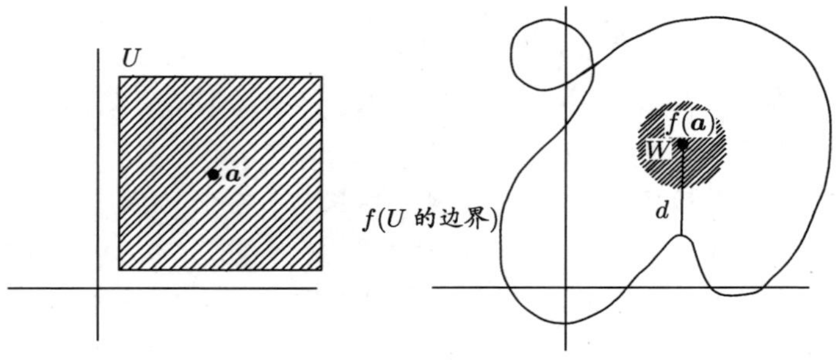

图 2-3

我们将证明，对任何一个 $\boldsymbol{y}\in W$，在 U 的内域中存在唯一的 $\boldsymbol{x}$ 使得 $f(\boldsymbol{x})=\boldsymbol{y}$.

为证明这一点，考虑用

$$g(\boldsymbol{x}) = |\boldsymbol{y} - f(\boldsymbol{x})|^2 = \sum_{i=1}^{n} (y^i - f^i(\boldsymbol{x}))^2$$

定义的函数 $g : U \to \mathbb{R}$. 这个函数是连续的，所以在 U 上有最小值. 若 $\boldsymbol{x} \in U$ 的边界，则由 (5) 可知 $g(\boldsymbol{a}) < g(\boldsymbol{x})$，所以 g 的最小值不会出现在 U 的边界上. 根据定理 2-6，存在一点 $\boldsymbol{x} \in U$ 的内域，使得对一切 j 有 $\mathrm{D}_j g(\boldsymbol{x}) = 0$，也就是

$$\sum_{i=1}^{n} 2(y^i - f^i(\boldsymbol{x})) \cdot \mathrm{D}_j f^i(\boldsymbol{x}) = 0, \quad \text{对一切 } j.$$

由 (2) 可知，矩阵 $(\mathrm{D}_j f^i(\boldsymbol{x}))$ 有非零的行列式，所以对一切 i 必有 $y^i - f^i(\boldsymbol{x}) = 0$，也就是 $\boldsymbol{y} = f(\boldsymbol{x})$. 这就证明了 $\boldsymbol{x}$ 的存在性. 唯一性从 (4) 立得.

若 $V = (U \text{ 的内域}) \cap f^{-1}(W)$，我们已经证明了函数 $f : V \to W$ 有逆 $f^{-1} : W \to V$. 我们可以把 (4) 改写为

(6) 对 $\boldsymbol{y}_1, \boldsymbol{y}_2 \in W$ 有 $|f^{-1}(\boldsymbol{y}_1) - f^{-1}(\boldsymbol{y}_2)| \leqslant 2|\boldsymbol{y}_1 - \boldsymbol{y}_2|$.

这就证明了 f^{-1} 连续.

剩下只有 f^{-1} 可微还未证. 设 $\mu = \mathrm{D}f(\boldsymbol{x})$，我们将证明 f^{-1} 在 $\boldsymbol{y} = f(\boldsymbol{x})$ 处可微，且有导数 μ^{-1}. 和定理 2-2 的证明中一样，对 $\boldsymbol{x}_1 \in V$，我们有

$$f(\boldsymbol{x}_1) = f(\boldsymbol{x}) + \mu(\boldsymbol{x}_1 - \boldsymbol{x}) + \varphi(\boldsymbol{x}_1 - \boldsymbol{x}),$$

其中

$$\lim_{\boldsymbol{x}_1 \to \boldsymbol{x}} \frac{|\varphi(\boldsymbol{x}_1 - \boldsymbol{x})|}{|\boldsymbol{x}_1 - \boldsymbol{x}|} = 0.$$

因此

$$\mu^{-1}(f(\boldsymbol{x}_1) - f(\boldsymbol{x})) = \boldsymbol{x}_1 - \boldsymbol{x} + \mu^{-1}(\varphi(\boldsymbol{x}_1 - \boldsymbol{x})).$$

因为每个 $\boldsymbol{y}_1 \in W$ 都具有 $f(\boldsymbol{x}_1)$ 的形式（对某个 $\boldsymbol{x}_1 \in V$），上式可以写成

$$f^{-1}(\boldsymbol{y}_1) = f^{-1}(\boldsymbol{y}) + \mu^{-1}(\boldsymbol{y}_1 - \boldsymbol{y}) - \mu^{-1}(\varphi(f^{-1}(\boldsymbol{y}_1) - f^{-1}(\boldsymbol{y}))),$$

所以只要证明

$$\lim_{\boldsymbol{y}_1 \to \boldsymbol{y}} \frac{|\mu^{-1}(\varphi(f^{-1}(\boldsymbol{y}_1) - f^{-1}(\boldsymbol{y})))|}{|\boldsymbol{y}_1 - \boldsymbol{y}|} = 0,$$

因而（习题 1-10）只要证明

$$\lim_{\boldsymbol{y}_1 \to \boldsymbol{y}} \frac{|\varphi(f^{-1}(\boldsymbol{y}_1) - f^{-1}(\boldsymbol{y}))|}{|\boldsymbol{y}_1 - \boldsymbol{y}|} = 0$$

即可. 而

$$\frac{|\varphi(f^{-1}(\boldsymbol{y}_1) - f^{-1}(\boldsymbol{y}))|}{|\boldsymbol{y}_1 - \boldsymbol{y}|} = \frac{|\varphi(f^{-1}(\boldsymbol{y}_1) - f^{-1}(\boldsymbol{y}))|}{|f^{-1}(\boldsymbol{y}_1) - f^{-1}(\boldsymbol{y})|} \cdot \frac{|f^{-1}(\boldsymbol{y}_1) - f^{-1}(\boldsymbol{y})|}{|\boldsymbol{y}_1 - \boldsymbol{y}|}.$$

因为 f^{-1} 是连续的，所以当 $\boldsymbol{y}_1 \to \boldsymbol{y}$ 时 $f^{-1}(\boldsymbol{y}_1) \to f^{-1}(\boldsymbol{y})$. 因此第一个因子趋于 0. 因由 (6) 可知，第二个因子小于 2，故乘积也趋于 0. ■

应当注意，即使 $\det f'(\boldsymbol{a}) = 0$，反函数 f^{-1} 也还是可能存在的. 例如，若 $f: \mathbb{R} \to \mathbb{R}$ 由 $f(x) = x^3$ 定义，则 $f'(0) = 0$，但 f 有反函数 $f^{-1}(x) = \sqrt[3]{x}$. 然而有一件事可以肯定：若 $\det f'(\boldsymbol{a}) = 0$，则 f^{-1} 在 $f(\boldsymbol{a})$ 处必不可微. 为证明这一点，注意 $f \circ f^{-1}(\boldsymbol{x}) = \boldsymbol{x}$. 假若 f^{-1} 在 $f(\boldsymbol{a})$ 处可微，则链式法则将给出 $f'(\boldsymbol{a}) \cdot (f^{-1})'(f(\boldsymbol{a})) = \boldsymbol{I}$，因此 $\det f'(\boldsymbol{a}) \cdot \det(f^{-1})'(f(\boldsymbol{a})) = 1$，与 $\det f'(\boldsymbol{a}) = 0$ 相矛盾.

习题

***2-36.** 设 $A \subset \mathbb{R}^n$ 是开集，$f: A \to \mathbb{R}^n$ 是连续可微的一一映射，使得对一切 $\boldsymbol{x}$ 有 $\det f'(\boldsymbol{x}) \neq 0$. 证明 $f(A)$ 是开集且 $f^{-1}: f(A) \to A$ 可微. 再证明对任何开集 $B \subset A$，$f(B)$ 是开集.

2-37. (a) 设 $f: \mathbb{R}^2 \to \mathbb{R}$ 是一个连续可微函数，且 $D_1 f(x, y)$ 和 $D_2 f(x, y)$ 不同时为 0.① 试证 f 不是一一映射. 提示：例如，如果对某开集 A 中的一切 (x, y) 有 $D_1 f(x, y) \neq 0$，考察由 $g(x, y) = (f(x, y), y)$ 定义的 $g: A \to \mathbb{R}^2$.

(b) 将此结果推广到连续可微函数 $f: \mathbb{R}^n \to \mathbb{R}^m$，其中 $m < n$ 的情况.

2-38. (a) 若 $f: \mathbb{R} \to \mathbb{R}$ 满足 $f'(a) \neq 0$（对一切 $a \in \mathbb{R}$），证明 f 是在整个 $\mathbb{R}$ 上的一一映射.

(b) 用 $f(x, y) = (\mathrm{e}^x \cos y, \mathrm{e}^x \sin y)$ 定义 $f: \mathbb{R}^2 \to \mathbb{R}^2$. 证明：对一切 (x, y) 有 $\det f'(x, y) \neq 0$，但 f 不是一一映射.

2-39. 利用由

$$f(x) = \begin{cases} \dfrac{x}{2} + x^2 \sin \dfrac{1}{x}, & x \neq 0, \\ 0, & x = 0 \end{cases}$$

定义的函数 $f: \mathbb{R} \to \mathbb{R}$，证明导数的连续性条件不能从定理 2-11 的假设中去掉.

2.6 隐函数

考察由 $f(x, y) = x^2 + y^2 - 1$ 定义的函数 $f: \mathbb{R}^2 \to \mathbb{R}$. 若我们选择 (a, b) 使得 $f(a, b) = 0$ 且 $a \neq 1, -1$，则存在（图 2-4）包含 a 的开区间 A 和包含 b 的开

① 原书并没有加“且”后面的这个条件，因此是错的，详见习题解答. ——译者注

区间 B，它们具有下列性质：若 $x \in A$，则存在唯一的 $y \in B$ 使得 $f(x, y) = 0$. 因此，我们能够利用条件 $g(x) \in B$ 和 $f(x, g(x)) = 0$ 定义函数 $g : A \to \mathbb{R}$（若 $b > 0$，如图 2-4 所示，则 $g(x) = \sqrt{1 - x^2}$）. 对我们所考虑的函数 f，还存在另一个数 b_1 使得 $f(a, b_1) = 0$. 这时也会有包含 b_1 的区间 B_1，使得当 $x \in A$ 时，有一个唯一的 $g_1(x) \in B$ 使得 $f(x, g_1(x)) = 0$（这里 $g_1(x) = -\sqrt{1 - x^2}$）. g 和 g_1 都可微. 这些函数是由方程 $f(x, y) = 0$ 定义的**隐函数**.

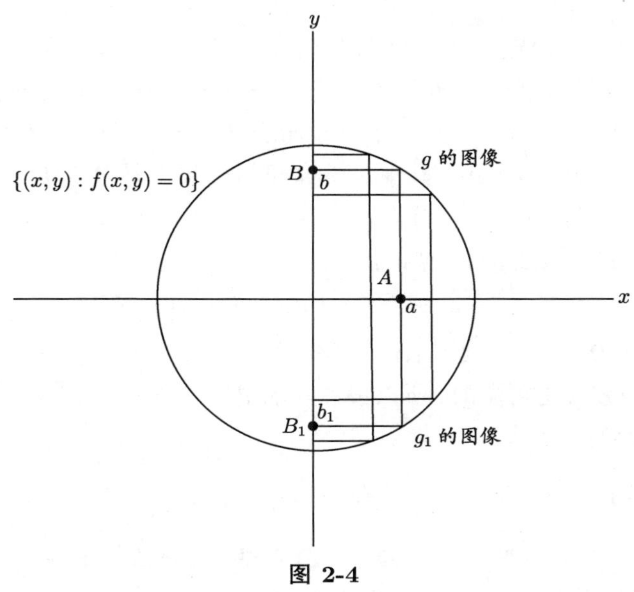

图 2-4

如果选择 $a = 1$ 或 -1，那么不可能找到定义在包含 a 的开区间上的任何一个这样的函数 g. 我们想要一个简单的判别法以确定一般在什么情况下可以找到这样的函数. 一般地，我们可以问：若 $f : \mathbb{R}^n \times \mathbb{R} \to \mathbb{R}$ 且 $f(a^1, \cdots, a^n, b) = 0$，对 $(a^1, \cdots, a^n)$ 附近的每个 $(x^1, \cdots, x^n)$，在什么情况下我们能找到 b 附近的唯一的 y 使得 $f(x^1, \cdots, x^n, y) = 0$? 甚至更一般地，我们可以问：是否可能求解依赖于参数 $x^1, \cdots, x^n$ 的含 m 个未知数的 m 个方程：若

$$f_i : \mathbb{R}^n \times \mathbb{R}^m \to \mathbb{R}, \quad i = 1, \cdots, m$$

且

$$f_i(a^1, \cdots, a^n, b^1, \cdots, b^m) = 0, \quad i = 1, \cdots, m$$

对 $(a^1, \cdots, a^n)$ 附近的每个 $(x^1, \cdots, x^n)$，在什么情况下我们能找到 $(b^1, \cdots, b^m)$ 附近的唯一的 $(y^1, \cdots, y^m)$，满足 $f_i(x^1, \cdots, x^n, y^1, \cdots, y^m) = 0$? 回答如下.

定理 2-12 (隐函数定理)　设 $f:\mathbb{R}^n\times\mathbb{R}^m\to\mathbb{R}^m$ 在包含 $(\boldsymbol{a},\boldsymbol{b})$ 的一个开集上连续可微，且 $f(\boldsymbol{a},\boldsymbol{b})=\boldsymbol{0}$. 令 $\boldsymbol{M}$ 表示 $m\times m$ 矩阵

$$(\mathrm{D}_{n+j}f^i(\boldsymbol{a},\boldsymbol{b})),\quad 1\leqslant i,j\leqslant m.$$

若 $\det\boldsymbol{M}\neq 0$，则必存在包含 $\boldsymbol{a}$ 的开集 $A\subset\mathbb{R}^n$ 和包含 $\boldsymbol{b}$ 的开集 $B\subset\mathbb{R}^m$，它们具有下列性质：对每个 $\boldsymbol{x}\in A$，存在唯一的 $g(\boldsymbol{x})\in B$ 使得 $f(\boldsymbol{x},g(\boldsymbol{x}))=\boldsymbol{0}$，这个函数还是可微的.

证明　用 $F(\boldsymbol{x},\boldsymbol{y})=(\boldsymbol{x},f(\boldsymbol{x},\boldsymbol{y}))$ 定义 $F:\mathbb{R}^n\times\mathbb{R}^m\to\mathbb{R}^n\times\mathbb{R}^m$，则 $\det F'(\boldsymbol{a},\boldsymbol{b})=\det\boldsymbol{M}\neq 0$. 由定理 2-11 可知，在 $\mathbb{R}^n\times\mathbb{R}^m$ 中存在包含 $F(\boldsymbol{a},\boldsymbol{b})=(\boldsymbol{a},\boldsymbol{0})$ 的一个开集 W 以及包含 $(\boldsymbol{a},\boldsymbol{b})$ 的一个开集——我们可以把它取成 $A\times B$ 的形式使得 $F:A\times B\to W$ 有一个可微的逆 $h:W\to A\times B$. 显然 h 具有 $h(\boldsymbol{x},\boldsymbol{y})=(\boldsymbol{x},k(\boldsymbol{x},\boldsymbol{y}))$ 的形式，其中 k 为某可微函数（因为 F 也具有这种形式）. 设 $\pi:\mathbb{R}^n\times\mathbb{R}^m\to\mathbb{R}^m$ 由 $\pi(\boldsymbol{x},\boldsymbol{y})=\boldsymbol{y}$ 定义，则 $\pi\circ F=f$. 因此

$$\begin{aligned}f(\boldsymbol{x},k(\boldsymbol{x},\boldsymbol{y}))&=f\circ h(\boldsymbol{x},\boldsymbol{y})=(\pi\circ F)\circ h(\boldsymbol{x},\boldsymbol{y})\\&=\pi\circ(F\circ h)(\boldsymbol{x},\boldsymbol{y})=\pi(\boldsymbol{x},\boldsymbol{y})=\boldsymbol{y},\end{aligned}$$

于是有 $f(\boldsymbol{x},k(\boldsymbol{x},\boldsymbol{0}))=\boldsymbol{0}$. 换句话说，我们可以定义 $g(\boldsymbol{x})=k(\boldsymbol{x},\boldsymbol{0})$. ■

因为已知函数 g 是可微的，所以很容易求出其导数. 事实上，$f^i(\boldsymbol{x},g(\boldsymbol{x}))=0$，两边同取 D_j 就给出

$$0=\mathrm{D}_jf^i(\boldsymbol{x},g(\boldsymbol{x}))+\sum_{\alpha=1}^{m}\mathrm{D}_{n+\alpha}f^i(\boldsymbol{x},g(\boldsymbol{x}))\cdot\mathrm{D}_jg^{\alpha}(\boldsymbol{x}),\quad i=1,\cdots,m,\ j=1,\cdots,n.$$

因为 $\det\boldsymbol{M}\neq 0$，所以这些方程对 $\mathrm{D}_jg^{\alpha}(\boldsymbol{x})$ 可解. 解将依赖于各个 $\mathrm{D}_jf^i(\boldsymbol{x},g(\boldsymbol{x}))$，故也依赖于 $g(\boldsymbol{x})$. 这是不可避免的，因为函数 g 不是唯一的. 再次考察由 $f(x,y)=x^2+y^2-1$ 定义的函数 $f:\mathbb{R}^2\to\mathbb{R}$，注意到满足 $f(x,g(x))=0$ 的两个可能的函数[①]是 $g(x)=\sqrt{1-x^2}$ 和 $g(x)=-\sqrt{1-x^2}$. 将 $f(x,g(x))$ 求导，得到

$$\mathrm{D}_1f(x,g(x))+\mathrm{D}_2(x,g(x))\cdot g'(x)=0,$$

即

$$\begin{aligned}2x+2g(x)\cdot g'(x)&=0,\\g'(x)&=-x/g(x),\end{aligned}$$

不论对 $g(x)=\sqrt{1-x^2}$ 还是 $g(x)=-\sqrt{1-x^2}$ 确实都是如此.

这里给出定理 2-12 的论证的一个推广，这在第 5 章中将是十分重要的.

定理 2-13　设 $f:\mathbb{R}^n\to\mathbb{R}^p$ 在包含 $\boldsymbol{a}$ 的一个开集上连续可微，其中 $p\leqslant n$. 若 $f(\boldsymbol{a})=\boldsymbol{0}$ 且 $p\times n$ 矩阵 $(\mathrm{D}_jf^i(\boldsymbol{a}))$ 有秩 p，则存在开集 $A\subset\mathbb{R}^n$ 以及具有可

① 当然指的是可微函数. ——译者注

微逆的可微函数 $h: A \to \mathbb{R}^n$，并且 $h(A)$ 包含 $\boldsymbol{a}$，使得

$$f \circ h(x^1, \cdots, x^n) = (x^{n-p+1}, \cdots, x^n).$$

证明 我们可以把 f 看成一个函数 $f: \mathbb{R}^{n-p} \times \mathbb{R}^p \to \mathbb{R}^p$. 若 $\det \boldsymbol{M} \neq 0$，其中 $\boldsymbol{M}$ 是 $p \times p$ 矩阵 $(\mathrm{D}_{n-p+j} f^i(\boldsymbol{a}))$，$1 \leqslant i,\ j \leqslant p$，则这正好是定理 2-12 的证明中所考虑的情况. 正如在那个证明中指出的，存在 h 使得 $f \circ h(x^1, \cdots, x^n) = (x^{n-p+1}, \cdots, x^n)$.

一般地，因为 $(\mathrm{D}_j f^i(\boldsymbol{a}))$ 有秩 p，所以存在 $j_1 < \cdots < j_p$ 使得矩阵 $(\mathrm{D}_j f^i(\boldsymbol{a}))$（$1 \leqslant i \leqslant p$，$j = j_1, \cdots, j_p$）有非零行列式. 若 $g: \mathbb{R}^n \to \mathbb{R}^n$ 置换各 x^j 使得 $g(x^1, \cdots, x^n) = (\cdots, x^{j_1}, \cdots, x^{j_p})$，则 $f \circ g$ 正是已经考察过的类型的函数，故对某个 k 有 $((f \circ g) \circ k)(x^1, \cdots, x^n) = (x^{n-p+1}, \cdots, x^n)$. 令 $h = g \circ k$. ■

习题

2-40. 利用隐函数定理重做习题 2-15(c).

2-41. 设 $f: \mathbb{R} \times \mathbb{R} \to \mathbb{R}$ 是可微的. 对每个 $x \in \mathbb{R}$ 用 $g_x(y) = f(x, y)$ 定义 $g_x: \mathbb{R} \to \mathbb{R}$. 假定对每个 x，存在唯一的 y 使得 $g_x'(y) = 0$，令 $c(x) = y$.

(a) 若对一切 (x, y) 有 $\mathrm{D}_{2,2} f(x, y) \neq 0$，试证 c 可微且

$$c'(x) = -\frac{\mathrm{D}_{2,1} f(x, c(x))}{\mathrm{D}_{2,2} f(x, c(x))}.$$

提示：$g_x'(y) = 0$ 可以写成 $\mathrm{D}_2 f(x, y) = 0$.

(b) 试证：若 $c'(x) = 0$，则对某个 y 有

$$\mathrm{D}_{2,1} f(x, y) = 0,$$
$$\mathrm{D}_2 f(x, y) = 0.$$

(c) 设 $f(x, y) = x(y \ln y - y) - y \ln x$. 求

$$\max_{\frac{1}{2} \leqslant x \leqslant 2} \left(\min_{\frac{1}{2} \leqslant y \leqslant 1} f(x, y) \right).$$

2.7 记号

本节对与偏导数有联系的古典记号作一个简略的、但不完全非主观的讨论. 热衷于古典记号的人们把偏导数 $\mathrm{D}_1 f(x, y, z)$ 记作

$$\frac{\partial f(x, y, z)}{\partial x} \quad 或 \quad \frac{\partial f}{\partial x} \quad 或 \quad \frac{\partial f}{\partial x}(x, y, z) \quad 或 \quad \frac{\partial}{\partial x} f(x, y, z)$$

或任何其他方便的类似记号. 这个记号迫使我们把 $\mathrm{D}_1 f(u, v, w)$ 写成

$$\frac{\partial f}{\partial u}(u, v, w),$$

虽然也可以用记号

$$\left.\frac{\partial f(x,y,z)}{\partial x}\right|_{(x,y,z)=(u,v,w)} \quad 或 \quad \frac{\partial f(x,y,z)}{\partial x}(u,v,w)$$

或某种类似的东西（而对一个像 $\mathrm{D}_1 f(7,3,2)$ 的式子就必须用这种记号）. 对 $\mathrm{D}_2 f$ 和 $\mathrm{D}_3 f$ 也是类似. 高阶导数用像这样的记号来表示：

$$\mathrm{D}_2\mathrm{D}_1 f(x,y,z) = \frac{\partial^2 f(x,y,z)}{\partial y \partial x}.$$

当 $f:\mathbb{R}\to\mathbb{R}$ 时，记号 ∂ 自动地恢复为 d，比如写作

$$\frac{\mathrm{d}\sin x}{\mathrm{d}x} \quad 而不是 \quad \frac{\partial \sin x}{\partial x}.$$

在古典记号下，仅就定理 2-2 的叙述而言，就要引进一些不相干的字母. 对 $\mathrm{D}_1(f\circ(g,h))$，通常的求法如下.

若 $f(u,v)$ 是一个函数，而 $u=g(x,y)$，$v=h(x,y)$，则

$$\frac{\partial f(g(x,y),h(x,y))}{\partial x} = \frac{\partial f(u,v)}{\partial u}\frac{\partial u}{\partial x} + \frac{\partial f(u,v)}{\partial v}\frac{\partial v}{\partial x}.$$

（记号 $\frac{\partial u}{\partial x}$ 表示 $\frac{\partial}{\partial x}g(x,y)$，而 $\frac{\partial}{\partial u}f(u,v)$ 表示 $\mathrm{D}_1 f(u,v) = \mathrm{D}_1 f(g(x,y),h(x,y))$.）此式常简写成

$$\frac{\partial f}{\partial x} = \frac{\partial f}{\partial u}\frac{\partial u}{\partial x} + \frac{\partial f}{\partial v}\frac{\partial v}{\partial x}.$$

注意，在此式两边的 f 是有区别的.

记号 $\frac{\mathrm{d}f}{\mathrm{d}x}$ 多少有点诱人，它已分别引出许多关于 $\mathrm{d}x$ 和 $\mathrm{d}f$ 的定义（通常是无意义的）. 其唯一的目的是得出式子

$$\mathrm{d}f = \frac{\mathrm{d}f}{\mathrm{d}x}\cdot \mathrm{d}x.$$

若 $f:\mathbb{R}^2\to\mathbb{R}$，则 $\mathrm{d}f$ 的古典定义为

$$\mathrm{d}f = \frac{\partial f}{\partial x}\mathrm{d}x + \frac{\partial f}{\partial y}\mathrm{d}y$$

（且不论 $\mathrm{d}x$ 和 $\mathrm{d}y$ 表示什么）.

第 4 章包含一些严格的定义，这使我们能够将以上各式作为定理来证明. 这些现代的定义是不是比古典的形式有实质性的进步？这是一个棘手的问题，读者必须自己来判断.

第 3 章　积分

3.1　基本定义

函数 $f: A \to \mathbb{R}$（这里 $A \subset \mathbb{R}^n$ 是一个闭矩形）的积分和通常的积分定义相似，所以只需简短地讨论.

回想一下，闭区间 $[a,b]$ 的划分就是一串点 $t_0, \cdots, t_k$，其中 $a = t_0 \leqslant t_1 \leqslant \cdots \leqslant t_k = b$. 划分 P 把区间 $[a,b]$ 分成 k 个子区间 $[t_{i-1}, t_i]$. 矩形 $[a_1,b_1] \times \cdots \times [a_n,b_n]$ **的划分** P 就是一组划分 $P = (P_1, \cdots, P_n)$，其中 P_i 是区间 $[a_i,b_i]$ 的划分. 例如设 $P_1 = t_0, \cdots, t_k$ 是 $[a_1,b_1]$ 的一个划分，$P_2 = s_0, \cdots, s_k$ 是 $[a_2,b_2]$ 的一个划分，则 $[a_1,b_1] \times [a_2,b_2]$ 的划分 $P = (P_1, P_2)$ 把这个闭矩形分成 $k \cdot l$ 个子矩形，$[t_{i-1}, t_i] \times [s_{i-1}, s_i]$ 是其中典型的一个. 一般说来，若 P_i 把 $[a_i,b_i]$ 分成 N_i 个子区间，则 $P = (P_1, \cdots, P_n)$ 把 $[a_1,b_1] \times \cdots \times [a_n,b_n]$ 分成 $N = N_1 \cdots N_n$ 个子矩形. 这些子矩形就叫作**划分** P **的子矩形**.

现在设 A 是一个矩形，$f: A \to \mathbb{R}$ 是一个有界函数，而 P 是 A 的一个划分. 对此划分的每个子矩形 S，令

$$m_S(f) = \inf\{f(\boldsymbol{x}) : \boldsymbol{x} \in S\},$$
$$M_S(f) = \sup\{f(\boldsymbol{x}) : \boldsymbol{x} \in S\},$$

$v(S)$ 为 S 的体积（矩形 $[a_1,b_1] \times \cdots \times [a_n,b_n]$ 和 $(a_1,b_1) \times \cdots \times (a_n,b_n)$ 的**体积**都定义为 $(b_1 - a_1) \cdots (b_n - a_n)$）. f 关于 P 的**下和**和**上和**分别定义为

$$L(f,P) = \sum_S m_S(f) \cdot v(S),$$
$$U(f,P) = \sum_S M_S(f) \cdot v(S).$$

显然 $L(f,P) \leqslant U(f,P)$. 一个更强的结论（推论 3-2）也成立.

引理 3-1　设划分 P' 加细了 P（即 P' 的每个子矩形都包含在 P 的一个子矩形中）. 此时

$$L(f,P) \leqslant L(f,P') \quad 且 \quad U(f,P') \leqslant U(f,P).$$

证明　P 的每个子矩形 S 都被分成了 P' 的几个子矩形 $S_1, \cdots, S_\alpha$，于是有 $v(S) = v(S_1) + \cdots + v(S_\alpha)$. 现在 $m_s(f) \leqslant m_{s_i}(f)$，因为 $f(\boldsymbol{x})$ 在 $\boldsymbol{x} \in S$ 时的值

包含了 $f(\boldsymbol{x})$ 在 $\boldsymbol{x} \in S_i$ 时的全部值（可能还包含有更小的值）. 因此

$$\begin{aligned} m_S(f) \cdot v(S) &= m_S(f) \cdot v(S_1) + \cdots + m_S(f) \cdot v(S_\alpha) \\ &\leqslant m_{S_1}(f) \cdot v(S_1) + \cdots + m_{S_\alpha}(f) \cdot v(S_\alpha). \end{aligned}$$

对所有 S, 左边各项之和是 $L(f,P)$, 而右边各项之和是 $L(f,P')$. 因此 $L(f,P) \leqslant L(f,P')$. 对上和的证明类似. ■

推论 3-2 若 P 与 P' 是任何两个划分，则 $L(f,P') \leqslant U(f,P)$.

证明 设划分 P'' 同时加细 P 和 P'（例如取 $P'' = (P_1'', \cdots, P_n'')$，其中 P_i'' 是 $[a_i, b_i]$ 的一个同时加细 P_i 和 P_i' 的划分），则有

$$L(f,P') \leqslant L(f,P'') \leqslant U(f,P'') \leqslant U(f,P).$$ ■

从推论 3-2 可得, f 的所有下和的上确界小于或等于所有上和的下确界. 函数 $f : A \to \mathbb{R}$ 称为在矩形 A 上**可积**，如果 f 有界且 $\sup\{L(f,P)\} = \inf\{U(f,P)\}$. 上和下确界和下和上确界的公共值记作 $\int_A f$，称为 f 在 A 上的**积分**，时常也采用 $\int_A f(x^1, \cdots, x^n) \mathrm{d}x^1 \cdots \mathrm{d}x^n$ 这样的记号. 若 $f : [a,b] \to \mathbb{R}$，其中 $a \leqslant b$，则 $\int_a^b f = \int_{[a,b]} f$. 下面的定理给出了可积性的一个简单而有用的判别法.

定理 3-3 有界函数 $f : A \to \mathbb{R}$ 可积的充分必要条件是对任何 $\epsilon > 0$ 都有 A 的一个划分 P，使得 $U(f,P) - L(f,P) < \epsilon$.

证明 若此条件成立，显然 $\sup\{L(f,P)\} = \inf\{U(f,P)\}$ 且 f 可积. 反之，若 f 可积，则 $\sup\{L(f,P)\} = \inf\{U(f,P)\}$，那么对任何 $\epsilon > 0$ 必定有划分 P 和 P' 使得 $U(f,P) - L(f,P') < \epsilon$. 若 P'' 同时加细 P 和 P'，由引理 3-1 可知 $U(f,P'') - L(f,P'') \leqslant U(f,P) - L(f,P') < \epsilon$. ■

我们将在后面各节里说明可积函数的特性并且找出计算积分的一种方法. 现在我们考虑两个函数，一个可积，一个不可积.

1. 令 $f : A \to \mathbb{R}$ 是常值函数，$f(\boldsymbol{x}) = c$. 对任何划分 P 和子矩形 S 都有 $m_S(f) = M_S(f) = c$，所以 $L(f,P) = U(f,P) = \sum_S c \cdot v(S) = c \cdot v(A)$. 因此 $\int_A f = c \cdot v(A)$.

2. 令 $f : [0,1] \times [0,1] \to \mathbb{R}$ 定义为

$$f(x,y) = \begin{cases} 0, & \text{若 } x \text{ 是有理数}, \\ 1, & \text{若 } x \text{ 是无理数}. \end{cases}$$

若 P 是一个划分，则每个子矩形 S 既包含 x 为有理数的点 (x,y)，也包含 x 为无理数的点 (x,y)，所以 $m_S(f) = 0$ 而 $M_S(f) = 1$，于是有

$$L(f,P) = \sum_S 0 \cdot v(S) = 0$$

而

$$U(f,P)=\sum_S 1\cdot v(S)=v([0,1]\times[0,1])=1.$$

因此 f 不可积.

习题

3-1. 令 $f:[0,1]\times[0,1]\to\mathbb{R}$ 定义为

$$f(x,y)=\begin{cases}0, & 若\ 0\leqslant x<\dfrac{1}{2},\\ 1, & 若\ \dfrac{1}{2}\leqslant x\leqslant 1.\end{cases}$$

证明 f 可积且 $\int_{[0,1]\times[0,1]} f=\frac{1}{2}$.

3-2. 令 $f:A\to\mathbb{R}$ 可积且除在有限多个点处以外有 $g=f$. 证明 g 可积且 $\int_A f=\int_A g$.

3-3. 令 $f,g:A\to\mathbb{R}$ 均可积.

(a) 对 A 的任何划分 P 及其子矩形 S，证明

$$m_S(f)+m_S(g)\leqslant m_S(f+g),\quad M_S(f+g)\leqslant M_S(f)+M_S(g),$$

从而有

$$L(f,P)+L(g,P)\leqslant L(f+g,P),\quad U(f+g,P)\leqslant U(f,P)+U(g,P).$$

(b) 证明 $f+g$ 也可积且 $\int_A(f+g)=\int_A f+\int_A g$.

(c) 对任何常数 c，证明 $\int_A cf=c\int_A f$.

3-4. 令 $f:A\to\mathbb{R}$，而 P 是 A 的一个划分. 证明 f 可积，当且仅当对 A 的每个子矩形 S，函数 $f|S$（即限制在 S 上的 f）均可积，并证明此时 $\int_A f=\sum_S\int_S f|S$.

3-5. 令 $f,g:A\to\mathbb{R}$ 均可积并设 $f\leqslant g$. 求证 $\int_A f\leqslant\int_A g$.

3-6. 令 $f:A\to\mathbb{R}$ 可积，证明 $|f|$ 可积且 $\left|\int_A f\right|\leqslant\int_A|f|$.

3-7. 令 $f:[0,1]\times[0,1]\to\mathbb{R}$ 定义为

$$f(x,y)=\begin{cases}0, & x\ 为无理数,\\ 0, & x\ 为有理数,\ y\ 为无理数,\\ 1/q, & x\ 为有理数,\ y\ 为既约分数\ p/q.\end{cases}$$

证明 f 可积且 $\int_{[0,1]\times[0,1]} f=0$.

3.2　测度零与容度零

$\mathbb{R}^n$ 的子集 A 具有（n 维）**测度** 0，如果对任何 $\epsilon > 0$ 都有 A 的闭矩形覆盖 $\{U_1, U_2, U_3, \cdots\}$ 使得 $\sum_{i=1}^{\infty} v(U_i) < \epsilon$. 很明显，若 A 有测度 0 而 $B \subset A$，则 B 也有测度 0（记住这一点是有用的）. 读者可以验证，在测度 0 的定义中可以用开矩形代替闭矩形.

只含有限多个点的集合的测度显然为 0. 若 A 含有无限多个点但是可以排成一个序列 $a_1, a_2, a_3, \cdots$，则 A 也有测度 0. 因为若 $\epsilon > 0$，我们就可以取闭矩形 U_i 包含 a_i，且 $v(U_i) < \epsilon/2^i$. 这时 $\sum_{i=1}^{\infty} v(U_i) < \sum_{i=1}^{\infty} \epsilon/2^i = \epsilon$.

0 与 1 之间的全体有理数的集合可以通过排列变成一个可数的无限集，这是一个重要而且令人惊讶的例子. 为了看出这一点，把以下阵列中的分数按箭头次序排列起来（去掉重复的和大于 1 的数）.

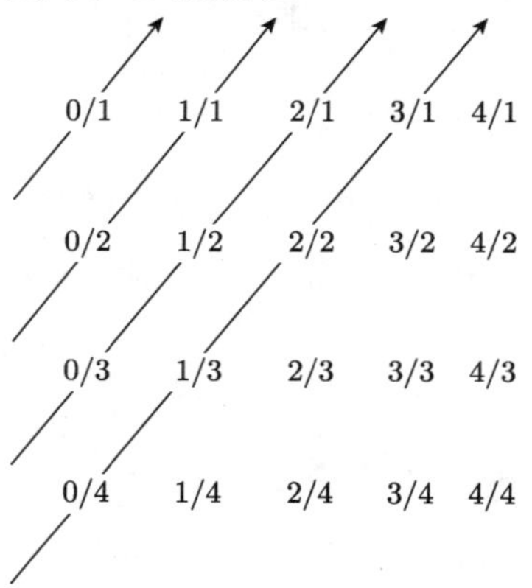

这里给出这个思想的一个重要推广.

定理 3-4　*若 $A = A_1 \cup A_2 \cup A_3 \cup \cdots$，且每个 A_i 均有测度 0，则 A 也有测度 0.*

证明　令 $\epsilon > 0$. 因为 A_i 有测度 0，故有 A_i 的闭矩形覆盖 $\{U_{i,1}, U_{i,2}, U_{i,3}, \cdots\}$ 使得 $\sum_{j=1}^{\infty} v(U_{i,j}) < \epsilon/2^i$，于是全体 $U_{i,j}$ 的族形成 A 的一个覆盖. 考虑阵列

$$
\begin{array}{cccc}
U_{1,1} & U_{1,2} & U_{1,3} & \cdots \\
U_{2,1} & U_{2,2} & U_{2,3} & \cdots \\
U_{3,1} & U_{3,2} & U_{3,3} & \cdots
\end{array}
$$

我们看到，这个族可以排成一个序列 $V_1, V_2, V_3, \cdots$. 很明显，$\sum_{i=1}^{\infty} v(V_i) < \sum_{i=1}^{\infty} \epsilon/2^i = \epsilon$. ■

$\mathbb{R}^n$ 的子集 A 具有（n 维）容度 0，如果对每个 $\epsilon > 0$ 都有 A 的有限闭矩形覆盖 $\{U_1, \cdots, U_n\}$ 使得 $\sum_{i=1}^n v(U_i) < \epsilon$. 若 A 具有容度 0，很明显它也具有测度 0. 定义中的闭矩形同样可以换成开矩形.

定理 3-5 若 $a < b$，则 $[a,b] \subset \mathbb{R}$ 不能有容度 0. 事实上，若 $\{U_1, \cdots, U_n\}$ 是 $[a,b]$ 的有限闭区间覆盖，则 $\sum_{i=1}^n v(U_i) \geqslant b - a$.

证明 显然，我们可以假设每个 $U_i \cap [a,b] \neq \varnothing$. 令 $a = t_0 < t_1 < \cdots < t_k = b$ 是所有 U_i 的所有端点，于是每个 $v(U_i)$ 是某些 $t_j - t_{j-1}$ 的和. 此外，每个 $[t_{j-1}, t_j]$ 至少在一个 U_i（即包含 $[t_{j-1}, t_j]$ 的内点的任何 U_i）中，所以

$$\sum_{i=1}^n v(U_i) \geqslant \sum_{j=1}^k (t_j - t_{j-1}) = b - a. \qquad \blacksquare$$

若 $a < b$，则 $[a,b]$ 也不会有测度 0，这可由以下定理推出.

定理 3-6 若 A 为紧集且有测度 0，则 A 也有容度 0.

证明 令 $\epsilon > 0$. 因为 A 有测度 0，所以 A 有一个开矩形覆盖 $\{U_1, U_2, \cdots\}$ 使得 $\sum_{i=1}^\infty v(U_i) < \epsilon$. 由于 A 为紧集，因此这些 U_i 中的有限个集合 $U_1, \cdots, U_n$ 即可覆盖 A，而且必定有 $\sum_{i=1}^n v(U_i) < \epsilon$. $\blacksquare$

若 A 非紧，则定理 3-6 的结论不为真. 例如，令 A 为 0 和 1 之间的有理数集，则 A 有测度 0. 但若 $\{[a_1, b_1], \cdots, [a_n, b_n]\}$ 覆盖 A，则 A 必包含于闭集 $[a_1, b_1] \cup \cdots \cup [a_n, b_n]$ 中，从而有 $[0,1] \subset [a_1, b_1] \cup \cdots \cup [a_n, b_n]$. 由定理 3-5 可知，对任何这样的覆盖有 $\sum_{i=1}^n (b_i - a_i) \geqslant 1$，所以 A 不能有容度 0.

习题

3-8. 证明：若对每个 i 有 $a_i < b_i$，则 $[a_1, b_1] \times \cdots \times [a_n, b_n]$ 不能有容度 0.

3-9. (a) 证明无界集不能有容度 0.

(b) 给出一个测度为 0 而容度不为 0 的闭集的例子.

3-10. (a) 若 C 是具有容度 0 的集合，证明 C 的边界也有容度 0.

(b) 给出一个测度为 0 但其边界测度不为 0 的有界集 C 的例子.

3-11. 令 A 为习题 1-18 中的集合. 若 $\sum_{i=1}^\infty (b_i - a_i) < 1$，证明 A 的边界不能有测度 0.

3-12. 令 $f : [a,b] \to \mathbb{R}$ 是一个增函数. 证明 $\{x : f$ 在 x 处不连续$\}$ 有测度 0.
提示：用习题 1-30 证明 $\{x : o(f,x) > 1/n\}$ 对每个整数 n 都是有限集.

***3-13.** (a) 证明一切矩形 $[a_1, b_1] \times \cdots \times [a_n, b_n]$ 可以排成一个序列，其中所有 a_i 和 b_i 均为有理数.

(b) 若 $A \subset \mathbb{R}^n$ 是任意一个集合，$\mathcal{O}$ 是 A 的开覆盖，证明必存在 $\mathcal{O}$ 的元素的序列 $U_1, U_2, U_3, \cdots$ 也覆盖 A. 提示：对每一点 $\boldsymbol{x} \in A$ 都有一个矩形 $B = [a_1, b_1] \times \cdots \times [a_n, b_n]$，其中 a_i、b_i 都是有理数，使得 $\boldsymbol{x} \in B \subset U$，$U \in \mathcal{O}$.

3.3 可积函数

回想一下，$o(f, \boldsymbol{x})$ 表示 f 在 $\boldsymbol{x}$ 处的振幅.

引理 3-7 令 A 为一个闭矩形，$f : A \to \mathbb{R}$ 为一个有界函数，且对一切 $\boldsymbol{x} \in A$ 都有 $o(f, \boldsymbol{x}) < \epsilon$，则必有 A 的一个划分 P 使得 $U(f, P) - L(f, P) < \epsilon \cdot v(A)$.

证明 对每一点 $\boldsymbol{x} \in A$ 都有一个闭矩形 $U_{\boldsymbol{x}}$，$\boldsymbol{x}$ 为其内域中的点，使得 $M_{U_{\boldsymbol{x}}}(f) - m_{U_{\boldsymbol{x}}}(f) < \epsilon$. 既然 A 为紧集，$U_{\boldsymbol{x}}$ 中的有限多个闭矩形 $U_{\boldsymbol{x}_1}, \cdots, U_{\boldsymbol{x}_n}$ 即可覆盖 A. 令 P 是 A 的一个划分，使其每个子矩形 S 都包含在某个 $U_{\boldsymbol{x}_i}$ 中. 这时 $M_s(f) - m_S(f) < \epsilon$ 对 P 的每个子矩形 S 都成立，所以

$$U(f, P) - L(f, P) = \sum_S [M_S(f) - m_S(f)] \cdot v(S) < \epsilon \cdot v(A) \qquad \blacksquare$$

定理 3-8 令 A 为一个闭矩形，$f : A \to \mathbb{R}$ 为一个有界函数. 令 $B = \{\boldsymbol{x} : f$ 在 $\boldsymbol{x}$ 处不连续$\}$，则 f 可积，当且仅当 B 为测度 0 集合.

证明 先设 B 有测度 0. 令 $\epsilon > 0$，$B_\epsilon = \{\boldsymbol{x} : o(f, \boldsymbol{x}) \geqslant \epsilon\}$，则 $B_\epsilon \subset B$，所以 B_ϵ 有测度 0. 因 B_ϵ 为紧集（定理 1-11），故 B_ϵ 有容度 0. 这样必有有限个闭矩形 $U_1, \cdots, U_n$，它们的内域覆盖 B_ϵ，而且 $\sum_{i=1}^n v(U_1) < \epsilon$. 令 P 为 A 的划分且使其每个子矩形都分属以下两组（见图 3-1）.

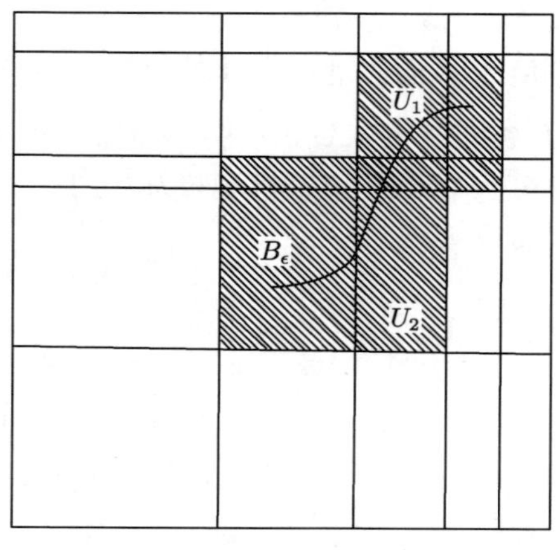

图 3-1 阴影矩形在 $\mathcal{S}_1$ 中

(1) $\mathcal{S}_1$，它包括对某个 U_i 有 $S \subset U_i$ 的子矩形 S.

(2) $\mathcal{S}_2$，它包括使得 $S \cap B_\epsilon = \varnothing$ 的子矩形 S.

设当 $\boldsymbol{x} \in A$ 时 $|f(\boldsymbol{x})| < M$，那么对每个 S 有 $M_S(f) - m_S(f) < 2M$. 因此

$$\sum_{S \in \mathcal{S}_1} [M_S(f) - m_S(f)] \cdot v(S) < 2M \sum_{i=1}^{n} v(U_i) < 2M\epsilon.$$

若 $S \in \mathcal{S}_2$，则对 $\boldsymbol{x} \in S$ 有 $o(f, \boldsymbol{x}) < \epsilon$. 引理 3-7 表明，存在 P 的一个细分 P' 使得对于 $S \in \mathcal{S}_2$ 有

$$\sum_{S' \subset S} [M_{S'}(f) - m_{S'}(f)] \cdot v(S') < \epsilon \cdot v(S),$$

于是有

$$\begin{aligned} U(f, P') - L(f, P') &= \sum_{S' \subset S \in \mathcal{S}_1} [M_{S'}(f) - m_{S'}(f)] \cdot v(S') \\ &\quad + \sum_{S' \subset S \in \mathcal{S}_2} [M_{S'}(f) - m_{S'}(f)] \cdot v(S') \\ &< 2M\epsilon + \sum_{S \in \mathcal{S}_2} \epsilon \cdot v(S) \\ &\leqslant 2M\epsilon + \epsilon \cdot v(A). \end{aligned}$$

因为 M 和 $v(A)$ 都是固定的，所以上式说明，我们可以找到一个划分 P' 使得 $U(f, P') - L(f, P')$ 任意小. 故 f 可积.

反过来，设 f 可积，因为 $B = B_1 \cup B_{1/2} \cup B_{1/3} \cup \cdots$，所以（由定理 3-4 可知）只要证明每个 $B_{1/n}$ 都有测度 0 即可. 事实上，我们将证明每个 $B_{1/n}$ 均有容度 0（因 $B_{1/n}$ 是紧集，故容度 0 与测度 0 是等价的）.

若 $\epsilon > 0$，令 P 是 A 的一个划分使得 $U(f, P) - L(f, P) < \epsilon/n$. 令 $\mathcal{S}$ 为与 $B_{1/n}$ 相交的 P 的子矩形 S 的集合，则 $\mathcal{S}$ 是 $B_{1/n}$ 的覆盖. 若 $S \in \mathcal{S}$，则 $M_S(f) - m_S(f) \geqslant 1/n$. 因此

$$\begin{aligned} \frac{1}{n} \cdot \sum_{S \in \mathcal{S}} v(S) &\leqslant \sum_{S \in \mathcal{S}} [M_S(f) - m_S(f)] \cdot v(S) \\ &\leqslant \sum_{S} [M_S(f) - m_S(f)] \cdot v(S) \\ &< \frac{\epsilon}{n}, \end{aligned}$$

从有而 $\sum_{S \in \mathcal{S}} v(S) < \epsilon$. ■

至今我们只讨论过函数在矩形上的积分. 在其他集上的积分很容易划归这种

类型. 若 $C \in \mathbb{R}^n$，定义 C 的**特征函数** χ_C 为

$$\chi_C(\boldsymbol{x}) = \begin{cases} 0, & \boldsymbol{x} \notin C, \\ 1, & \boldsymbol{x} \in C. \end{cases}$$

若对某闭矩形 A 有 $C \subset A$，且 $f: A \to \mathbb{R}$ 为有界函数，只要 $f \cdot \chi_C$ 是可积的，就定义 $\int_C f$ 为 $\int_A f \cdot \chi_C$. 如果 f 和 χ_C 都是可积的，那么 $f \cdot \chi_C$ 一定是可积的（习题 3-14）.

定理 3-9　函数 $\chi_C: A \to \mathbb{R}$ 可积，当且仅当 C 的边界具有测度 0（从而也具有容度 0）.

证明　若 $\boldsymbol{x}$ 在 C 的内域中，则有一个开矩形 U 使得 $\boldsymbol{x} \in U \subset C$，于是在 U 上 $\chi_C = 1$ 且 χ_C 在 $\boldsymbol{x}$ 处显然连续. 同样，若 $\boldsymbol{x}$ 在 C 的外域中，也有一个开矩形 U 使得 $\boldsymbol{x} \in U \subset \mathbb{R}^n - C$，于是在 U 上 $\chi_C = 0$ 且 χ_C 在 $\boldsymbol{x}$ 处连续. 最后，若 $\boldsymbol{x}$ 在 C 的边界中，则对包含 $\boldsymbol{x}$ 的每个开矩形 U，存在 $\boldsymbol{y}_1 \in U \cap C$ 使得 $\chi_C(\boldsymbol{y}_1) = 1$，也存在 $\boldsymbol{y}_2 \in U \cap (\mathbb{R}^n - C)$ 使得 $\chi_C(\boldsymbol{y}_2) = 0$，于是 χ_C 在 $\boldsymbol{x}$ 处不连续. 因此 $\{\boldsymbol{x} : \chi_C$ 在 $\boldsymbol{x}$ 处不连续$\} = C$ 的边界，再由定理 3-8 即得结论. ■

边界具有测度 0 的有界集称为**约当可测的**. 积分 $\int_C 1$ 称为 C 的（n 维）**容度**或（n 维）**体积**. 一维体积通常自然地称为**长度**，二维体积称为**面积**.

习题 3-11 说明开集也可能不是约当可测的，所以即使令 C 为开集且 f 连续，$\int_C f$ 也不一定有定义. 这种令人不快的情况马上就要得到纠正.

习题

3-14. 证明若 $f, g: A \to \mathbb{R}$ 均可积，则 $f \cdot g$ 也可积.

3-15. 证明若 C 具有容度 0，则必有某闭矩形 A 使得 $C \subset A$，且 C 是约当可测的，以及 $\int_A \chi_C = 0$.

3-16. 给出一个具有测度 0 的有界集 C 使得 $\int_A \chi_C$ 不存在的例子.

3-17. 若 C 是一个具有测度 0 的有界集且 $\int_A \chi_C$ 存在，求证 $\int_A \chi_C = 0$. 提示：证明对一切划分 P 有 $L(\chi_C, P) = 0$，并利用习题 3-8.

3-18. 若 $f: A \to \mathbb{R}$ 是非负的，且 $\int_A f = 0$，求证 $\{\boldsymbol{x} : f(\boldsymbol{x}) \neq 0\}$ 具有测度 0. 提示：证明对一切正整数 m，$\{\boldsymbol{x} : f(\boldsymbol{x}) > 1/m\}$ 具有容度 0.

3-19. 令 U 为习题 3-11 中的开集，若除了在一个具有测度 0 的集合上，有 $f = \chi_U$，则 f 在 $[0, 1]$ 上不可积.

3-20. 证明增函数 $f: [a, b] \to \mathbb{R}$ 在 $[a, b]$ 上可积.

3-21. 若 A 为闭矩形，求证 $C \subset A$ 约当可测，当且仅当对任何 $\epsilon > 0$ 必有 A 的一个划分 P 使得 $\sum_{S\in\mathcal{S}_1} v(S) - \sum_{S\in\mathcal{S}_2} v(S) < \epsilon$，其中 $\mathcal{S}_1$ 表示一切与 C 相交的子矩形的集合，$\mathcal{S}_2$ 表示一切含于 C 中的子矩形的集合.

***3-22.** 若 A 为约当可测集且 $\epsilon > 0$，求证必有一个约当可测紧集 $C \subset A$ 使得 $\int_{A-C} 1 < \epsilon$.

3.4 富比尼定理

定理 3-10 在某种意义上解决了积分的计算问题，它把 $\mathbb{R}^n$（$n > 1$）中闭矩形上的积分计算转化为 $\mathbb{R}$ 中闭区间上的积分计算. 这个定理很重要，值得专门起个名字，通常称为富比尼定理，虽然它只是富比尼在定理 3-10 被发现很久后才证明的一个定理的特例.

这个定理蕴涵的想法最好是用正连续函数 $f : [a,b] \times [c,d] \to \mathbb{R}$ 来说明（图 3-2）. 令 $t_0, \cdots, t_n$ 是 $[a,b]$ 的一个划分，并用线段 $\{t_i\} \times [c,d]$ 把 $[a,b] \times [c,d]$ 分成 n 条. 若用 $g_x(y) = f(x,y)$ 定义 g_x，则在 f 的图像下方以及 $\{x\} \times [c,d]$ 上方的区域的面积是

$$\int_c^d g_x = \int_c^d f(x,y)\mathrm{d}y.$$

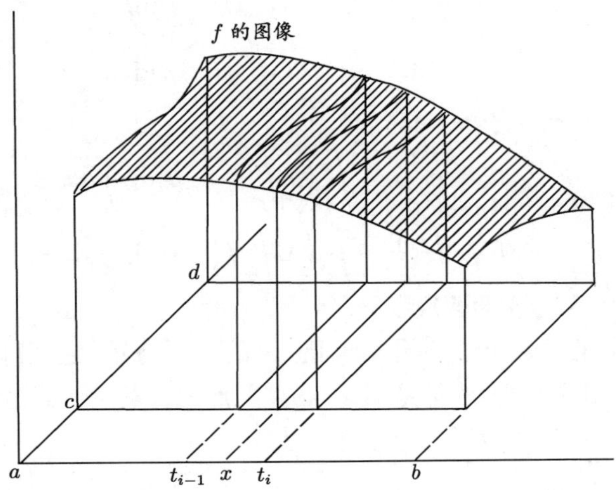

图 3-2

因此，对任何 $x \in [t_{i-1}, t_i]$，在 f 的图像下方以及 $[t_{i-1}, t_i] \times [c,d]$ 上方的区域的

体积近似等于 $(t_i - t_{i-1}) \cdot \int_c^d f(x,y)\mathrm{d}y$. 故

$$\int_{[a,b]\times[c,d]} f = \sum_{i=1}^{n} \int_{[t_{i-1},t_i]\times[c,d]} f$$

近似等于 $\sum_{i=1}^{n}(t_i - t_{i-1}) \cdot \int_c^d f(x_i,y)\mathrm{d}y$，其中 x_i 在 $[t_{i-1},t_i]$ 中. 此外，类似的和也在 $\int_a^b \left(\int_c^d f(x,y)\mathrm{d}y\right)\mathrm{d}x$ 的定义中出现. 所以，若 h 是由 $h(x) = \int_c^d g_x = \int_c^d f(x,y)\mathrm{d}y$ 定义的，就有理由设想 h 在 $[a,b]$ 上可积，且

$$\int_{[a,b]\times[c,d]} f = \int_a^b h = \int_a^b \left(\int_c^d f(x,y)\mathrm{d}y\right)\mathrm{d}x.$$

事实上，当 f 连续时，这确实是成立的. 但在一般情况下可能存在问题. 例如，设 f 的不连续点集为 $\{x_0\}\times[c,d]$，x_0 是 $[a,b]$ 中的某一点，则 f 在 $[a,b]\times[c,d]$ 上可积，但 $h(x_0) = \int_c^d f(x_0,y)\mathrm{d}y$ 甚至无定义. 因此，富比尼定理的表述看起来有点奇怪，在它后面将给出一些关于各种特殊情形的注解，这时表述可能会更简单.

我们要用到一些名词. 若 $f : A \to \mathbb{R}$ 是一个闭矩形上的有界函数，不论 f 是否可积，所有下和的上确界和所有上和的下确界都存在. 它们分别称为 f 在 A 上的**下积分**和**上积分**，记作

$$\mathbf{L}\int_A f \quad 和 \quad \mathbf{U}\int_A f.$$

定理 3-10 (富比尼定理) *令 $A \subset \mathbb{R}^n$ 和 $B \subset \mathbb{R}^m$ 均为闭矩形，$f : A\times B \to \mathbb{R}$ 可积. 对 $\boldsymbol{x} \in A$，定义 $g_{\boldsymbol{x}} : B \to \mathbb{R}$ 为 $g_{\boldsymbol{x}}(\boldsymbol{y}) = f(\boldsymbol{x},\boldsymbol{y})$. 再令*

$$\mathcal{L}(\boldsymbol{x}) = \mathbf{L}\int_B g_{\boldsymbol{x}} = \mathbf{L}\int_B f(\boldsymbol{x},\boldsymbol{y})\mathrm{d}\boldsymbol{y},$$
$$\mathcal{U}(\boldsymbol{x}) = \mathbf{U}\int_B g_{\boldsymbol{x}} = \mathbf{U}\int_B f(\boldsymbol{x},\boldsymbol{y})\mathrm{d}\boldsymbol{y},$$

于是 $\mathcal{L}$ 和 $\mathcal{U}$ 在 A 上均可积，且

$$\int_{A\times B} f = \int_A \mathcal{L} = \int_A \left(\mathbf{L}\int_B f(\boldsymbol{x},\boldsymbol{y})\mathrm{d}\boldsymbol{y}\right)\mathrm{d}\boldsymbol{x},$$
$$\int_{A\times B} f = \int_A \mathcal{U} = \int_A \left(\mathbf{U}\int_B f(\boldsymbol{x},\boldsymbol{y})\mathrm{d}\boldsymbol{y}\right)\mathrm{d}\boldsymbol{x}.$$

*（式子右边的积分称为 f 的**逐次积分**.）*

证明 令 P_A 是 A 的一个划分，P_B 是 B 的一个划分. 它们可以合并成 $A\times B$ 的一个划分 P，其子矩形 S 都是 $S_A \times S_B$ 的形式，其中 S_A 是划分 P_A 的子矩形，S_B 是划分 P_B 的子矩形. 于是有

$$\begin{aligned} L(f,P) = \sum_S m_S(f)\cdot v(S) &= \sum_{S_A,S_B} m_{S_A\times S_B}(f)\cdot v(S_A\times S_B) \\ &= \sum_{S_A}\left(\sum_{S_B} m_{S_A\times S_B}(f)\cdot v(S_B)\right)\cdot v(S_A). \end{aligned}$$

现在，如果 $\boldsymbol{x}\in S_A$，那么显然有 $m_{S_A\times S_B}(f)\leqslant m_{S_B}(g_{\boldsymbol{x}})$，从而对 $\boldsymbol{x}\in S_A$ 有

$$\sum_{S_B} m_{S_A\times S_B}(f)\cdot v(S_B)\leqslant \sum_{S_B} m_{S_B}(g_{\boldsymbol{x}})\cdot v(S_B)\leqslant \mathbf{L}\int_B g_{\boldsymbol{x}}=\mathcal{L}(\boldsymbol{x}).$$

因此

$$\sum_{S_A}\left(\sum_{S_B} m_{S_A\times S_B}(f)\cdot v(S_B)\right)\cdot v(S_A)\leqslant L(\mathcal{L},P_A).$$

这样我们就得到

$$L(f,P)\leqslant L(\mathcal{L},P_A)\leqslant U(\mathcal{L},P_A)\leqslant U(\mathcal{U},P_A)\leqslant U(f,P),$$

最后一个不等式的证法和第一个的证法完全一样. 因 f 可积，故 $\sup\{L(f,P)\}=\inf\{U(f,P)\}=\int_{A\times B}f$，于是有

$$\sup\{L(\mathcal{L},P_A)\}=\inf\{U(\mathcal{L},P_A)\}=\int_{A\times B}f.$$

换言之，$\mathcal{L}$ 在 A 上可积且 $\int_{A\times B}f=\int_A\mathcal{L}$. 从不等式

$$L(f,P)\leqslant L(\mathcal{L},P_A)\leqslant L(\mathcal{U},P_A)\leqslant U(\mathcal{U},P_A)\leqslant U(f,P)$$

可以类似地证明关于 $\mathcal{U}$ 的结论. ■

注 1. 用类似的证法可以证明

$$\int_{A\times B}f=\int_B\left(\mathbf{L}\int_A f(\boldsymbol{x},\boldsymbol{y})\mathrm{d}\boldsymbol{x}\right)\mathrm{d}\boldsymbol{y}=\int_B\left(\mathbf{U}\int_A f(\boldsymbol{x},\boldsymbol{y})\mathrm{d}\boldsymbol{x}\right)\mathrm{d}\boldsymbol{y}.$$

这些积分叫作与定理中次序相反的 f 的*逐次积分*. 后面几个习题表明，关于逐次积分交换次序的可能性有许多推论.

2. 实际上时常出现每个 $g_{\boldsymbol{x}}$ 都可积的情况，这时

$$\int_{A\times B}f=\int_A\left(\int_B f(\boldsymbol{x},\boldsymbol{y})\mathrm{d}\boldsymbol{y}\right)\mathrm{d}\boldsymbol{x}.$$

当 f 连续时，上式一定成立.

3. 时常遇到的最坏的不规则情况是 $g_{\boldsymbol{x}}$ 只对有限多个 $\boldsymbol{x}\in A$ 不可积. 这时，除对有限多个 $\boldsymbol{x}$ 外，$\mathcal{L}(\boldsymbol{x})=\int_B f(\boldsymbol{x},\boldsymbol{y})\mathrm{d}\boldsymbol{y}$. 因为当在有限多个点处重新规定 $\mathcal{L}$ 的值时，$\int_A\mathcal{L}$ 的值不会改变，所以我们仍可以写 $\int_{A\times B}f=\int_A\left(\int_B f(\boldsymbol{x},\boldsymbol{y})\mathrm{d}\boldsymbol{y}\right)\mathrm{d}\boldsymbol{x}$，只要在 $\int_B f(\boldsymbol{x},\boldsymbol{y})\mathrm{d}\boldsymbol{y}$ 不存在时给它任意地定义一个值，比如 0.

4. 在有些情况下这也行不通，那么定理 3-10 必须按照定理的表述来使用. 令 $f:[0,1]\times[0,1]\to\mathbb{R}$ 定义为

$$f(x,y)=\begin{cases}1, & \text{若 } x \text{ 为无理数},\\ 1, & \text{若 } x \text{ 为有理数而 } y \text{ 为无理数},\\ 1-1/q, & \text{若 } x=p/q\ (q>0) \text{ 为既约分数而 } y \text{ 为有理数}.\end{cases}$$

这时 f 可积且 $\int_{[0,1]\times[0,1]} f = 1$. 若 x 为无理数，$\int_0^1 f(x,y)\mathrm{d}y = 1$，而若 x 为有理数，则积分不存在. 因此，当 $h(x) = \int_0^1 f(x,y)\mathrm{d}y$ 不存在时令它为 0，则 h 不可积.

5. 若 $A = [a_1,b_1]\times\cdots\times[a_n,b_n]$ 且 $f: A\to\mathbb{R}$ 可积，我们就可以反复应用富比尼定理得到

$$\int_A f = \int_{a_n}^{b_n}\left(\cdots\left(\int_{a_1}^{b_1} f(x^1,\cdots,x^n)\mathrm{d}x^1\right)\cdots\right)\mathrm{d}x^n.$$

6. 若 $C\subset A\times B$，富比尼定理也能用来计算 $\int_C f$，因为它是由 $\int_{A\times B}\chi_C f$ 定义的. 例如，设

$$C = [-1,1]\times[-1,1] - \{(x,y): |(x,y| < 1)\},$$

则

$$\int_C f = \int_{-1}^1\left(\int_{-1}^1 f(x,y)\cdot\chi_C(x,y)\mathrm{d}y\right)\mathrm{d}x,$$

其中

$$\chi_C(x,y) = \begin{cases} 1, & 若\ y > \sqrt{1-x^2}\ 或\ y < -\sqrt{1-x^2}, \\ 0, & 其他情况. \end{cases}$$

因此

$$\int_{-1}^1 f(x,y)\cdot\chi_C(x,y)\mathrm{d}y = \int_{-1}^{-\sqrt{1-x^2}} f(x,y)\mathrm{d}y + \int_{\sqrt{1-x^2}}^1 f(x,y)\mathrm{d}y.$$

一般来说，对于 $C\subset A\times B$，在推导 $\int_C f$ 的表达式的过程中，主要困难在于对 $\boldsymbol{x}\in A$ 确定 $C\cap(\{\boldsymbol{x}\}\times B)$. 如果对 $\boldsymbol{y}\in B$ 确定 $C\cap(A\times\{\boldsymbol{y}\})$ 比较容易的话，那么就应该应用逐次积分

$$\int_C f = \int_B\left(\int_A f(\boldsymbol{x},\boldsymbol{y})\cdot\chi_C(\boldsymbol{x},\boldsymbol{y})\mathrm{d}\boldsymbol{x}\right)\mathrm{d}\boldsymbol{y}.$$

习题

3-23. 令 $C\subset A\times B$ 具有容度 0. 令 $A'\subset A$ 是使得 $\{\boldsymbol{y}\in B: (\boldsymbol{x},\boldsymbol{y})\in C\}$ 不具有容度 0 的一切 $\boldsymbol{x}\in A$ 的集合. 证明 A' 是一个具有测度 0 的集合. 提示：χ_C 可积且 $\int_{A\times B}\chi_C = \int_A \mathcal{U} = \int_A \mathcal{L}$，所以 $\int_A(\mathcal{U}-\mathcal{L}) = 0$.

3-24. 令 $C\subset[0,1]\times[0,1]$ 是所有 $\{p/q\}\times[0,1/q]$ 的并集，其中 p/q 是 $[0,1]$ 中化为既约分数的有理数. 利用 C 证明习题 3-23 中的“测度”不能替换为“容度”.

3-25. 对 n 使用归纳法，证明若对一切 i 有 $a_i < b_i$，则 $[a_1,b_1]\times\cdots\times[a_n,b_n]$ 不是具有测度 0（或容度 0）的集合.

3-26. 令 $f:[a,b]\to\mathbb{R}$ 可积且非负，再令 $A_f=\{(x,y):a\leqslant x\leqslant b,0\leqslant y\leqslant f(x)\}$. 证明 A_f 约当可测且有面积 $\int_a^b f$.

3-27. 若 $f:[a,b]\times[a,b]\to\mathbb{R}$ 连续，证明

$$\int_a^b\int_a^y f(x,y)\mathrm{d}x\,\mathrm{d}y=\int_a^b\int_x^b f(x,y)\mathrm{d}y\,\mathrm{d}x$$

提示：对一个适当的集合 $C\subset[a,b\times[a,b]$，用两种不同的方法求 $\int_C f$.

***3-28.** 设 $\mathrm{D}_{1,2}f$ 与 $\mathrm{D}_{2,1}f$ 都连续，应用富比尼定理对 $\mathrm{D}_{1,2}f=\mathrm{D}_{2,1}f$ 给出一个简单证明. 提示：若 $\mathrm{D}_{1,2}f(\boldsymbol{a})-\mathrm{D}_{2,1}f(\boldsymbol{a})>0$，必存在包含 $\boldsymbol{a}$ 的矩形 A，在其上有 $\mathrm{D}_{1,2}f-\mathrm{D}_{2,1}f>0$.

3-29. 设 $\mathbb{R}^3$ 中的一个集合是由 yz 平面中一个约当可测集绕 z 轴旋转而成的，用富比尼定理推出其体积公式.

3-30. 令 C 为习题 1-17 中的集合，证明

$$\int_{[0,1]}\left(\int_{[0,1]}\chi_C(x,y)\mathrm{d}x\right)\mathrm{d}y=\int_{[0,1]}\left(\int_{[0,1]}\chi_C(y,x)\mathrm{d}y\right)\mathrm{d}x=0,$$

但 $\int_{[0,1]\times[0,1]}\chi_C$ 不存在.

3-31. 若 $A=[a_1,b_1]\times\cdots\times[a_n,b_n]$，$f:A\to\mathbb{R}$ 连续，定义 $F:A\to\mathbb{R}$ 为

$$F(\boldsymbol{x})=\int_{[a_1,x^1]\times\cdots\times[a_n,x^n]}f.$$

当 $\boldsymbol{x}$ 在 A 的内域中时，$\mathrm{D}_iF(\boldsymbol{x})$ 是什么?

***3-32.** 令 $f:[a,b]\times[c,d]\to\mathbb{R}$ 连续，并设 D_2f 连续. 定义 $F(y)=\int_a^b f(x,y)\mathrm{d}x$. 证明莱布尼茨法则 $F'(y)=\int_a^b\mathrm{D}_2f(x,y)\mathrm{d}x$. 提示：$F(y)=\int_a^b f(x,y)\mathrm{d}x=\int_a^b\left(\int_c^y\mathrm{D}_2f(x,y)\mathrm{d}y+f(x,c)\right)\mathrm{d}x$.（其证明将表明 D_2f 的连续性可以用弱得多的假设来代替.）

3-33. 若 $f:[a,b]\times[c,d]\to\mathbb{R}$ 且 D_2f 连续. 令 $F(x,y)=\int_a^x f(t,y)\mathrm{d}t$.

(a) 求 D_1F 和 D_2F.

(b) 若 $G(x)=\int_a^{g(x)}f(t,x)\mathrm{d}t$，求 $G'(x)$.

***3-34.** 令 $g_1,g_2:\mathbb{R}^2\to\mathbb{R}$ 连续可微并设 $\mathrm{D}_1g_2=\mathrm{D}_2g_1$. 如习题 2-21 那样，令

$$f(x,y)=\int_0^x g_1(t,0)\mathrm{d}t+\int_0^y g_2(x,t)\mathrm{d}t.$$

证明 $\mathrm{D}_1f(x,y)=g_1(x,y)$.

***3-35.** (a) 令 $g:\mathbb{R}^n\to\mathbb{R}^n$ 为以下几种类型之一的线性变换:

$$\begin{cases}g(\boldsymbol{e}_i)=\boldsymbol{e}_i,\ i\neq j,\\ g(\boldsymbol{e}_j)=a\boldsymbol{e}_j;\end{cases}\qquad \begin{cases}g(\boldsymbol{e}_i)=\boldsymbol{e}_i,\ i\neq j,\\ g(\boldsymbol{e}_j)=\boldsymbol{e}_j+\boldsymbol{e}_k;\end{cases}\qquad \begin{cases}g(\boldsymbol{e}_k)=\boldsymbol{e}_k,\ k\neq i,j,\\ g(\boldsymbol{e}_i)=\boldsymbol{e}_j,\\ g(\boldsymbol{e}_j)=\boldsymbol{e}_i.\end{cases}$$

若 U 是一个矩形，证明 $g(U)$ 的体积是 $|\det g|\cdot v(U)$.

(b) 证明: 对于任何线性变换 $g:\mathbb{R}^n\to\mathbb{R}^n$, $g(U)$ 的体积是 $|\det g|\cdot v(U)$.

提示: 若 $\det g\neq 0$, 则 g 是 (a) 中考虑的那些类型的线性变换的复合.

***3-36.** (卡瓦列里原理). 令 A 和 B 是 $\mathbb{R}^3$ 的约当可测子集. 令 $A_c=\{(x,y):(x,y,c)\in A\}$，类似地定义 B_c. 设每个 A_c 与 B_c 均约当可测并有相同的面积. 证明 A 与 B 体积相同.

3.5 单位分解

我们将在这一节里介绍积分理论中一个极其重要的工具.

定理 3-11 令 $A\subset\mathbb{R}^n$，令 $\mathcal{O}$ 为 A 的一个开覆盖，则必有 C^∞ 函数 φ 的一个集合 Φ，其中 φ 定义在包含 A 的一个开集上，且具有下列性质.

(1) 对于每个 $\boldsymbol{x}\in A$ 我们有 $0\leqslant\varphi(\boldsymbol{x})\leqslant 1$.

(2) 对于每个 $\boldsymbol{x}\in A$ 均有包含 $\boldsymbol{x}$ 的一个开集 V 使得在其上只有有限多个 $\varphi\in\Phi$ 不为 0.

(3) 对于每个 $\boldsymbol{x}\in A$，我们有 $\sum_{\varphi\in\Phi}\varphi(\boldsymbol{x})=1$.（由 (2) 可知，对每个 $\boldsymbol{x}$，在包含 $\boldsymbol{x}$ 的某开集上这个和是有限的.）

(4) 对于每个 $\varphi\in\Phi$，均有 $\mathcal{O}$ 中的一个开集 U，使得在含于 U 中的某闭集之外有 $\varphi=0$.

（一组满足 (1) 到 (3) 的函数集 Φ 称为 A 的 C^∞ **单位分解**. 若 Φ 也满足 (4)，就说它从属于 $\mathcal{O}$. 在本章中，我们只用到函数 φ 的连续性.）

证明 情况 1. A 为紧集.

这时 $\mathcal{O}$ 中的有限个开集 $U_1,\cdots,U_m$ 覆盖 A. 显然只要构造出一个从属于覆盖 $\{U_1,\cdots,U_m\}$ 的单位分解就够了. 我们先找到紧集 $D_i\subset U_i$，其内域覆盖 A, 它可以按如下方法归纳构造. 设 $D_i,\cdots,D_k$ 已经选定, 使得 $\{D_1$ 的内域, $\cdots$, D_k 的内域, $U_{k+1},\cdots,U_m\}$ 覆盖 A. 令

$$C_{k+1}=A-(D_1\text{ 的内域}\cup\cdots\cup D_k\text{ 的内域}\cup U_{k+2}\cup\cdots\cup U_m),$$

则 $C_{k+1} \subset U_{k+1}$ 且 C_{k+1} 是紧集. 因此可以找到一个紧集 D_{k+1}（习题 1-22）使得

$$C_{k+1} \subset D_{k+1} \text{ 的内域}, \quad D_{k+1} \subset U_{k+1}.$$

构造出 $D_1, \cdots, D_m$ 以后，令 ψ_i 为一个非负 C^∞ 函数，在 D_i 上为正，在含于 U_i 中的某闭集之外为 0（习题 2-26）. 因 $\{D_1, \cdots, D_m\}$ 覆盖 A，故对包含 A 的某开集 U 中的一切点 $\boldsymbol{x}$，有 $\psi_1(\boldsymbol{x}) + \cdots + \psi_m(\boldsymbol{x}) > 0$. 在 U 上定义

$$\varphi_i(\boldsymbol{x}) = \frac{\psi_i(\boldsymbol{x})}{\psi_1(\boldsymbol{x}) + \cdots + \psi_m(\boldsymbol{x})}.$$

若 $f: U \to [0,1]$ 是一个 C^∞ 函数，在 A 上为 1 而在含于 U 中的某闭集之外为 0，则 $\varPhi = \{f \cdot \varphi_1, \cdots, f \cdot \varphi_m\}$ 即为所求的单位分解.

情况 2. $A = A_1 \cup A_2 \cup A_3 \cup \cdots$，其中每个 A_i 为紧集且 $A_i \subset A_{i+1}$ 的内域.

对每个 i，令 $\mathcal{O}_i$ 由 $\mathcal{O}$ 中一切 U 所对应的 $U \cap (A_{i+1} \text{ 的内域} - A_{i-2})$ 组成，则 $\mathcal{O}_i$ 是紧集 $B_i = A_i - A_{i-1}$ 的内域 的开覆盖. 由情况 1 可知，必有 B_i 的从属于 $\mathcal{O}_i$ 的单位分解 $\varPhi_i$. 对 $\boldsymbol{x} \in A$，和

$$\sigma(\boldsymbol{x}) = \sum_{\varphi \in \varPhi_i, \text{ 一切 } i} \varphi(\boldsymbol{x})$$

在包含 $\boldsymbol{x}$ 的某开集上是有限的，这是由于若 $\boldsymbol{x} \in A_i$，对 $\varphi \in \varPhi_j$ 且 $j \geqslant i+2$ 有 $\varphi(\boldsymbol{x}) = 0$. 对于每个 $\varPhi_i$ 中的每个 φ，定义 $\varphi'(\boldsymbol{x}) = \varphi(\boldsymbol{x})/\sigma(\boldsymbol{x})$. 一切 φ' 的集合即为所求的单位分解.

情况 3. A 为开集.

令 $A_i = \{\boldsymbol{x} \in A : |\boldsymbol{x}| \leqslant i \text{ 且 } \boldsymbol{x} \text{ 到 } A \text{ 的边界的距离} \geqslant 1/i\}$，再应用情况 2.

情况 4. A 为任意集合.

令 B 为 $\mathcal{O}$ 中一切 U 的并集. 由情况 3 可知，必有 B 的单位分解，它也是 A 的单位分解. ■

定理的条件 (2) 的一个重要推论应该引起注意. 令 $C \subset A$ 是紧集. 对每个 $\boldsymbol{x} \in C$ 均有包含 $\boldsymbol{x}$ 的一个开集 $V_{\boldsymbol{x}}$，使得只有有限多个 $\varphi \in \varPhi$ 在 $V_{\boldsymbol{x}}$ 上不为 0. 因为 C 是紧集，所以有限多个这样的 $V_{\boldsymbol{x}}$ 即可覆盖 C，于是只有有限多个 $\varphi \in \varPhi$ 在 C 上不为 0.

单位分解的一个重要应用可以说明它的主要作用——把局部得到的结果拼接起来. 开集 $A \subset \mathbb{R}^n$ 的一个开覆盖 $\mathcal{O}$ 称为**容许的**，如果每个 $U \in \mathcal{O}$ 都包含在 A 中. 若 $\varPhi$ 从属于 $\mathcal{O}$，$f: A \to \mathbb{R}$ 在 A 中每一点周围的某开集上都有界，并且 $\{\boldsymbol{x} : f \text{ 在 } \boldsymbol{x} \text{ 处不连续}\}$ 有测度 0，则此时每个 $\int_A \varphi \cdot |f|$ 都存在. 如果 $\sum_{\varphi \in \varPhi} \int_A \varphi \cdot |f|$ 收敛（定理 3-11 的证明说明这些 φ 可以排成一个序列），我们就定义 f 为（广义）**可积的**. 这隐含着 $\sum_{\varphi \in \varPhi} \left|\int_A \varphi \cdot f\right|$ 收敛，即 $\sum_{\varphi \in \varPhi} \int_A \varphi \cdot f$ 绝对收敛. 我们把它定义为 $\int_A f$. 这些定义都与 $\mathcal{O}$ 和 $\varPhi$ 无关（但见习题 3-28）.

定理 3-12 (1) 若 $\Psi = |\psi|$ 是另一个从属于 A 的容许开覆盖 $\mathcal{O}'$ 的单位分解，并且 $\{\boldsymbol{x} : f$ 在 $\boldsymbol{x}$ 处不连续$\}$ 有测度 0，则 $\sum_{\psi\in\Psi}\int_A \psi\cdot|f|$ 也收敛，且

$$\sum_{\varphi\in\Phi}\int_A \varphi\cdot f = \sum_{\psi\in\Psi}\int_A \psi\cdot f.$$

(2) 若 A 和 f 有界，则 f 广义可积.

(3) 若 A 约当可测且 f 有界可积，则 $\int_A f$ 的这个定义与原来的一致.

证明 (1) 因为除在某紧集 C 上之外，$\varphi\cdot f = 0$，而且只有有限多个 ψ 在 C 上非零，所以我们可以写出

$$\sum_{\varphi\in\Phi}\int_A \varphi\cdot f = \sum_{\varphi\in\Phi}\int_A \sum_{\psi\in\Psi}\psi\cdot\varphi\cdot f = \sum_{\varphi\in\Phi}\sum_{\psi\in\Psi}\int_A \psi\cdot\varphi\cdot f.$$

将此结果用于 $|f|$，即得 $\sum_{\varphi\in\Phi}\sum_{\psi\in\Psi}\int_A \psi\cdot\varphi\cdot|f|$ 收敛，从而又有 $\sum_{\varphi\in\Phi}\sum_{\psi\in\Psi}$ $|\int_A \psi\cdot\varphi\cdot f|$ 收敛. 这个绝对收敛性确保了上面等式中求和次序的可交换性，很明显所得的二重求和式等于 $\sum_{\psi\in\Psi}\int_A \psi\cdot f$. 最后，将此结果应用于 $|f|$ 就证明了 $\sum_{\psi\in\Psi}\int_A \psi\cdot|f|$ 的收敛性.

(2) 若 A 含于闭矩形 B 中，并且对 $\boldsymbol{x}\in A$ 有 $|f(\boldsymbol{x})| \leqslant M$，并且 $F\subset\Phi$ 是有限的，则

$$\sum_{\varphi\in F}\int_A \varphi\cdot|f| \leqslant \sum_{\varphi\in F} M\int_A \varphi = M\int_A \sum_{\varphi\in F}\varphi \leqslant Mv(B).$$

因此在 A 上 $\sum_{\varphi\in F}\varphi\leqslant 1$.

(3) 若 $\epsilon > 0$，必有（习题 3-22）一个约当可测紧集 $C\subset A$ 使得 $\int_{A-C} 1 < \epsilon$. 只有有限多个 $\varphi\in\Phi$ 在 C 上不为 0. 若 $F\subset\Phi$ 是包含这些 φ 的任何有限集，而 $\int_A f$ 具有原来的意义，则

$$\begin{aligned}\left|\int_A f - \sum_{\varphi\in F}\int_A \varphi\cdot f\right| &\leqslant \int_A \left|f - \sum_{\varphi\in F}\varphi\cdot f\right| \leqslant M\int_A\left(1 - \sum_{\varphi\in F}\varphi\right)\\ &= M\int_A \sum_{\varphi\in\Phi-F}\varphi \leqslant M\int_{A-C} 1 \leqslant M\epsilon.\end{aligned}$$ ■

习题

3-37. (a) 设 $f : (0,1)\to\mathbb{R}$ 是非负连续函数. 证明 $\int_{(0,1)} f$ 存在，当且仅当 $\lim\limits_{\epsilon\to 0}\int_\epsilon^{1-\epsilon} f$ 存在.

(b) 令 $A_n = [1-1/2^n, 1-1/2^{n+1}]$. 设 $f : (0,1)\to\mathbb{R}$ 满足 $\int_{A_n} f = (-1)^n/n$，且当 x 不在任何一个 A_n 中时 $f(x) = 0$. 证明 $\int_{(0,1)} f$ 不存在，但 $\lim\limits_{\epsilon\to 0}\int_{(\epsilon,1-\epsilon)} f = \ln 2$.

3-38. 令 A_n 为含于 $(n,n+1)$ 中的一个闭集. 设 $f:\mathbb{R}\to\mathbb{R}$ 满足 $\int_{A_n} f=(-1)^n/n$，且当 x 不在任何一个 A_n 中时 $f=0$. 求两个单位分解 $\varPhi$ 和 $\varPsi$ 使得 $\sum_{\varphi\in\varPhi}\int_{\mathbb{R}}\varphi\cdot f$ 与 $\sum_{\psi\in\varPsi}\int_{\mathbb{R}}\psi\cdot f$ 分别绝对收敛于不同值.

3.6 变量替换

若 $g:[a,b]\to\mathbb{R}$ 连续可微，$f:\mathbb{R}\to\mathbb{R}$ 连续，那么，众所周知

$$\int_{g(a)}^{g(b)} f=\int_a^b (f\circ g)\cdot g'.$$

证明很简单：若 $F'=f$，则 $(F\circ g)'=(f\circ g)\cdot g'$，于是上式左边是 $F(g(b))-F(g(a))$，而右边则是 $F\circ g(b)-F\circ g(a)=F(g(b))-F(g(a))$.

我们留给读者证明，若 g 是一一映射，则上面的公式可以写为

$$\int_{g((a,b))} f=\int_{(a,b)} f\circ g\cdot|g'|.$$

（分别考虑 g 为递增函数和 g 为递减函数的两种情况.）这个公式对高维的推广则不是显而易见的.

定理 3-13 令 $A\subset\mathbb{R}^n$ 为一个开集，$g:A\to\mathbb{R}^n$ 为一个一一映射的连续可微函数，使得对一切 $\boldsymbol{x}\in A$ 有 $\det g'(\boldsymbol{x})\neq 0$. 若 $f:g(A)\to\mathbb{R}$ 是一个可积函数，则有

$$\int_{g(A)} f=\int_A (f\circ g)|\det g'|.$$

证明 我们从一些重要的简化情形开始.

(1) 设 A 有一个容许开覆盖 $\mathcal{O}$，使得对每个 $U\in\mathcal{O}$ 以及任何可积函数 f 有

$$\int_{g(U)} f=\int_U (f\circ g)|\det g'|.$$

这时定理必在整个 A 上成立（因为 g 在每一点周围的某开集上自动地是一一映射，所以定理中只在这一部分用到 g 在整个 A 上是一一映射，这是不足为奇的）.

(1) 的证明. 所有 $g(U)$ 的集合是 $g(A)$ 的一个开覆盖. 令 $\varPhi$ 为从属于这个覆盖的单位分解. 若在 $g(U)$ 之外 $\varphi=0$，则因为 g 是一一映射，所以 $(\varphi\cdot f)\circ g$ 在 U 之外为 0. 因此，由等式

$$\int_{g(U)} \varphi\cdot f=\int_U [(\varphi\cdot f)\circ g]|\det g'|$$

可以得到

$$\int_{g(A)} \varphi\cdot f=\int_A [(\varphi\cdot f)\circ g]|\det g'|,$$

进而有

$$\begin{aligned}\int_{g(A)} f = \sum_{\varphi\in\Phi}\int_{g(A)} \varphi\cdot f &= \sum_{\varphi\in\Phi}\int_A [(\varphi\cdot f)\circ g]|\det g'|\\ &= \sum_{\varphi\in\Phi}\int_A (\varphi\circ g)(f\circ g)|\det g'|\\ &= \int_A (f\circ g)|\det g'|.\end{aligned}$$

注 从定理也可从以下假设推出：对 $g(A)$ 的某个容许覆盖中的 V，有

$$\int_V f = \int_{g^{-1}(V)} (f\circ g)|\det g'|.$$

只要把 (1) 用到 g^{-1} 上去即可.

(2) 本定理仅需对 $f=1$ 加以证明.

(2) 的证明. 若定理对于 $f=1$ 成立，则它对于常值函数也成立. 令 V 为 $g(A)$ 中的一个矩形，P 为 V 的一个划分. 对 P 的每个子矩形 S，令 $f_S = m_S(f)$ 为常值函数. 这时

$$\begin{aligned}L(f,P) = \sum_S m_S(f)\cdot v(S) &= \sum_S \int_{S\text{ 的内域}} f_S\\ &= \sum_S \int_{g^{-1}(S\text{ 的内域})} (f_S\circ g)|\det g'|\\ &\leqslant \sum_S \int_{g^{-1}(S\text{ 的内域})} (f\circ g)|\det g'|\\ &\leqslant \int_{g^{-1}(V)} (f\circ g)|\det g'|.\end{aligned}$$

因为 $\int_V f$ 是一切 $L(f,P)$ 的上确界，由此得证 $\int_V f \leqslant \int_{g^{-1}(V)}(f\circ g)|\det g'|$. 令 $f_S = M_S(f)$ 并作类似论证，可以证明 $\int_V f \geqslant \int_{g^{-1}(V)}(f\circ g)|\det g'|$. 由上面的注得出结果.

(3) 若定理对 $g: A\to\mathbb{R}^n$ 和 $h: B\to\mathbb{R}^n$ 都成立，并且 $g(A)\subset B$，则它对 $h\circ g: A\to\mathbb{R}^n$ 也成立.

(3) 的证明.

$$\begin{aligned}\int_{h\circ g(A)} f = \int_{h(g(A))} f &= \int_{g(A)} (f\circ h)|\det h'|\\ &= \int_A [(f\circ h)\circ g]\cdot[|\det h'|\circ g]\cdot|\det g'|\\ &= \int_A f\circ(h\circ g)|\det(h\circ g)'|.\end{aligned}$$

(4) 若 g 是线性变换，则定理成立.

(4) 的证明. 由 (1) 和 (2) 可知，只需对任何开矩形 U 证明

$$\int_{g(U)} 1 = \int_U |\det g'|$$

即可. 见习题 3-35.

把 (3) 和 (4) 放在一起考察，假设对任何特定的 $\boldsymbol{a} \in A$，$g'(\boldsymbol{a})$ 是单位矩阵. 事实上，若 T 是线性变换 $\mathrm{D}g(\boldsymbol{a})$，则 $(T^{-1} \circ g)'(\boldsymbol{a}) = \boldsymbol{I}$. 因为定理对 T 成立，所以若它对 $T^{-1} \circ g$ 成立，则对 g 也成立.

我们现已做好了给出证明的准备，在此对 n 进行归纳. 定理陈述前的说明连同 (1)(2) 两点已经证明了 $n = 1$ 的情况. 假设定理对 $n - 1$ 维成立，我们要证明定理对 n 维也成立. 对于每一点 $\boldsymbol{a} \in A$，我们只需找到包含 $\boldsymbol{a}$ 的一个开集 $U \subset A$，使得定理对 U 成立即可. 此外，我们还可以假设 $g'(\boldsymbol{a}) = \boldsymbol{I}$.

定义 $h : A \to \mathbb{R}^n$ 为 $h(\boldsymbol{x}) = (g^1(\boldsymbol{x}), \cdots, g^{n-1}(\boldsymbol{x}), x^n)$，则 $h'(\boldsymbol{a}) = \boldsymbol{I}$，所以在包含 $\boldsymbol{a}$ 的某开集 $U' \subset A$ 上，函数 h 是一一映射且 $\det h'(\boldsymbol{x}) \neq 0$. 于是我们可以定义 $k : h(U') \to \mathbb{R}^n$ 为 $k(\boldsymbol{x}) = (x^1, \cdots, x^{n-1}, g^n(h^{-1}(\boldsymbol{x})))$，其中 $g = k \circ h$. 我们把 g 表示成了两个映射的复合，它们每一个改变的坐标都少于 n 个（图 3-3）.

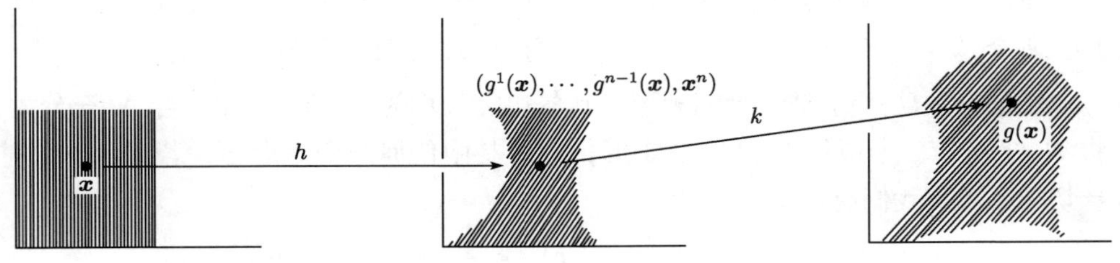

图 3-3

必须注意几个细节，以确保 k 正是适合的那一类函数. 因为

$$(g^n \circ h^{-1})'(h(\boldsymbol{a})) = (g^n)'(\boldsymbol{a}) \cdot [h'(\boldsymbol{a})]^{-1} = (g^n)'(\boldsymbol{a}),$$

所以 $\mathrm{D}_n(g^n \circ h^{-1})(h(\boldsymbol{a})) = \mathrm{D}_n g^n(\boldsymbol{a}) = 1$，因此 $k'(h(\boldsymbol{a})) = \boldsymbol{I}$. 因而在某开集 V（$h(\boldsymbol{a}) \in V \subset h(U')$）上，函数 k 是一一映射且 $\det k'(\boldsymbol{x}) \neq 0$. 令 $U = k^{-1}(V)$，则有 $g = k \circ h$，其中 $h : U \to \mathbb{R}^n$，$k : V \to \mathbb{R}^n$，$h(U) \subset V$. 由 (3) 可知，只需对 h 和 k 证明定理即可. 我们给出对 h 的证明，对 k 的证明类似，而且更容易.

令 $W \subset U$ 是形如 $D \times [a_n, b_n]$ 的矩形，其中 D 是 $\mathbb{R}^{n-1}$ 中的矩形. 根据富比尼定理，

$$\int_{h(W)} 1 = \int_{[a_n, b_n]} \left(\int_{h(D \times \{x^n\})} 1 \, \mathrm{d}x^1 \cdots \mathrm{d}x^{n-1} \right) \mathrm{d}x^n.$$

令 $h_{x^n}:D\to\mathbb{R}^{n-1}$ 定义为 $h_{x^n}(x^1,\cdots,x^{n-1})=(g^1(x^1,\cdots,x^n),\cdots,g^{n-1}(x^1,\cdots,x^n))$，则每个 h_{x^n} 显然都是一一映射，并且

$$\det(h_{x^n})'(x^1,\cdots,x^{n-1})=\det h'(x^1,\cdots,x^n)\neq 0.$$

此外

$$\int_{h(D\times\{x^n\})}1\,\mathrm{d}x^1\cdots\mathrm{d}x^{n-1}=\int_{h_{x^n}(D)}1\,\mathrm{d}x^1\cdots\mathrm{d}x^{n-1}.$$

应用 $n-1$ 维情况下的定理，就得到

$$\begin{aligned}\int_{h(W)}1&=\int_{[a_n,b_n]}\left(\int_{h_{x^n}(D)}1\,\mathrm{d}x^1\cdots\mathrm{d}x^{n-1}\right)\mathrm{d}x^n\\&=\int_{[a_n,b_n]}\left(\int_D\left|\det(h_{x^n})'(x^1,\cdots,x^{n-1})\right|\mathrm{d}x^1\cdots\mathrm{d}x^{n-1}\right)\mathrm{d}x^n\\&=\int_{[a_n,b_n]}\left(\int_D\left|\det h'(x^1,\cdots,x^n)\right|\mathrm{d}x^1\cdots\mathrm{d}x^{n-1}\right)\mathrm{d}x^n\\&=\int_W|\det h'|.\end{aligned}$$

■

利用下面的定理就可以在定理 3-13 的假设中去掉 $\det g'(\boldsymbol{x})\neq 0$ 的条件. 下面的定理常起到意想不到的作用.

定理 3-14 (萨德定理) 令 $g:A\to\mathbb{R}^n$ 连续可微，其中 $A\subset\mathbb{R}^n$ 是一个开集，再令 $B=\{\boldsymbol{x}\in A:\det g'(\boldsymbol{x})=0\}$，则 $g(B)$ 具有测度 0.

证明 令 $U\subset A$ 是一个闭矩形，其各边之长均为 l. 令 $\epsilon>0$. 若 N 充分大，将 U 分成 N^n 个边长为 l/N 的矩形，则对其中任何一个矩形 S，若 $\boldsymbol{x}\in S$，对一切 $\boldsymbol{y}\in S$，我们有

$$|\mathrm{D}g(\boldsymbol{x})(\boldsymbol{y}-\boldsymbol{x})-(g(\boldsymbol{y})-g(\boldsymbol{x}))|<\epsilon|\boldsymbol{x}-\boldsymbol{y}|\leqslant\epsilon\sqrt{n}(l/N).$$

若 S 与 B 相交，则可以取 $\boldsymbol{x}\in S\cap B$. 因为 $\det g'(\boldsymbol{x})=0$，所以集合 $\{\mathrm{D}g(\boldsymbol{x})(\boldsymbol{y}-\boldsymbol{x}):\boldsymbol{y}\in S\}$ 在 $\mathbb{R}^n$ 的一个 $n-1$ 维子空间 V 中. 因此 $\{g(\boldsymbol{y})-g(\boldsymbol{x}):\boldsymbol{y}\in S\}$ 与 V 之间的距离小于 $\epsilon\sqrt{n}(l/N)$，于是 $\{g(\boldsymbol{y}):\boldsymbol{y}\in S\}$ 与 $n-1$ 维平面 $V+g(\boldsymbol{x})$ 之间的距离小于 $\epsilon\sqrt{n}(l/N)$. 此外，由引理 2-10 可知，必有常数 M 使得

$$|g(\boldsymbol{x})-g(\boldsymbol{y})|<M|\boldsymbol{x}-\boldsymbol{y}|\leqslant M\sqrt{n}(l/N),$$

所以若 S 与 B 相交，则集合 $\{g(\boldsymbol{y}):\boldsymbol{y}\in S\}$ 包含在一个柱体中，其高小于 $2\epsilon\sqrt{n}(l/N)$，其底是半径小于 $M\sqrt{n}(l/N)$ 的 $n-1$ 维球. 这个柱体的体积小于 $C(l/N)^n\epsilon$，C 是某个常数. 这种矩形 S 最多有 N^n 个，所以 $g(U\cap B)$ 包含在体积小于 $C(l/N)^n\cdot\epsilon\cdot N^n=Cl^n\cdot\epsilon$ 的一个集合中. 因为此式对任何 $\epsilon>0$ 都成立，所以 $g(U\cap B)$ 有测度 0. 又因（习题 3-13）我们可用可数多个这样的矩形 U 覆盖 A，故由定理 3-4 即得想要的结果. ■

定理 3-14 其实只是萨德定理比较容易的一部分. 更深入的结果的叙述和证明可以在参考文献 [17] 的第 47 页上找到.

习题

3-39. 用定理 3-14 证明定理 3-13，去掉假设 $\det g'(\boldsymbol{x}) \neq 0$.

3-40. 若 $g:\mathbb{R}^n \to \mathbb{R}^n$ 且 $\det g'(\boldsymbol{x}) \neq 0$，证明在包含 $\boldsymbol{x}$ 的某开集上，g 可以写成 $g = T \circ g_n \circ \cdots \circ g_1$，其中 g_i 形如 $g_i(\boldsymbol{x}) = (x^1, \cdots, f_i(\boldsymbol{x}), \cdots, x^n)$，而 T 是一个线性变换. 证明：$g = g_n \circ \cdots \circ g_1$ 当且仅当 $g'(\boldsymbol{x})$ 为对角矩阵.

3-41. 定义 $f:\{r: r>0\} \times (0, 2\pi) \to \mathbb{R}^2$ 为 $f(r,\theta) = (r\cos\theta, r\sin\theta)$.

(a) 证明 f 是一一映射，计算 $f'(r,\theta)$ 并证明对一切 (r,θ) 均有 $\det f'(r,\theta) \neq 0$. 证明 $f(\{r: r>0\} \times (0,2\pi))$ 即是习题 2-23 中的集合 A.

(b) 若 $P = f^{-1}$，证明 $P(x,y) = (r(x,y), \theta(x,y))$，其中

$$r(x,y) = \sqrt{x^2+y^2},$$

$$\theta(x,y) = \begin{cases} \arctan y/x, & x>0,\ y>0, \\ \pi + \arctan y/x, & x<0, \\ 2\pi + \arctan y/x, & x>0,\ y<0, \\ \pi/2, & x=0,\ y>0, \\ 3\pi/2, & x=0,\ y<0. \end{cases}$$

（这里 arctan 是函数 $\tan: (-\pi/2, \pi/2) \to \mathbb{R}$ 的反函数.）求 $P'(x,y)$. 函数 P 称为 A 上的**极坐标系**.

(c) 令 $C \subset A$ 是半径为 r_1、r_2（$r_2 > r_1$）的圆弧和过点 $\mathbf{0}$ 且与 x 轴成角 θ_1、θ_2（$\theta_2 > \theta_1$）的射线所围成的区域. 若 $h: C \to \mathbb{R}$ 可积且 $h(x,y) = (r(x,y), \theta(x,y))$，求证

$$\int_C h = \int_{r_1}^{r_2} \int_{\theta_1}^{\theta_2} r g(r,\theta) \mathrm{d}\theta\, \mathrm{d}r.$$

若 $B_r = \{(x,y): x^2+y^2 \leqslant r^2\}$，证明

$$\int_{B_r} h = \int_0^r \int_0^{2\pi} r g(r,\theta) \mathrm{d}\theta\, \mathrm{d}r.$$

(d) 若 $C_r = [-r,r] \times [-r,r]$，证明

$$\int_{B_r} \mathrm{e}^{-(x^2+y^2)} \mathrm{d}x\, \mathrm{d}y = \pi(1 - \mathrm{e}^{-r^2})$$

以及

$$\int_{C_r} \mathrm{e}^{-(x^2+y^2)}\mathrm{d}x\,\mathrm{d}y = \left(\int_{-r}^{r} \mathrm{e}^{-x^2}\mathrm{d}x\right)^2.$$

(e) 证明

$$\lim_{r\to\infty}\int_{B_r} \mathrm{e}^{-(x^2+y^2)}\mathrm{d}x\,\mathrm{d}y = \lim_{r\to\infty}\int_{C_r} \mathrm{e}^{-(x^2+y^2)}\mathrm{d}x\,\mathrm{d}y$$

并最终得到

$$\int_{-\infty}^{\infty} \mathrm{e}^{-x^2}\mathrm{d}x = \sqrt{\pi}.$$

“对于数学家而言，这个公式就像二二得四对你而言一样显而易见. 刘维尔（Liouville）就是这样的一个数学家.”

——开尔文勋爵

第 4 章　链上的积分

4.1　代数预备知识

若 V 是（$\mathbb{R}$ 上的）向量空间，我们就用 V^k 来记 k 重乘积 $V\times\cdots\times V$. 函数 $\boldsymbol{T}:V^k\to\mathbb{R}$ 称为**重线性函数**，如果对每个 i（$1\leqslant i\leqslant k$）都有

$$\begin{aligned}\boldsymbol{T}(\boldsymbol{v}_1,\cdots,\boldsymbol{v}_i+\boldsymbol{v}_i',\cdots,\boldsymbol{v}_k)&=\boldsymbol{T}(\boldsymbol{v}_1,\cdots,\boldsymbol{v}_i,\cdots,\boldsymbol{v}_k)+\boldsymbol{T}(\boldsymbol{v}_1,\cdots,\boldsymbol{v}_i',\cdots,\boldsymbol{v}_k),\\ \boldsymbol{T}(\boldsymbol{v}_1,\cdots,a\boldsymbol{v}_i,\cdots,\boldsymbol{v}_k)&=a\boldsymbol{T}(\boldsymbol{v}_1,\cdots,\boldsymbol{v}_i,\cdots,\boldsymbol{v}_k).\end{aligned}$$

重线性函数 $\boldsymbol{T}:V^k\to\mathbb{R}$ 称为 V 上的 k **阶张量**，而全体 k 阶张量的集合记作 $\mathcal{I}^k(V)$，是一个（$\mathbb{R}$ 上的）向量空间，其中规定，对于 $\boldsymbol{S},\boldsymbol{T}\in\mathcal{I}^k(V)$，$a\in\mathbb{R}$ 有

$$\begin{aligned}(\boldsymbol{S}+\boldsymbol{T})(\boldsymbol{v}_1,\cdots,\boldsymbol{v}_k)&=\boldsymbol{S}(\boldsymbol{v}_1,\cdots,\boldsymbol{v}_k)+\boldsymbol{T}(\boldsymbol{v}_1,\cdots,\boldsymbol{v}_k),\\ (a\boldsymbol{S})(\boldsymbol{v}_1,\cdots,\boldsymbol{v}_k)&=a\cdot\boldsymbol{S}(\boldsymbol{v}_1,\cdots,\boldsymbol{v}_k).\end{aligned}$$

另外，还有一个把各个空间 $\mathcal{I}^k(V)$ 关联起来的运算：若 $\boldsymbol{S}\in\mathcal{I}^k(V)$，$\boldsymbol{T}\in\mathcal{I}^l(V)$，我们就定义其**张量积** $\boldsymbol{S}\otimes\boldsymbol{T}\in\mathcal{I}^{k+l}(V)$ 为

$$\boldsymbol{S}\otimes\boldsymbol{T}(\boldsymbol{v}_1,\cdots,\boldsymbol{v}_k,\boldsymbol{v}_{k+1},\cdots,\boldsymbol{v}_{k+l})=\boldsymbol{S}(\boldsymbol{v}_1,\cdots,\boldsymbol{v}_k)\cdot\boldsymbol{T}(\boldsymbol{v}_{k+1},\cdots,\boldsymbol{v}_{k+l}).$$

注意，在这里因子 $\boldsymbol{S}$ 和 $\boldsymbol{T}$ 的次序是重要的，因为 $\boldsymbol{S}\otimes\boldsymbol{T}$ 和 $\boldsymbol{T}\otimes\boldsymbol{S}$ 完全不是一回事. $\otimes$ 的下列性质的证明作为容易的练习留给读者：

$$\begin{aligned}(\boldsymbol{S}_1+\boldsymbol{S}_2)\otimes\boldsymbol{T}&=\boldsymbol{S}_1\otimes\boldsymbol{T}+\boldsymbol{S}_2\otimes\boldsymbol{T},\\ \boldsymbol{S}\otimes(\boldsymbol{T}_1+\boldsymbol{T}_2)&=\boldsymbol{S}\otimes\boldsymbol{T}_1+\boldsymbol{S}\otimes\boldsymbol{T}_2,\\ (a\boldsymbol{S})\otimes\boldsymbol{T}&=\boldsymbol{S}\otimes(a\boldsymbol{T})=a(\boldsymbol{S}\otimes\boldsymbol{T}),\\ (\boldsymbol{S}\otimes\boldsymbol{T})\otimes\boldsymbol{U}&=\boldsymbol{S}\otimes(\boldsymbol{T}\otimes\boldsymbol{U}).\end{aligned}$$

$(\boldsymbol{S}\otimes\boldsymbol{T})\otimes\boldsymbol{U}$ 和 $\boldsymbol{S}\otimes(\boldsymbol{T}\otimes\boldsymbol{U})$ 通常简记作 $\boldsymbol{S}\otimes\boldsymbol{T}\otimes\boldsymbol{U}$，更高阶的乘积 $\boldsymbol{T}_1\otimes\cdots\otimes\boldsymbol{T}_r$ 的定义类似.

读者可能已经注意到，$\mathcal{I}^1(V)$ 正是对偶空间 V^*. 通过运算 $\otimes$ 可以把另一个向量空间 $\mathcal{I}^k(V)$ 用 $\mathcal{I}^1(V)$ 表示出来.

定理 4-1　令 $\boldsymbol{v}_1,\cdots,\boldsymbol{v}_n$ 是 V 的一组基，$\boldsymbol{\varphi}_1,\cdots,\boldsymbol{\varphi}_n$ 为其对偶基：$\boldsymbol{\varphi}_i(\boldsymbol{v}_j)=\delta_{ij}$，则所有 k 重张量积

$$\boldsymbol{\varphi}_{i_1}\otimes\cdots\otimes\boldsymbol{\varphi}_{i_k},\qquad 1\leqslant i_1,\cdots,i_k\leqslant n$$

的集合是 $\mathcal{I}^k(V)$ 的一组基，故 $\mathcal{I}^k(V)$ 的维数是 n^k.

证明 注意

$$\begin{aligned}\boldsymbol{\varphi}_{i_1}\otimes\cdots\otimes\boldsymbol{\varphi}_{i_k}(\boldsymbol{v}_{j_1},\cdots,\boldsymbol{v}_{j_k})&=\delta_{i_1,j_1}\cdots\delta_{i_k,j_k}\\&=\begin{cases}1, & 若\ j_1=i_1,\cdots,j_k=i_k,\\0, & 其他情况.\end{cases}\end{aligned}$$

若 $\boldsymbol{w}_1,\cdots,\boldsymbol{w}_k$ 是 k 个向量，$\boldsymbol{w}_i=\sum_{j=1}^n a_{ij}\boldsymbol{v}_j$，而 $\boldsymbol{T}$ 在 $\mathcal{I}^k(V)$ 中，则

$$\begin{aligned}\boldsymbol{T}(\boldsymbol{w}_1,\cdots,\boldsymbol{w}_k)&=\sum_{j_1,\cdots,j_k=1}^n a_{1,j_1}\cdots a_{k,j_k}\boldsymbol{T}(\boldsymbol{v}_{j_1},\cdots,\boldsymbol{v}_{j_k})\\&=\sum_{i_1,\cdots,i_k=1}^n \boldsymbol{T}(\boldsymbol{v}_{i_1},\cdots,\boldsymbol{v}_{i_k})\cdot\boldsymbol{\varphi}_{i_1}\otimes\cdots\otimes\boldsymbol{\varphi}_{i_k}(\boldsymbol{w}_1,\cdots,\boldsymbol{w}_k).\end{aligned}$$

因此 $\boldsymbol{T}=\sum_{i_1,\cdots,i_k=1}^n\boldsymbol{T}(\boldsymbol{v}_{i_1},\cdots,\boldsymbol{v}_{i_k})\cdot\boldsymbol{\varphi}_{i_1}\otimes\cdots\otimes\boldsymbol{\varphi}_{i_k}$. 从而有 $\boldsymbol{\varphi}_{i_1}\otimes\cdots\otimes\boldsymbol{\varphi}_{i_k}$ 张成 $\mathcal{I}^k(V)$.

现在设有实数 $a_{i_1,\cdots,i_k}$，使得

$$\sum_{i_1,\cdots,i_k=1}^n a_{i_1,\cdots,i_k}\cdot\boldsymbol{\varphi}_{i_1}\otimes\cdots\otimes\boldsymbol{\varphi}_{i_k}=\mathbf{0}.$$

将此式左右两边都作用到 $(\boldsymbol{v}_{j_1},\cdots,\boldsymbol{v}_{j_k})$ 上，得到 $a_{j_1,\cdots,j_k}=0$，于是 $\boldsymbol{\varphi}_{i_1}\otimes\cdots\otimes\boldsymbol{\varphi}_{i_k}$ 是线性无关的. ■

对于对偶空间而言很常见的一个重要构造也可以用于张量. 若 $f:V\to W$ 是一个线性变换，我们定义线性变换 $f^*:\mathcal{I}^k(W)\to\mathcal{I}^k(V)$ 为

$$f^*\boldsymbol{T}(\boldsymbol{v}_1,\cdots,\boldsymbol{v}_k)=\boldsymbol{T}(f(\boldsymbol{v}_1),\cdots,f(\boldsymbol{v}_k)),$$

这里 $\boldsymbol{T}\in\mathcal{I}^k(W)$，$\boldsymbol{v}_1,\cdots,\boldsymbol{v}_k\in V$. 容易验证 $f^*(\boldsymbol{S}\otimes\boldsymbol{T})=f^*\boldsymbol{S}\otimes f^*\boldsymbol{T}$.

除 V^* 的元素之外，读者已经见过一些张量. 第一个例子是内积 $\langle,\rangle\in\mathcal{I}^2(\mathbb{R}^n)$. 任何好的数学内容都值得推广，所以我们定义 V 上的**内积**为一个**对称**、**正定**的二阶张量 $\boldsymbol{T}$. 所谓对称指 $\boldsymbol{T}(\boldsymbol{v},\boldsymbol{w})=\boldsymbol{T}(\boldsymbol{w},\boldsymbol{v}),\boldsymbol{v},\boldsymbol{w}\in V$，所谓正定指当 $\boldsymbol{v}\neq\mathbf{0}$ 时 $\boldsymbol{T}(\boldsymbol{v},\boldsymbol{v})>0$. 我们特以 $\langle,\rangle$ 专指 $\mathbb{R}^n$ 上的**通常内积**. 下面的定理说明，我们的推广并不过分空泛.

定理 4-2 若 $\boldsymbol{T}$ 是 V 上的一个内积，则必有 V 的一组基 $\boldsymbol{v}_1,\cdots,\boldsymbol{v}_n$ 使得 $\boldsymbol{T}(\boldsymbol{v}_i,\boldsymbol{v}_j)=\delta_{ij}$.（这组基称为 $\boldsymbol{T}$ 的**标准正交基**.）因此必有一个同构 $f:\mathbb{R}^n\to V$ 使得对 $\boldsymbol{x},\boldsymbol{y}\in\mathbb{R}^n$ 有 $\boldsymbol{T}(f(\boldsymbol{x}),f(\boldsymbol{y}))=\langle\boldsymbol{x},\boldsymbol{y}\rangle$. 换言之，$f^*\boldsymbol{T}=\langle,\rangle$.

证明 令 $\boldsymbol{w}_1,\cdots,\boldsymbol{w}_n$ 是 V 的任何一组基. 定义

$$\begin{aligned}\boldsymbol{w}_1'&=\boldsymbol{w}_1,\\\boldsymbol{w}_2'&=\boldsymbol{w}_2-\frac{\boldsymbol{T}(\boldsymbol{w}_1',\boldsymbol{w}_2)}{\boldsymbol{T}(\boldsymbol{w}_1',\boldsymbol{w}_1')}\cdot\boldsymbol{w}_1',\end{aligned}$$

$$\boldsymbol{w}_3' = \boldsymbol{w}_3 - \frac{\boldsymbol{T}(\boldsymbol{w}_1', \boldsymbol{w}_3)}{\boldsymbol{T}(\boldsymbol{w}_1', \boldsymbol{w}_1')} \cdot \boldsymbol{w}_1' - \frac{\boldsymbol{T}(\boldsymbol{w}_2', \boldsymbol{w}_3)}{\boldsymbol{T}(\boldsymbol{w}_2', \boldsymbol{w}_2')} \cdot \boldsymbol{w}_2',$$

等等. 容易验证当 $i \neq j$ 时 $\boldsymbol{T}(\boldsymbol{w}_i', \boldsymbol{w}_j') = 0$，当 $\boldsymbol{w}_i' \neq \boldsymbol{0}$ 时 $\boldsymbol{T}(\boldsymbol{w}_i', \boldsymbol{w}_i') > 0$. 现在定义 $\boldsymbol{v}_i = \boldsymbol{w}_i' / \sqrt{\boldsymbol{T}(\boldsymbol{w}_i', \boldsymbol{w}_i')}$. 至于同构 f，则可由 $f(\boldsymbol{e}_i) = \boldsymbol{v}_i$ 定义. ■

内积尽管重要，其作用却远不如另一个人们熟悉的、几乎无处不在的函数，即张量 $\det \in \mathcal{I}^n(\mathbb{R}^n)$①. 在打算推广这个函数时，回想一下，交换矩阵的两行会改变其行列式的符号. 这一点启发我们给出下面的定义. k 阶张量 $\boldsymbol{\omega} \in \mathcal{I}^k(V)$ 称为**交错的**，如果对一切 $\boldsymbol{v}_1, \cdots, \boldsymbol{v}_k \in V$ 有

$$\boldsymbol{\omega}(\boldsymbol{v}_1, \cdots, \boldsymbol{v}_i, \cdots, \boldsymbol{v}_j, \cdots, \boldsymbol{v}_k) = -\boldsymbol{\omega}(\boldsymbol{v}_1, \cdots, \boldsymbol{v}_j, \cdots, \boldsymbol{v}_i, \cdots, \boldsymbol{v}_k).$$

（上式中 $\boldsymbol{v}_i$ 与 $\boldsymbol{v}_j$ 对换了，其他未动.）一切交错 k 阶张量的集合显然是 $\mathcal{I}^k(V)$ 的子空间 $\Omega^k(V)$. 要给出一个行列式都相当费事，写出交错 k 阶张量也不容易，这并不奇怪. 但是有一个统一的方法把它们全都表示出来. 回忆一下，一个排列 σ 的符号 $\operatorname{sgn}\sigma$ 的定义如下：当 σ 为偶时 $\operatorname{sgn}\sigma$ 为 $+1$，当 σ 为奇时 $\operatorname{sgn}\sigma$ 为 -1. 若 $\boldsymbol{T} \in \mathcal{I}^k(V)$，我们定义 $\operatorname{Alt}(\boldsymbol{T})$ 为

$$\operatorname{Alt}(\boldsymbol{T})(\boldsymbol{v}_1, \cdots, \boldsymbol{v}_k) = \frac{1}{k!} \sum_{\sigma \in S_k} \operatorname{sgn}\sigma \cdot \boldsymbol{T}(\boldsymbol{v}_{\sigma(1)}, \cdots, \boldsymbol{v}_{\sigma(k)}),$$

其中 S_k 是整数 1 到 k 的一切排列的集合.

定理 4-3 (1) 若 $\boldsymbol{T} \in \mathcal{I}^k(V)$，则 $\operatorname{Alt}(\boldsymbol{T}) \in \Omega^k(V)$.

(2) 若 $\boldsymbol{\omega} \in \Omega^k(V)$，则 $\operatorname{Alt}(\boldsymbol{\omega}) = \boldsymbol{\omega}$.

(3) 若 $\boldsymbol{T} \in \mathcal{I}^k(V)$，则 $\operatorname{Alt}(\operatorname{Alt}(\boldsymbol{T})) = \operatorname{Alt}(\boldsymbol{T})$.

证明 (1) 令 (i, j) 表示对换 i 和 j 而其他数不变的排列. 若 $\sigma \in S_k$，令 $\sigma' = \sigma \cdot (i, j)$，则有

$$\begin{aligned}
&\operatorname{Alt}(\boldsymbol{T})(\boldsymbol{v}_1, \cdots, \boldsymbol{v}_j, \cdots, \boldsymbol{v}_i, \cdots, \boldsymbol{v}_k) \\
&= \frac{1}{k!} \sum_{\sigma \in S_k} \operatorname{sgn}\sigma \cdot \boldsymbol{T}\left(\boldsymbol{v}_{\sigma(1)}, \cdots, \boldsymbol{v}_{\sigma(j)}, \cdots, \boldsymbol{v}_{\sigma(i)}, \cdots, \boldsymbol{v}_{\sigma(k)}\right) \\
&= \frac{1}{k!} \sum_{\sigma \in S_k} \operatorname{sgn}\sigma \cdot \boldsymbol{T}\left(\boldsymbol{v}_{\sigma'(1)}, \cdots, \boldsymbol{v}_{\sigma'(i)}, \cdots, \boldsymbol{v}_{\sigma'(j)}, \cdots, \boldsymbol{v}_{\sigma'(k)}\right) \\
&= \frac{1}{k!} \sum_{\sigma' \in S_k} -\operatorname{sgn}\sigma' \cdot \boldsymbol{T}\left(\boldsymbol{v}_{\sigma'(1)}, \cdots, \boldsymbol{v}_{\sigma'(k)}\right) \\
&= -\operatorname{Alt}(\boldsymbol{T})\left(\boldsymbol{v}_1, \cdots, \boldsymbol{v}_k\right).
\end{aligned}$$

① $\det \in \mathcal{I}^n(\mathbb{R}^n)$ 的定义是 $\det((a_{11}, \cdots, a_{1n}), \cdots, (a_{n1}, \cdots, a_{nn})) = \det(a_{ij})$. 下面会看到，它是一个交错 n 阶张量：$\det \in \Omega^n(\mathbb{R}^n)$. ——译者注

(2) 若 $\sigma \in \Omega^k(V)$ 且 $\sigma = (i,j)$，则 $\boldsymbol{\omega}(\boldsymbol{v}_{\sigma(1)},\cdots,\boldsymbol{v}_{\sigma(k)}) = \operatorname{sgn}\sigma \cdot \boldsymbol{\omega}(\boldsymbol{v}_1,\cdots,\boldsymbol{v}_k)$. 因为每个 $\sigma \in S_k$ 都是许多个 (i,j) 的积，所以上式对一切 $\sigma \in S_k$ 都成立. 因此

$$\begin{aligned}\operatorname{Alt}(\boldsymbol{\omega})(\boldsymbol{v}_1,\cdots,\boldsymbol{v}_k) &= \frac{1}{k!}\sum_{\sigma\in S_k}\operatorname{sgn}\sigma\cdot\boldsymbol{\omega}\left(\boldsymbol{v}_{\sigma(1)},\cdots,\boldsymbol{v}_{\sigma(k)}\right)\\ &= \frac{1}{k!}\sum_{\sigma\in S_k}\operatorname{sgn}\sigma\cdot\operatorname{sgn}\sigma\cdot\boldsymbol{\omega}\left(\boldsymbol{v}_1,\cdots,\boldsymbol{v}_k\right)\\ &= \boldsymbol{\omega}\left(\boldsymbol{v}_1,\cdots,\boldsymbol{v}_k\right).\end{aligned}$$

(3) 由 (1)(2) 直接推得. ■

为了确定 $\Omega^k(V)$ 的维数，我们希望有一个类似于定理 4-1 的定理. 若 $\boldsymbol{\omega} \in \Omega^k(V)$，$\boldsymbol{\eta} \in \Omega^l(V)$，则 $\boldsymbol{\omega}\otimes\boldsymbol{\eta}$ 通常当然不在 $\Omega^{k+l}(V)$ 中. 因此，我们要定义一个新的乘积，即**楔积** $\boldsymbol{\omega}\wedge\boldsymbol{\eta} \in \Omega^{k+l}(V)$. 定义如下：

$$\boldsymbol{\omega}\wedge\boldsymbol{\eta} = \frac{(k+l)!}{k!l!}\operatorname{Alt}(\boldsymbol{\omega}\otimes\boldsymbol{\eta}).$$

（为何要乘以式子前面这个奇怪的系数，以后我们会看出来.）楔积 $\wedge$ 的下列性质的证明留给读者作为练习：

$$\begin{aligned}(\boldsymbol{\omega}_1+\boldsymbol{\omega}_2)\wedge\boldsymbol{\eta} &= \boldsymbol{\omega}_1\wedge\boldsymbol{\eta}+\boldsymbol{\omega}_2\wedge\boldsymbol{\eta},\\ \boldsymbol{\omega}\wedge(\boldsymbol{\eta}_1+\boldsymbol{\eta}_2) &= \boldsymbol{\omega}\wedge\boldsymbol{\eta}_1+\boldsymbol{\omega}\wedge\boldsymbol{\eta}_2,\\ a\boldsymbol{\omega}\wedge\boldsymbol{\eta} = \boldsymbol{\omega}\wedge a\boldsymbol{\eta} &= a(\boldsymbol{\omega}\wedge\boldsymbol{\eta}),\\ \boldsymbol{\omega}\wedge\boldsymbol{\eta} &= (-1)^{kl}\boldsymbol{\eta}\wedge\boldsymbol{\omega},\\ f^*(\boldsymbol{\omega}\wedge\boldsymbol{\eta}) &= (f^*\boldsymbol{\omega})\wedge(f^*\boldsymbol{\eta}).\end{aligned}$$

等式 $(\boldsymbol{\omega}\wedge\boldsymbol{\eta})\wedge\boldsymbol{\theta} = \boldsymbol{\omega}\wedge(\boldsymbol{\eta}\wedge\boldsymbol{\theta})$ 也成立，但证明起来比较麻烦.

定理 4-4 (1) 若 $\boldsymbol{S} \in \mathcal{I}^k(V)$，$\boldsymbol{T} \in \mathcal{I}^l(V)$ 且 $\operatorname{Alt}(\boldsymbol{S}) = \boldsymbol{0}$，则

$$\operatorname{Alt}(\boldsymbol{S}\otimes\boldsymbol{T}) = \operatorname{Alt}(\boldsymbol{T}\otimes\boldsymbol{S}) = \boldsymbol{0}.$$

(2) $\operatorname{Alt}(\operatorname{Alt}(\boldsymbol{\omega}\otimes\boldsymbol{\eta})\otimes\boldsymbol{\theta}) = \operatorname{Alt}(\boldsymbol{\omega}\otimes\boldsymbol{\eta}\otimes\boldsymbol{\theta}) = \operatorname{Alt}(\boldsymbol{\omega}\otimes\operatorname{Alt}(\boldsymbol{\eta}\otimes\boldsymbol{\theta}))$.

(3) 若 $\boldsymbol{\omega} \in \Omega^k(V)$，$\boldsymbol{\eta} \in \Omega^l(V)$ 且 $\boldsymbol{\theta} \in \Omega^m(V)$，则

$$(\boldsymbol{\omega}\wedge\boldsymbol{\eta})\wedge\boldsymbol{\theta} = \boldsymbol{\omega}\wedge(\boldsymbol{\eta}\wedge\boldsymbol{\theta}) = \frac{(k+l+m)!}{k!l!m!}\operatorname{Alt}(\boldsymbol{\omega}\otimes\boldsymbol{\eta}\otimes\boldsymbol{\theta}).$$

证明 (1)

$$\begin{aligned}&(k+l)!\operatorname{Alt}(\boldsymbol{S}\otimes\boldsymbol{T})(\boldsymbol{v}_1,\cdots,\boldsymbol{v}_{k+l})\\ &\quad= \sum_{\sigma\in S_{k+l}}\operatorname{sgn}\sigma\cdot\boldsymbol{S}(\boldsymbol{v}_{\sigma(1)},\cdots,\boldsymbol{v}_{\sigma(k)})\cdot\boldsymbol{T}(\boldsymbol{v}_{\sigma(k+1)},\cdots,\boldsymbol{v}_{\sigma(k+l)}).\end{aligned}$$

若 $G \subset S_{k+l}$ 包含一切使得 $k+1,\cdots,k+l$ 不变的排列 σ，则

$$\sum_{\sigma\in G}\operatorname{sgn}\sigma\cdot\boldsymbol{S}(\boldsymbol{v}_{\sigma(1)},\cdots,\boldsymbol{v}_{\sigma(k)})\cdot\boldsymbol{T}(\boldsymbol{v}_{\sigma(k+1)},\cdots,\boldsymbol{v}_{\sigma(k+l)})$$

$$= \left[\sum_{\sigma' \in S_k} \operatorname{sgn} \sigma' \cdot \boldsymbol{S}(\boldsymbol{v}_{\sigma'(1)}, \cdots, \boldsymbol{v}_{\sigma'(k)}) \right] \cdot \boldsymbol{T}(\boldsymbol{v}_{k+1}, \cdots, \boldsymbol{v}_{k+l})$$
$$= 0.$$

现在设 $\sigma_0 \notin G$. 令 $G \cdot \sigma_0 = \{\sigma \cdot \sigma_0 : \sigma \in G\}$，$\boldsymbol{w}_1, \cdots, \boldsymbol{w}_{k+l} = \boldsymbol{v}_{\sigma_0(1)}, \cdots, \boldsymbol{v}_{\sigma_0(k+l)}$，那么

$$\sum_{\sigma \in G \cdot \sigma_0} \operatorname{sgn} \sigma \cdot \boldsymbol{S}(\boldsymbol{v}_{\sigma(1)}, \cdots, \boldsymbol{v}_{\sigma(k)}) \cdot \boldsymbol{T}(\boldsymbol{v}_{\sigma(k+1)}, \cdots, \boldsymbol{v}_{\sigma(k+l)})$$
$$= \left[\operatorname{sgn} \sigma_0 \cdot \sum_{\sigma' \in G} \operatorname{sgn} \sigma' \cdot \boldsymbol{S}(\boldsymbol{w}_{\sigma'(1)}, \cdots, \boldsymbol{w}_{\sigma'(k)}) \right] \cdot \boldsymbol{T}(\boldsymbol{w}_{k+1}, \cdots, \boldsymbol{w}_{k+l})$$
$$= 0.$$

注意 $G \cap G \cdot \sigma_0 = \varnothing$. 实际上，若 $\sigma \in G \cap G \cdot \sigma_0$，则对某个 $\sigma' \in G$ 有 $\sigma = \sigma' \cdot \sigma_0$，于是有 $\sigma_0 = (\sigma')^{-1} \cdot \sigma \in G$，产生矛盾. 如此继续，可把 S_{k+l} 分为互不相交的子集. 在每个子集上的和均为 0，所以在 S_{k+l} 上的总和也是 0. $\operatorname{Alt}(\boldsymbol{T} \otimes \boldsymbol{S}) = \boldsymbol{0}$ 的证明类似.

(2) 我们有

$$\operatorname{Alt}(\operatorname{Alt}(\boldsymbol{\eta} \otimes \boldsymbol{\theta}) - \boldsymbol{\eta} \otimes \boldsymbol{\theta}) = \operatorname{Alt}(\boldsymbol{\eta} \otimes \boldsymbol{\theta}) - \operatorname{Alt}(\boldsymbol{\eta} \otimes \boldsymbol{\theta}) = \boldsymbol{0},$$

所以由 (1) 可得

$$\boldsymbol{0} = \operatorname{Alt}(\boldsymbol{\omega} \otimes [\operatorname{Alt}(\boldsymbol{\eta} \otimes \boldsymbol{\theta}) - \boldsymbol{\eta} \otimes \boldsymbol{\theta}])$$
$$= \operatorname{Alt}(\boldsymbol{\omega} \otimes \operatorname{Alt}(\boldsymbol{\eta} \otimes \boldsymbol{\theta})) - \operatorname{Alt}(\boldsymbol{\omega} \otimes \boldsymbol{\eta} \otimes \boldsymbol{\theta}).$$

另一个等式的证明与之类似.

(3)
$$(\boldsymbol{\omega} \wedge \boldsymbol{\eta}) \wedge \boldsymbol{\theta} = \frac{(k+l+m)!}{(k+l)!m!} \operatorname{Alt}((\boldsymbol{\omega} \wedge \boldsymbol{\eta}) \otimes \boldsymbol{\theta})$$
$$= \frac{(k+l+m)!}{(k+l)!m!} \frac{(k+l)!}{k!l!} \operatorname{Alt}(\boldsymbol{\omega} \otimes \boldsymbol{\eta} \otimes \boldsymbol{\theta}).$$

另一个等式的证明与之类似. ■

$\boldsymbol{\omega} \wedge (\boldsymbol{\eta} \wedge \boldsymbol{\theta})$ 和 $(\boldsymbol{\omega} \wedge \boldsymbol{\eta}) \wedge \boldsymbol{\theta}$ 都自然地简记为 $\boldsymbol{\omega} \wedge \boldsymbol{\eta} \wedge \boldsymbol{\theta}$. 更高阶的积 $\boldsymbol{\omega}_1 \wedge \cdots \wedge \boldsymbol{\omega}_r$ 的定义与上面类似. 若 $\boldsymbol{v}_1, \cdots, \boldsymbol{v}_n$ 是 V 的一组基，且 $\boldsymbol{\varphi}_1, \cdots, \boldsymbol{\varphi}_n$ 是其对偶基，则 $\Omega^k(V)$ 的一组基现在就很容易构造出来了.

定理 4-5 $\Omega^k(V)$ 的一组基是全体

$$\boldsymbol{\varphi}_{i_1} \wedge \cdots \wedge \boldsymbol{\varphi}_{i_k}, \qquad 1 \leqslant i_1 < \cdots < i_k \leqslant n$$

的集合，所以 $\Omega^k(V)$ 的维数是

$$\binom{n}{k} = \frac{n!}{k!(n-k)!}.$$

证明　若 $\boldsymbol{\omega} \in \Omega^k(V) \subset \mathcal{I}^k(V)$，则有

$$\boldsymbol{\omega} = \sum_{i_1<\cdots<i_k} a_{i_1,\cdots,i_k} \boldsymbol{\varphi}_{i_1} \otimes \cdots \otimes \boldsymbol{\varphi}_{i_k},$$

于是

$$\boldsymbol{\omega} = \mathrm{Alt}(\boldsymbol{\omega}) = \sum_{i_1<\cdots<i_k} a_{i_1,\cdots,i_k} \mathrm{Alt}(\boldsymbol{\varphi}_{i_1} \otimes \cdots \otimes \boldsymbol{\varphi}_{i_k}).$$

因为每个 $\mathrm{Alt}(\boldsymbol{\varphi}_{i_1} \otimes \cdots \otimes \boldsymbol{\varphi}_{i_k})$ 都是某个 $\boldsymbol{\varphi}_{i_1} \wedge \cdots \wedge \boldsymbol{\varphi}_{i_k}$ 的常数倍，故它们张成 $\Omega^k(V)$. 线性无关的证明和定理 4-1 相同（参见习题 4-1）. ■

若 V 的维数为 n，则由定理 4-5 推得 $\Omega^n(V)$ 的维数为 1. 因此 V 上的一切交错 n 阶张量都是其中任何一个非零交错 n 阶张量的倍数. 行列式是 $\Omega^n(\mathbb{R}^n)$ 的元素之一，所以下面的定理中会出现行列式也就不足为奇了.

定理 4-6　令 $\boldsymbol{v}_1, \cdots, \boldsymbol{v}_n$ 是 V 的一组基，令 $\boldsymbol{\omega} \in \Omega^n(V)$. 若 $\boldsymbol{w}_i = \sum_{j=1}^n a_{ij}\boldsymbol{v}_j$ 是 V 中 n 个向量的线性组合，则

$$\boldsymbol{\omega}(\boldsymbol{w}_1, \cdots, \boldsymbol{w}_n) = \det(a_{ij}) \cdot \boldsymbol{\omega}(\boldsymbol{v}_1, \cdots, \boldsymbol{v}_n).$$

证明　定义 $\boldsymbol{\eta} \in \mathcal{I}^n(\mathbb{R}^n)$ 如下：

$$\boldsymbol{\eta}((a_{11}, \cdots, a_{1n}), \cdots, (a_{n1}, \cdots, a_{nn})) = \boldsymbol{\omega}\left(\sum_{j=1}^n a_{1j}\boldsymbol{v}_j, \cdots, \sum_{j=1}^n a_{nj}\boldsymbol{v}_j\right).$$

显然 $\boldsymbol{\eta} \in \Omega^n(\mathbb{R}^n)$，所以对某个 $\lambda \in \mathbb{R}$ 有 $\boldsymbol{\eta} = \lambda \cdot \det$，并且

$$\lambda = \boldsymbol{\eta}(\boldsymbol{e}_1, \cdots, \boldsymbol{e}_n) = \boldsymbol{\omega}(\boldsymbol{v}_1, \cdots, \boldsymbol{v}_n).$$ ■

定理 4-6 表明，一个非零 $\boldsymbol{\omega} \in \Omega^n(V)$ 可将 V 的基分为互不相交的两类，一类使得 $\boldsymbol{\omega}(\boldsymbol{v}_1, \cdots, \boldsymbol{v}_n) > 0$，另一类使得 $\boldsymbol{\omega}(\boldsymbol{v}_1, \cdots, \boldsymbol{v}_n) < 0$. 若 $\boldsymbol{v}_1, \cdots, \boldsymbol{v}_n$ 与 $\boldsymbol{w}_1, \cdots, \boldsymbol{w}_n$ 是两组基，而矩阵 $\boldsymbol{A} = (a_{ij})$ 由 $\boldsymbol{w}_i = \sum_{j=1}^n a_{ij}\boldsymbol{v}_j$ 定义，则 $\boldsymbol{v}_1, \cdots, \boldsymbol{v}_n$ 和 $\boldsymbol{w}_1, \cdots, \boldsymbol{w}_n$ 属于同一类，当且仅当 $\det \boldsymbol{A} > 0$. 这个判据是与 $\boldsymbol{\omega}$ 无关的，所以它总可以用来把 V 的基分成互不相交的两类. 每一类称为 V 的一个**定向**. 基 $\boldsymbol{v}_1, \cdots, \boldsymbol{v}_n$ 所属的定向记作 $[\boldsymbol{v}_1, \cdots, \boldsymbol{v}_n]$，另一个定向则记作 $-[\boldsymbol{v}_1, \cdots, \boldsymbol{v}_n]$. 在 $\mathbb{R}^n$ 中我们定义 $[\boldsymbol{e}_1, \cdots, \boldsymbol{e}_n]$ 为**通常定向**.

$\dim \Omega^n(\mathbb{R}^n) = 1$ 这个式子对于大家来说可能并不陌生，因为 det 通常定义为 $\boldsymbol{\omega} \in \Omega^n(\mathbb{R}^n)$ 中使得 $\boldsymbol{\omega}(\boldsymbol{e}_1, \cdots, \boldsymbol{e}_n) = 1$ 的唯一元素. 对于一般的向量空间 V，没有额外的此类判据来区分一个特定元素 $\boldsymbol{\omega} \in \Omega^n(V)$. 然而，设给定 V 的一个内积 $\boldsymbol{T}$，若 $\boldsymbol{v}_1, \cdots, \boldsymbol{v}_n$ 和 $\boldsymbol{w}_1, \cdots, \boldsymbol{w}_n$ 分别是对于 $\boldsymbol{T}$ 的两组标准正交基，矩阵 $\boldsymbol{A} = (a_{ij})$ 由 $\boldsymbol{w}_i = \sum_{j=1}^n a_{ij}\boldsymbol{v}_j$ 定义，则有

$$\delta_{ij} = \boldsymbol{T}(\boldsymbol{w}_i, \boldsymbol{w}_j) = \sum_{k,l=1}^n a_{ik}a_{jl}\boldsymbol{T}(\boldsymbol{v}_k, \boldsymbol{v}_l) = \sum_{k=1}^n a_{ik}a_{jk}.$$

换言之，若记矩阵 $\boldsymbol{A}$ 的转置为 $\boldsymbol{A}^{\mathrm{T}}$，则有 $\boldsymbol{A}\cdot\boldsymbol{A}^{\mathrm{T}}=\boldsymbol{I}$，所以 $\det\boldsymbol{A}=\pm1$. 由定理 4-6 可知，若 $\boldsymbol{\omega}\in\Omega^n(V)$ 满足 $\boldsymbol{\omega}(\boldsymbol{v}_1,\cdots,\boldsymbol{v}_n)=\pm1$，则 $\boldsymbol{\omega}(\boldsymbol{w}_1,\cdots,\boldsymbol{w}_n)=\pm1$. 若给定 V 的一个定向 $\boldsymbol{\mu}$，则只要标准正交基 $\boldsymbol{v}_1,\cdots,\boldsymbol{v}_n$ 使得 $[\boldsymbol{v}_1,\cdots,\boldsymbol{v}_n]=\boldsymbol{\mu}$，就必有唯一的 $\boldsymbol{\omega}\in\Omega^n(V)$ 使得 $\boldsymbol{\omega}(\boldsymbol{v}_1,\cdots,\boldsymbol{v}_n)=1$. 这个唯一的 $\boldsymbol{\omega}$ 称为由内积 $\boldsymbol{T}$ 和定向 $\boldsymbol{\mu}$ 所决定的 V 的**体积元素**. 注意，det 是由通常内积和通常定向所决定的 $\mathbb{R}^n$ 的体积元素，而 $|\det(\boldsymbol{v}_1,\cdots,\boldsymbol{v}_n)|$ 则是由 $\mathbf{0}$ 到 $\boldsymbol{v}_1,\cdots,\boldsymbol{v}_n$ 之间的各个线段所张成的平行多面体的体积.

我们以一个限制在 $\mathbb{R}^n$ 上的构造作为本节的结束. 若 $\boldsymbol{v}_1,\cdots,\boldsymbol{v}_{n-1}\in\mathbb{R}^n$ 且 $\boldsymbol{\varphi}$ 定义为

$$\boldsymbol{\varphi}(\boldsymbol{w})=\det\begin{pmatrix}\boldsymbol{v}_1\\ \vdots\\ \boldsymbol{v}_{n-1}\\ \boldsymbol{w}\end{pmatrix},$$

则有 $\boldsymbol{\varphi}\in\Omega^1(\mathbb{R}^n)$. 因此有唯一的 $\boldsymbol{z}\in\mathbb{R}^n$ 使得

$$\langle\boldsymbol{w},\boldsymbol{z}\rangle=\boldsymbol{\varphi}(\boldsymbol{w})=\det\begin{pmatrix}\boldsymbol{v}_1\\ \vdots\\ \boldsymbol{v}_{n-1}\\ \boldsymbol{w}\end{pmatrix},$$

这个 $\boldsymbol{z}$ 记作 $\boldsymbol{v}_1\times\cdots\times\boldsymbol{v}_{n-1}$，称为 $\boldsymbol{v}_1,\cdots,\boldsymbol{v}_{n-1}$ 的**叉积**. 下述性质可以直接由定义得出：

$$\begin{aligned}\boldsymbol{v}_{\sigma(1)}\times\cdots\times\boldsymbol{v}_{\sigma(n-1)}&=\operatorname{sgn}\sigma\cdot\boldsymbol{v}_1\times\cdots\times\boldsymbol{v}_{n-1},\\ \boldsymbol{v}_1\times\cdots\times a\boldsymbol{v}_i\times\cdots\times\boldsymbol{v}_{n-1}&=a\cdot(\boldsymbol{v}_1\times\cdots\times\boldsymbol{v}_{n-1}),\\ \boldsymbol{v}_1\times\cdots\times(\boldsymbol{v}_i+\boldsymbol{v}_i')\times\cdots\times\boldsymbol{v}_{n-1}&=\boldsymbol{v}_1\times\cdots\times\boldsymbol{v}_i\times\cdots\times\boldsymbol{v}_{n-1}\\ &\quad+\boldsymbol{v}_1\times\cdots\times\boldsymbol{v}_i'\times\cdots\times\boldsymbol{v}_{n-1}.\end{aligned}$$

一个“乘积”依赖于两个以上的因子，这在数学上并不常见. 在两个向量 $\boldsymbol{v},\boldsymbol{w}\in\mathbb{R}^3$ 的情况下，我们能得到一个比较习惯的乘积 $\boldsymbol{v}\times\boldsymbol{w}\in\mathbb{R}^3$. 正是出于这个理由，有时候大家认为只能在 $\mathbb{R}^3$ 中定义叉积.

习题

***4-1.** 设 $\boldsymbol{e}_1,\cdots,\boldsymbol{e}_n$ 为 $\mathbb{R}^n$ 的通常基，$\boldsymbol{\varphi}_1,\cdots,\boldsymbol{\varphi}_n$ 为其对偶基.

(a) 证明 $\boldsymbol{\varphi}_{i_1}\wedge\cdots\wedge\boldsymbol{\varphi}_{i_k}(\boldsymbol{e}_{i_1},\cdots,\boldsymbol{e}_{i_k})=1$. 如果在 $\wedge$ 的定义中没有因子 $(k+l)!/k!l!$，那么上式右边会是什么?

(b) 证明 $\boldsymbol{\varphi}_{i_1}\wedge\cdots\wedge\boldsymbol{\varphi}_{i_k}(\boldsymbol{v}_1,\cdots,\boldsymbol{v}_k)$ 是从 $\begin{pmatrix}\boldsymbol{v}_1\\ \vdots\\ \boldsymbol{v}_k\end{pmatrix}$ 中取第 $i_1,\cdots,i_k$ 列所得的 $k\times k$ 阶子矩阵的行列式.

4-2. 若 $f:V\to V$ 是一个线性变换且 $\dim V=n$，则 $f^*:\Omega^n(V)\to\Omega^n(V)$ 必定表示“乘以常数 c”. 证明 $c=\det f$.

4-3. 若 $\boldsymbol{\omega}\in\Omega^n(V)$ 是由 $\boldsymbol{T}$ 和 $\boldsymbol{\mu}$ 所决定的体积元素，$\boldsymbol{w}_1,\cdots,\boldsymbol{w}_n\in V$，证明

$$\left|\boldsymbol{\omega}(\boldsymbol{w}_1,\cdots,\boldsymbol{w}_n)\right|=\sqrt{\det(g_{ij})},$$

其中 $g_{ij}=\boldsymbol{T}(\boldsymbol{w}_i,\boldsymbol{w}_j)$. 提示：若 $\boldsymbol{v}_1,\cdots,\boldsymbol{v}_n$ 是一组标准正交基，而 $\boldsymbol{w}_i=\sum_{j=1}^n a_{ij}\boldsymbol{v}_j$，证明 $g_{ij}=\sum_{k=1}^n a_{ik}a_{kj}$.

4-4. 若 $\boldsymbol{\omega}$ 是由 $\boldsymbol{T}$ 和 $\boldsymbol{\mu}$ 所决定的 V 的体积元素，$f:\mathbb{R}^n\to V$ 是使得 $f^*\boldsymbol{T}=\langle,\rangle$ 和 $[f(\boldsymbol{e}_1),\cdots,f(\boldsymbol{e}_n)]=\boldsymbol{\mu}$ 的同构，求证 $f^*\boldsymbol{\omega}=\det$.

4-5. 若 $c:[0,1]\to(\mathbb{R}^n)^n$ 是连续的，并且每组 $c^1(t),\cdots,c^n(t)$ 都是 $\mathbb{R}^n$ 的一组基，证明 $[c^1(0),\cdots,c^n(0)]=[c^1(1),\cdots,c^n(1)]$. 提示：考虑 $\det\circ c$.

4-6. (a) 若 $\boldsymbol{v}\in\mathbb{R}^2$，$\boldsymbol{v}\times$ 是什么?

(b) 若 $\boldsymbol{v}_1,\cdots,\boldsymbol{v}_{n-1}\in\mathbb{R}^n$ 是线性无关的，证明 $[\boldsymbol{v}_1,\cdots,\boldsymbol{v}_{n-1},\boldsymbol{v}_1\times\cdots\times\boldsymbol{v}_{n-1}]$ 是 $\mathbb{R}^n$ 的通常定向.

4-7. 证明每个非零的 $\boldsymbol{\omega}\in\Omega^n(V)$ 都是由 V 的某个内积 $\boldsymbol{T}$ 和 V 的某个定向 $\boldsymbol{\mu}$ 所决定的体积元素.

4-8. 若 $\boldsymbol{\omega}\in\Omega^n(V)$ 是一个体积元素，用 $\boldsymbol{\omega}$ 来定义“叉积” $\boldsymbol{v}_1\times\cdots\times\boldsymbol{v}_{n-1}$.

***4-9.** 推导 $\mathbb{R}^3$ 中叉积的下列性质：

(a) $\boldsymbol{e}_1\times\boldsymbol{e}_1=\boldsymbol{0}$，　$\boldsymbol{e}_2\times\boldsymbol{e}_1=-\boldsymbol{e}_3$，　$\boldsymbol{e}_3\times\boldsymbol{e}_1=\boldsymbol{e}_2$，

$\boldsymbol{e}_1\times\boldsymbol{e}_2=\boldsymbol{e}_3$，　$\boldsymbol{e}_2\times\boldsymbol{e}_2=\boldsymbol{0}$，　$\boldsymbol{e}_3\times\boldsymbol{e}_2=-\boldsymbol{e}_1$，

$\boldsymbol{e}_1\times\boldsymbol{e}_3=-\boldsymbol{e}_2$，　$\boldsymbol{e}_2\times\boldsymbol{e}_3=\boldsymbol{e}_1$，　$\boldsymbol{e}_3\times\boldsymbol{e}_3=\boldsymbol{0}$.

(b) $\boldsymbol{v}\times\boldsymbol{w}=(\boldsymbol{v}^2\boldsymbol{w}^3-\boldsymbol{v}^3\boldsymbol{w}^2)\boldsymbol{e}_1+(\boldsymbol{v}^3\boldsymbol{w}^1-\boldsymbol{v}^1\boldsymbol{w}^3)\boldsymbol{e}_2+(\boldsymbol{v}^1\boldsymbol{w}^2-\boldsymbol{v}^2\boldsymbol{w}^1)\boldsymbol{e}_3$.

(c) $|\boldsymbol{v}\times\boldsymbol{w}|=|\boldsymbol{v}|\cdot|\boldsymbol{w}|\cdot|\sin\theta|$，其中 $\theta=\angle(\boldsymbol{v},\boldsymbol{w})$.

$\langle\boldsymbol{v}\times\boldsymbol{w},\boldsymbol{v}\rangle=\langle\boldsymbol{v}\times\boldsymbol{w},\boldsymbol{w}\rangle=0$.

(d) $\langle\boldsymbol{v},\boldsymbol{w}\times\boldsymbol{z}\rangle=\langle\boldsymbol{w},\boldsymbol{z}\times\boldsymbol{v}\rangle=\langle\boldsymbol{z},\boldsymbol{v}\times\boldsymbol{w}\rangle$，

$\boldsymbol{v}\times(\boldsymbol{w}\times\boldsymbol{z})=\langle\boldsymbol{v},\boldsymbol{z}\rangle\boldsymbol{w}-\langle\boldsymbol{v},\boldsymbol{w}\rangle\boldsymbol{z}$，

$(\boldsymbol{v}\times\boldsymbol{w})\times\boldsymbol{z}=\langle\boldsymbol{v},\boldsymbol{z}\rangle\boldsymbol{w}-\langle\boldsymbol{w},\boldsymbol{z}\rangle\boldsymbol{v}$.

(e) $|\boldsymbol{v}\times\boldsymbol{w}|=\sqrt{\langle\boldsymbol{v},\boldsymbol{v}\rangle\cdot\langle\boldsymbol{w},\boldsymbol{w}\rangle-\langle\boldsymbol{v},\boldsymbol{w}\rangle^2}$.

4-10. 若 $\boldsymbol{w}_1, \cdots, \boldsymbol{w}_{n-1} \in \mathbb{R}^n$，求证

$$|\boldsymbol{w}_1 \times \cdots \times \boldsymbol{w}_{n-1}| = \sqrt{\det(g_{ij})},$$

其中 $g_{ij} = \langle \boldsymbol{w}_i, \boldsymbol{w}_j \rangle$. 提示：对 $\mathbb{R}^n$ 的某个 $n-1$ 维子空间应用习题 4-3.

4-11. 若 $\boldsymbol{T}$ 是 V 的一个内积，线性变换 $f: V \to V$ 称为（关于 $\boldsymbol{T}$）**自伴的**，如果对 $\boldsymbol{x}, \boldsymbol{y} \in V$ 有 $\boldsymbol{T}(\boldsymbol{x}, f(\boldsymbol{y})) = \boldsymbol{T}(f(\boldsymbol{x}), \boldsymbol{y})$. 若 $\boldsymbol{v}_1, \cdots, \boldsymbol{v}_k$ 是一组标准正交基，$\boldsymbol{A} = (a_{ij})$ 是 f 关于这组基的矩阵，求证 $a_{ij} = a_{ji}$.

4-12. 若 $f_1, \cdots, f_{n-1}: \mathbb{R}^m \to \mathbb{R}^n$，定义 $f_1 \times \cdots \times f_{n-1}: \mathbb{R}^m \to \mathbb{R}^n$ 为 $f_1 \times \cdots \times f_{n-1}(p) = f_1(p) \times \cdots \times f_{n-1}(p)$. 当 $f_1, \cdots, f_{n-1}$ 可微时，应用习题 2-14 推导 $\mathrm{D}(f_1 \times \cdots \times f_{n-1})$ 的一个公式.

4.2 向量场与微分形式

若 $\boldsymbol{p} \in \mathbb{R}^n$，对于 $\boldsymbol{v} \in \mathbb{R}^n$，所有有序偶 $(\boldsymbol{p}, \boldsymbol{v})$ 的集合记作 $\mathbb{R}^n{}_{\boldsymbol{p}}$，称为 $\mathbb{R}^n$ 在 $\boldsymbol{p}$ 处的**切空间**. 若定义

$$(\boldsymbol{p}, \boldsymbol{v}) + (\boldsymbol{p}, \boldsymbol{w}) = (\boldsymbol{p}, \boldsymbol{v} + \boldsymbol{w}),$$
$$a \cdot (\boldsymbol{p}, \boldsymbol{v}) = (\boldsymbol{p}, a\boldsymbol{v}),$$

这个集合就非常明显地构成一个向量空间. 向量 $\boldsymbol{v} \in \mathbb{R}^n$ 时常画成从 $\boldsymbol{0}$ 到 $\boldsymbol{v}$ 的一条带箭头的线段. 向量 $(\boldsymbol{p}, \boldsymbol{v}) \in \mathbb{R}^n{}_{\boldsymbol{p}}$ 可以画成长度、方向与 $\boldsymbol{v}$ 相同的带箭头的线段，但起点在 $\boldsymbol{p}$（图 4-1）. 箭头从 $\boldsymbol{p}$ 指向 $\boldsymbol{p} + \boldsymbol{v}$，所以我们定义 $\boldsymbol{p} + \boldsymbol{v}$ 为 $(\boldsymbol{p}, \boldsymbol{v})$ 的**终点**. 通常把 $(\boldsymbol{p}, \boldsymbol{v})$ 写作 $\boldsymbol{v}_{\boldsymbol{p}}$（读作：在 $\boldsymbol{p}$ 处的向量 $\boldsymbol{v}$）.

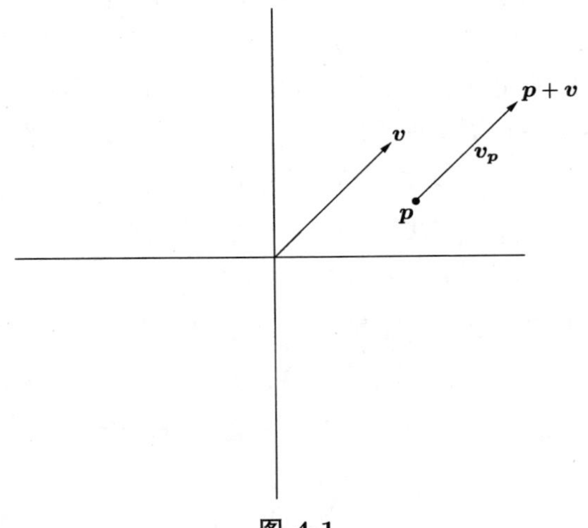

图 4-1

向量空间 $\mathbb{R}^n{}_{\boldsymbol{p}}$ 与 $\mathbb{R}^n$ 是如此地相近，以至于 $\mathbb{R}^n$ 上的许多构造在 $\mathbb{R}^n{}_{\boldsymbol{p}}$ 上都有类似物. 特别是 $\mathbb{R}^n{}_{\boldsymbol{p}}$ 上的**通常内积** $\langle,\rangle_{\boldsymbol{p}}$ 定义为 $\langle \boldsymbol{v_p}, \boldsymbol{w_p}\rangle^{\boldsymbol{p}} = \langle \boldsymbol{v}, \boldsymbol{w}\rangle$，$\mathbb{R}^n{}_{\boldsymbol{p}}$ 的**通常定向**则是 $[(\boldsymbol{e}_1)_{\boldsymbol{p}}, \cdots, (\boldsymbol{e}_n)_{\boldsymbol{p}}]$.

任何一个可以在向量空间里进行的操作都可以在每个 $\mathbb{R}^n{}_{\boldsymbol{p}}$ 里进行，这一节的大部分内容就是在说明这个主题. 向量空间里最简单的操作就是从中选出一个向量. 如果在每个 $\mathbb{R}^n{}_{\boldsymbol{p}}$ 里都作这样一个选择，就得到一个**向量场**（图 4-2）. 确切地说，向量场就是一个函数 $\boldsymbol{F}$，使得对每个 $\boldsymbol{p} \in \mathbb{R}^n$ 有 $\boldsymbol{F}(\boldsymbol{p}) \in \mathbb{R}^n{}_{\boldsymbol{p}}$. 对每个 $\boldsymbol{p}$ 都有实数 $F^1(\boldsymbol{p}), \cdots, F^n(\boldsymbol{p})$ 使得

$$\boldsymbol{F}(\boldsymbol{p}) = F^1(\boldsymbol{p}) \cdot (\boldsymbol{e}_1)_{\boldsymbol{p}} + \cdots + F^n(\boldsymbol{p}) \cdot (\boldsymbol{e}_n)_{\boldsymbol{p}}.$$

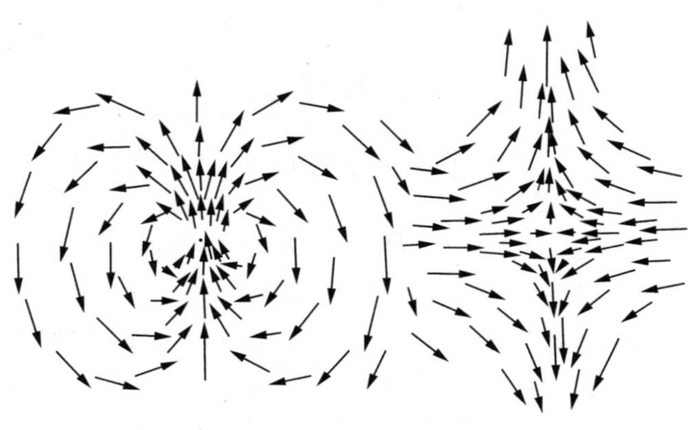

图 4-2

这样就得到 n 个**分量函数** $F^i : \mathbb{R}^n \to \mathbb{R}$. 如果函数 F^i 是连续的、可微的，向量场 $\boldsymbol{F}$ 也就称为连续的、可微的，等等. 对于仅定义在 $\mathbb{R}^n$ 的一个开子集上的向量场，也可给出类似的定义. 当分别在每一点处作向量运算时，就产生向量场的运算. 例如，如果 $\boldsymbol{F}$ 和 $\boldsymbol{G}$ 是向量场，而 f 是一个函数，那么我们定义

$$(\boldsymbol{F} + \boldsymbol{G})(\boldsymbol{p}) = \boldsymbol{F}(\boldsymbol{p}) + \boldsymbol{G}(\boldsymbol{p}),$$
$$\langle \boldsymbol{F}, \boldsymbol{G}\rangle(\boldsymbol{p}) = \langle \boldsymbol{F}(\boldsymbol{p}), \boldsymbol{G}(\boldsymbol{p})\rangle,$$
$$(f \cdot \boldsymbol{F})(\boldsymbol{p}) = f(\boldsymbol{p})\boldsymbol{F}(\boldsymbol{p}).$$

如果 $\boldsymbol{F}_1, \cdots, \boldsymbol{F}_{n-1}$ 是 $\mathbb{R}^n$ 上的向量场，那么我们可以类似地定义

$$(\boldsymbol{F}_1 \times \cdots \times \boldsymbol{F}_{n-1})(\boldsymbol{p}) = \boldsymbol{F}_1(\boldsymbol{p}) \times \cdots \times \boldsymbol{F}_{n-1}(\boldsymbol{p}).$$

另外一些定义也是标准的和有用的. 我们定义 $\boldsymbol{F}$ 的**散度** $\operatorname{div} \boldsymbol{F}$ 为 $\sum_{i=1}^n \mathrm{D}_i F^i$. 如果我们引入形式符号

$$\nabla = \sum_{i=1}^n \mathrm{D}_i \cdot \boldsymbol{e}_i,$$

那么散度可以符号化地写成 $\operatorname{div}\boldsymbol{F} = \langle\nabla, \boldsymbol{F}\rangle$. 若 $n=3$，为与这种符号保持一致，我们有

$$\begin{aligned}(\nabla\times\boldsymbol{F})(\boldsymbol{p}) = &(\mathrm{D}_2F^3-\mathrm{D}_3F^2)(\boldsymbol{e}_1)_{\boldsymbol{p}}\\ &+(\mathrm{D}_3F^1-\mathrm{D}_1F^3)(\boldsymbol{e}_2)_{\boldsymbol{p}}\\ &+(\mathrm{D}_1F^2-\mathrm{D}_2F^1)(\boldsymbol{e}_3)_{\boldsymbol{p}}.\end{aligned}$$

向量场 $\nabla\times\boldsymbol{F}$ 称为 $\boldsymbol{F}$ 的**旋度**，记作 $\operatorname{curl}\boldsymbol{F}$. “散度”和“旋度”的名称都出自物理上的考虑，将在第 5 章加以解释.

对于函数 $\boldsymbol{\omega}$，$\boldsymbol{\omega}(\boldsymbol{p})\in\Omega^k(\mathbb{R}^n{}_{\boldsymbol{p}})$，也可以有许多类似的考虑. 这种函数称为 $\mathbb{R}^n$ 上的 k **次形式**，或者简单地说，它是一个**微分形式**. 若 $\varphi_1(\boldsymbol{p}),\cdots,\varphi_n(\boldsymbol{p})$ 是 $(\boldsymbol{e}_1)_{\boldsymbol{p}},\cdots,(\boldsymbol{e}_n)_{\boldsymbol{p}}$ 的对偶基，则

$$\boldsymbol{\omega}(\boldsymbol{p}) = \sum_{i_1<\cdots<i_k}\omega_{i_1,\cdots,i_k}(\boldsymbol{p})\cdot[\varphi_{i_1}(\boldsymbol{p})\wedge\cdots\wedge\varphi_{i_k}(\boldsymbol{p})],$$

其中 $\omega_{i_1,\cdots,i_k}$ 是某些函数. 如果这些函数是连续的或可微的，就说微分形式 $\boldsymbol{\omega}$ 是连续的或可微的，等等. 我们通常默认微分形式和向量场都是可微的，而“可微”总是指“C^∞”. 这是一个简化的假设，使得以后在证明中无须计算一个函数求导了多少次. 和 $\boldsymbol{\omega}+\boldsymbol{\eta}$、积 $f\cdot\boldsymbol{\omega}$ 以及楔积 $\boldsymbol{\omega}\wedge\boldsymbol{\eta}$ 都是按明显的方式定义的. 一个函数 f 看作零次形式，而 $f\cdot\boldsymbol{\omega}$ 也可写作 $f\wedge\boldsymbol{\omega}$.

若 $f:\mathbb{R}^n\to\mathbb{R}$ 是可微的，则 $\mathrm{D}f(\boldsymbol{p})\in\Omega^1(\mathbb{R}^n)$. 作一点细小的改动，我们就得到一个一次形式 $\mathbf{d}f$，定义为

$$\mathbf{d}f(\boldsymbol{p})(\boldsymbol{v}_{\boldsymbol{p}}) = \mathrm{D}f(\boldsymbol{p})(\boldsymbol{v}).$$

让我们特别考虑一下一次形式 $\mathbf{d}\pi^i$. 习惯上，我们把函数 π^i 记作 x^i（在 $\mathbb{R}^3$ 上，时常把 x^1、x^2 和 x^3 记作 x、y 和 z）. 这个记号有着明显的缺点，但使许多经典的结果能用外表同样经典的公式来表示. 因为 $\mathbf{d}x^i(\boldsymbol{p})(\boldsymbol{v}_{\boldsymbol{p}}) = \mathbf{d}\pi^i(\boldsymbol{p})(\boldsymbol{v}_{\boldsymbol{p}}) = \mathrm{D}\pi^i(\boldsymbol{p})(\boldsymbol{v}) = v^i$，所以 $\mathbf{d}x^1(\boldsymbol{p}),\cdots,\mathbf{d}x^n(\boldsymbol{p})$ 正是 $(\boldsymbol{e}_1)_{\boldsymbol{p}},\cdots,(\boldsymbol{e}_n)_{\boldsymbol{p}}$ 的对偶基，于是每个 k 次形式 $\boldsymbol{\omega}$ 都可以写成

$$\boldsymbol{\omega} = \sum_{i_1<\cdots<i_k}\omega_{i_1,\cdots,i_k}\,\mathbf{d}x^{i_1}\wedge\cdots\wedge\mathbf{d}x^{i_k}.$$

$\mathbf{d}f$ 的表达式特别有意思.

定理 4-7 若 $f:\mathbb{R}^n\to\mathbb{R}$ 可微，则

$$\mathbf{d}f = \mathrm{D}_1f\cdot\mathbf{d}x^1+\cdots+\mathrm{D}_nf\cdot\mathbf{d}x^n,$$

或用古典记号写为

$$\mathbf{d}f = \frac{\partial f}{\partial x^1}\,\mathbf{d}x^1+\cdots+\frac{\partial f}{\partial x^n}\,\mathbf{d}x^n.$$

证明 $$\mathbf{d}f(\boldsymbol{p})(\boldsymbol{v_p}) = \mathrm{D}f(\boldsymbol{p})(\boldsymbol{v}) = \sum_{i=1}^{n} v^i \cdot \mathrm{D}_i f(\boldsymbol{p}) = \sum_{i=1}^{n} \mathbf{d}x^i(\boldsymbol{p})(\boldsymbol{v_p}) \cdot \mathrm{D}_i f(\boldsymbol{p}).$$ ■

现在如果考虑一个可微函数 $f:\mathbb{R}^n \to \mathbb{R}^m$，就有一个线性变换 $\mathrm{D}f(\boldsymbol{p}):\mathbb{R}^n \to \mathbb{R}^m$. 因此，再作一点小的修改就得到一个线性变换 $f_*:\mathbb{R}^n{}_{\boldsymbol{p}} \to \mathbb{R}^m{}_{f(\boldsymbol{p})}$，定义如下：

$$f_*(\boldsymbol{v_p}) = (\mathrm{D}f(\boldsymbol{p})(\boldsymbol{v}))_{f(\boldsymbol{p})}.$$

这个线性变换引出另一个线性变换 $f^*:\Omega^k(\mathbb{R}^m{}_{f(\boldsymbol{p})}) \to \Omega^k(\mathbb{R}^n{}_{\boldsymbol{p}})$. 若 $\boldsymbol{\omega}$ 是 $\mathbb{R}^m$ 上的一个 k 次形式，我们就可以定义 $\mathbb{R}^n$ 上的一个 k 次形式 $f^*\boldsymbol{\omega}$ 为 $(f^*\boldsymbol{\omega})(\boldsymbol{p}) = f^*(\boldsymbol{\omega}(f(\boldsymbol{p})))$. 回想一下，这个式子的含义是，对 $\boldsymbol{v}_1, \cdots, \boldsymbol{v}_k \in \mathbb{R}^n{}_{\boldsymbol{p}}$，我们有 $(f^*\boldsymbol{\omega})(\boldsymbol{p})(\boldsymbol{v}_1, \cdots, \boldsymbol{v}_k) = \boldsymbol{\omega}(f(\boldsymbol{p}))(f_*(\boldsymbol{v}_1), \cdots, f_*(\boldsymbol{v}_k))$. 我们现在提出一个定理，它概括了 f^* 的重要性质，能用于直观地计算 $f^*\boldsymbol{\omega}$，作为对这些定义过于抽象的一个矫正.

定理 4-8 *若 $f:\mathbb{R}^n \to \mathbb{R}^m$ 是可微的，则*

(1) $f^*(\mathbf{d}x^i) = \sum_{j=1}^n \mathrm{D}_j f^i \cdot \mathbf{d}x^j = \sum_{j=1}^n \dfrac{\partial f^i}{\partial x^j}\,\mathbf{d}x^j$.

(2) $f^*(\boldsymbol{\omega}_1 + \boldsymbol{\omega}_2) = f^*\boldsymbol{\omega}_1 + f^*\boldsymbol{\omega}_2$.

(3) $f^*(g \cdot \boldsymbol{\omega}) = (g \circ f) \cdot f^*\boldsymbol{\omega}$.

(4) $f^*(\boldsymbol{\omega} \wedge \boldsymbol{\eta}) = (f^*\boldsymbol{\omega}) \wedge (f^*\boldsymbol{\eta})$.

证明 (1)
$$\begin{aligned} f^*(\mathbf{d}x^i)(\boldsymbol{p})(\boldsymbol{v_p}) &= \mathbf{d}x^i(f(\boldsymbol{p}))(f_*(\boldsymbol{v_p})) \\ &= \mathbf{d}x^i(f(\boldsymbol{p}))\left(\textstyle\sum_{j=1}^n v^j \cdot \mathrm{D}_j f^1(\boldsymbol{p}), \cdots, \sum_{j=1}^n v^j \cdot \mathrm{D}_j f^m(\boldsymbol{p})\right)_{f(\boldsymbol{p})} \\ &= \textstyle\sum_{j=1}^n v^j \mathrm{D}_j f^i(\boldsymbol{p}) \\ &= \textstyle\sum_{j=1}^n \mathrm{D}_j f^i(\boldsymbol{p}) \cdot \mathbf{d}x^j(\boldsymbol{p})(\boldsymbol{v_p}). \end{aligned}$$

(2)(3)(4) 留给读者证明. ■

反复应用定理 4-8 就有例如

$$\begin{aligned} f^*(P\,\mathbf{d}x^1 \wedge \mathbf{d}x^2 + Q\,\mathbf{d}x^2 \wedge \mathbf{d}x^3) = (P \circ f)\left[f^*(\mathbf{d}x^1) \wedge f^*(\mathbf{d}x^2)\right] \\ + (Q \circ f)\left[f^*(\mathbf{d}x^2) \wedge f^*(\mathbf{d}x^3)\right]. \end{aligned}$$

把每个 $f^*(\mathbf{d}x^i)$ 都展开非常复杂.（不过记住 $\mathbf{d}x^i \wedge \mathbf{d}x^i = (-1)\mathbf{d}x^i \wedge \mathbf{d}x^i = \mathbf{0}$ 会有所帮助.）在一个特殊情况下，进行直观的计算将是值得的.

定理 4-9 *若 $f:\mathbb{R}^n \to \mathbb{R}^n$ 是可微的，则*

$$f^*(h\,\mathbf{d}x^1 \wedge \cdots \wedge \mathbf{d}x^n) = (h \circ f)(\det f')\mathbf{d}x^1 \wedge \cdots \wedge \mathbf{d}x^n.$$

证明 因为

$$f^*(h\,\mathbf{d}x^1 \wedge \cdots \wedge \mathbf{d}x^n) = (h \circ f)f^*(\mathbf{d}x^1 \wedge \cdots \wedge \mathbf{d}x^n),$$

所以只要证明

$$f^*(\mathbf{d}x^1 \wedge \cdots \wedge \mathbf{d}x^n) = (\det f')\mathbf{d}x^1 \wedge \cdots \wedge \mathbf{d}x^n$$

即可. 令 $\boldsymbol{p} \in \mathbb{R}^n$ 且 $\boldsymbol{A} = (a_{ij})$ 为矩阵 $f'(\boldsymbol{p})$. 从这里开始，凡不会引起误解处，为方便起见，在 $\mathbf{d}x^1 \wedge \cdots \wedge \mathbf{d}x^n(\boldsymbol{p})$ 这类式子中都略去"$\boldsymbol{p}$". 于是由定理 4-6 可得

$$\begin{aligned}
&f^*(\mathbf{d}x^1 \wedge \cdots \wedge \mathbf{d}x^n)(\boldsymbol{e}_1, \cdots, \boldsymbol{e}_n)\\
&= \mathbf{d}x^1 \wedge \cdots \wedge \mathbf{d}x^n(f_*(\boldsymbol{e}_1), \cdots, f_*(\boldsymbol{e}_n))\\
&= \mathbf{d}x^1 \wedge \cdots \wedge \mathbf{d}x^n\left(\sum_{i=1}^n a_{i1}\boldsymbol{e}_i, \cdots, \sum_{i=1}^n a_{in}\boldsymbol{e}_i\right)\\
&= \det(a_{ij}) \cdot \mathbf{d}x^1 \wedge \cdots \wedge \mathbf{d}x^n(\boldsymbol{e}_1, \cdots, \boldsymbol{e}_n).
\end{aligned}$$

■

与微分形式有关的一种重要的运算是把零次形式变为一次形式的算子 $\mathbf{d}$ 的推广. 若

$$\boldsymbol{\omega} = \sum_{i_1<\cdots<i_k} \omega_{i_1,\cdots,i_k} \mathbf{d}x^{i_1} \wedge \cdots \wedge \mathbf{d}x^{i_k},$$

我们定义 $\boldsymbol{\omega}$ 的微分 $\mathbf{d}\boldsymbol{\omega}$ 为下面的 $k+1$ 次形式:

$$\begin{aligned}
\mathbf{d}\boldsymbol{\omega} &= \sum_{i_1<\cdots<i_k} \mathbf{d}\omega_{i_1,\cdots,i_k} \wedge \mathbf{d}x^{i_1} \wedge \cdots \wedge \mathbf{d}x^{i_k}\\
&= \sum_{i_1<\cdots<i_k} \sum_{\alpha=1}^n \mathrm{D}_\alpha(\omega_{i_1,\cdots,i_k}) \cdot \mathbf{d}x^\alpha \wedge \mathbf{d}x^{i_1} \wedge \cdots \wedge \mathbf{d}x^{i_k}.
\end{aligned}$$

定理 4-10 (1) $\mathbf{d}(\boldsymbol{\omega} + \boldsymbol{\eta}) = \mathbf{d}\boldsymbol{\omega} + \mathbf{d}\boldsymbol{\eta}$.

(2) 若 $\boldsymbol{\omega}$ 是一个 k 次形式，$\boldsymbol{\eta}$ 是一个 l 次形式，则

$$\mathbf{d}(\boldsymbol{\omega} \wedge \boldsymbol{\eta}) = \mathbf{d}\boldsymbol{\omega} \wedge \boldsymbol{\eta} + (-1)^k \boldsymbol{\omega} \wedge \mathbf{d}\boldsymbol{\eta}.$$

(3) $\mathbf{d}(\mathbf{d}\boldsymbol{\omega}) = \mathbf{0}$，简记为 $\mathbf{d}^2 = \mathbf{0}$.

(4) 若 $\boldsymbol{\omega}$ 是 $\mathbb{R}^m$ 上的 k 次形式，$f: \mathbb{R}^n \to \mathbb{R}^m$ 是可微的，则

$$f^*(\mathbf{d}\boldsymbol{\omega}) = \mathbf{d}(f^*\boldsymbol{\omega}).$$

证明 (1) 留给读者证明.

(2) 当 $\boldsymbol{\omega} = \mathbf{d}x^{i_1} \wedge \cdots \wedge \mathbf{d}x^{i_k}$，$\boldsymbol{\eta} = \mathbf{d}x^{j_1} \wedge \cdots \wedge \mathbf{d}x^{j_k}$ 时公式成立，因为所有项均为 $\mathbf{0}$. 当 $\boldsymbol{\omega}$ 是零次形式时，公式很容易验证. 一般公式可以从 (1) 以及这两点推出.

(3) 因为

$$\mathbf{d}\boldsymbol{\omega} = \sum_{i_1<\cdots<i_k} \sum_{\alpha=1}^n \mathrm{D}_\alpha(\omega_{i_1,\cdots,i_k})\, \mathbf{d}x^\alpha \wedge \mathbf{d}x^{i_1} \wedge \cdots \wedge \mathbf{d}x^{i_k},$$

所以

$$\mathbf{d}(\mathbf{d}\boldsymbol{\omega}) = \sum_{i_1<\cdots<i_k} \sum_{\alpha=1}^n \sum_{\beta=1}^n \mathrm{D}_{\alpha,\beta}(\omega_{i_1,\cdots,i_k})\, \mathbf{d}x^\beta \wedge \mathbf{d}x^\alpha \wedge \mathbf{d}x^{i_1} \wedge \cdots \wedge \mathbf{d}x^{i_k}.$$

在这个求和中，下面的两项成对抵消：

$$\mathrm{D}_{\alpha,\beta}(\omega_{i_1,\cdots,i_k})\,\mathbf{d}x^{\beta}\wedge\mathbf{d}x^{\alpha}\wedge\mathbf{d}x^{i_1}\wedge\cdots\wedge\mathbf{d}x^{i_k},$$
$$\mathrm{D}_{\beta,\alpha}(\omega_{i_1,\cdots,i_k})\,\mathbf{d}x^{\alpha}\wedge\mathbf{d}x^{\beta}\wedge\mathbf{d}x^{i_1}\wedge\cdots\wedge\mathbf{d}x^{i_k}.$$

(4) 当 $\boldsymbol{\omega}$ 是零次形式时，这是显然的. 用归纳法，假设 (4) 对于 k 次形式成立. 只需证明 (4) 对 $\boldsymbol{\omega}\wedge\mathbf{d}x^i$ 这种类型的 $k+1$ 次形式成立即可. 我们有

$$\begin{aligned} f^*(\mathbf{d}(\boldsymbol{\omega}\wedge\mathbf{d}x^i)) &= f^*(\mathbf{d}\boldsymbol{\omega}\wedge\mathbf{d}x^i+(-1)^k\boldsymbol{\omega}\wedge\mathbf{d}(\mathbf{d}x^i)) \\ &= f^*(\mathbf{d}\boldsymbol{\omega}\wedge\mathbf{d}x^i)=f^*(\mathbf{d}\boldsymbol{\omega})\wedge f^*(\mathbf{d}x^i) \\ &= \mathbf{d}(f^*\boldsymbol{\omega}\wedge f^*(\mathbf{d}x^i)) \qquad \text{由 (2) 和 (3) 得} \\ &= \mathbf{d}(f^*(\boldsymbol{\omega}\wedge\mathbf{d}x^i)). \end{aligned}$$

■

若 $\mathbf{d}\boldsymbol{\omega}=\mathbf{0}$，就称 $\boldsymbol{\omega}$ 为**闭形式**. 若有某个 $\boldsymbol{\eta}$ 使得 $\boldsymbol{\omega}=\mathbf{d}\boldsymbol{\eta}$，就称 $\boldsymbol{\omega}$ 为**恰当形式**. 定理 4-10 说明每个恰当形式都是闭形式. 很自然的一个问题是每个闭形式是否也是恰当形式. 若 $\boldsymbol{\omega}$ 是 $\mathbb{R}^2$ 上的一次形式 $P\,\mathbf{d}x+Q\,\mathbf{d}y$，则

$$\begin{aligned} \mathbf{d}\boldsymbol{\omega} &= (\mathrm{D}_1P\,\mathbf{d}x+\mathrm{D}_2P\,\mathbf{d}y)\wedge\mathbf{d}x+(\mathrm{D}_1Q\,\mathbf{d}x+\mathrm{D}_2Q\,\mathbf{d}y)\wedge\mathbf{d}y \\ &= (\mathrm{D}_1Q-\mathrm{D}_2P)\mathbf{d}x\wedge\mathbf{d}y. \end{aligned}$$

因此，若 $\mathbf{d}\boldsymbol{\omega}=\mathbf{0}$，则必有 $\mathrm{D}_1Q=\mathrm{D}_2P$. 习题 2-21 和习题 3-34 表明，存在一个零次形式 f 使得 $\boldsymbol{\omega}=\mathbf{d}f=\mathrm{D}_1f\,\mathbf{d}x+\mathrm{D}_2f\,\mathbf{d}y$. 然而如果 $\boldsymbol{\omega}$ 只定义在 $\mathbb{R}^2$ 的一个子集上，那么这种函数 f 可能不存在. 定义在 $\mathbb{R}^2-\{\mathbf{0}\}$ 上的微分形式

$$\boldsymbol{\omega}=\frac{-y}{x^2+y^2}\,\mathbf{d}x+\frac{x}{x^2+y^2}\,\mathbf{d}y$$

是一个经典的例子. 它时常记作 $\mathbf{d}\theta$（θ 的定义见习题 3-41），因为它等于 $\mathbf{d}\theta$（习题 4-21），其中 θ 定义在集合 $\{(x,y):x<0,\ \text{或}\ x\geqslant 0\ \text{而}\ y\neq 0\}$ 上. 然而要注意，θ 不可能连续地定义在整个 $\mathbb{R}^2-\{\mathbf{0}\}$ 上. 若有一个 $f:\mathbb{R}^2-\{\mathbf{0}\}\to\mathbb{R}^2$ 存在，使得 $\boldsymbol{\omega}=\mathbf{d}f$，则 $\mathrm{D}_1f=\mathrm{D}_1\theta$，$\mathrm{D}_2f=\mathrm{D}_2\theta$，故 $f=\theta+\text{常数}$，这就证明了这样的 f 不可能存在.

设

$$\boldsymbol{\omega}=\sum_{i=1}^{n}\omega_i\,\mathbf{d}x^i$$

是 $\mathbb{R}^n$ 上的一个一次形式，而 $\boldsymbol{\omega}$ 又等于

$$\mathbf{d}f=\sum_{i=1}^{n}\mathrm{D}_if\cdot\mathbf{d}x^i.$$

很明显可以假设 $f(\mathbf{0})=0$. 和在习题 2-35 中一样，我们有

$$f(\boldsymbol{x})=\int_0^1\frac{\mathrm{d}}{\mathrm{d}t}f(t\boldsymbol{x})\mathrm{d}t$$

$$= \int_0^1 \sum_{i=1}^n \mathrm{D}_i f(t\boldsymbol{x}) \cdot x^i \, \mathrm{d}t$$
$$= \int_0^1 \sum_{i=1}^n \omega_i(t\boldsymbol{x}) \cdot x^i \, \mathrm{d}t.$$

这就启发我们，若给定 $\boldsymbol{\omega}$，为求出 f，就要考虑由

$$\boldsymbol{I\omega}(\boldsymbol{x}) = \int_0^1 \sum_{i=1}^n \omega_i(t\boldsymbol{x}) \cdot x^i \, \mathrm{d}t$$

定义的函数 $\boldsymbol{I\omega}$. 注意，要使 $\boldsymbol{I\omega}$ 的定义有意义，$\boldsymbol{\omega}$ 必须定义在具有下列性质的一个开集 $A \subset \mathbb{R}^n$ 上：只要 $\boldsymbol{x} \in A$，由 $\mathbf{0}$ 到 $\boldsymbol{x}$ 的线段就全在 A 中. 这种开集称为关于 $\mathbf{0}$ 的**星形开集**（图 4-3）. 用稍微复杂一点的计算就能证明，（在一个星形开集上）只要 $\boldsymbol{\omega}$ 满足必要条件 $\mathbf{d}\boldsymbol{\omega} = \mathbf{0}$，就有 $\boldsymbol{\omega} = \mathbf{d}(\boldsymbol{I\omega})$. $\boldsymbol{I\omega}$ 的定义和计算一样都可以大大推广.

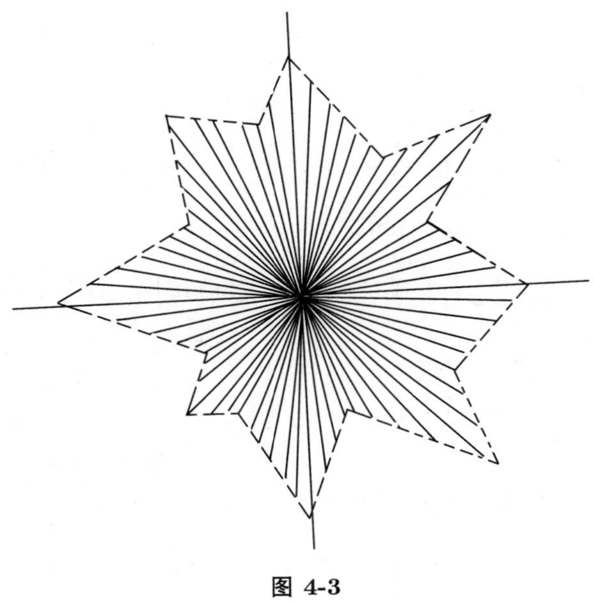

图 4-3

定理 4-11 (庞加莱引理) *若 $A \subset \mathbb{R}^n$ 是关于 $\mathbf{0}$ 的星形开集，则 A 上的每个闭形式都是恰当的.*

证明 我们将定义把 l 次形式映射到 $l-1$ 次形式的一个线性变换 $\boldsymbol{I}$，使得 $\boldsymbol{I}(\mathbf{0}) = \mathbf{0}$，且对任何形式 $\boldsymbol{\omega}$ 有 $\boldsymbol{\omega} = \boldsymbol{I}(\mathbf{d}\boldsymbol{\omega}) + \mathbf{d}(\boldsymbol{I\omega})$. 由此可知，若 $\mathbf{d}\boldsymbol{\omega} = \mathbf{0}$，则

$\boldsymbol{\omega} = \mathbf{d}(\boldsymbol{I}\boldsymbol{\omega})$. 令

$$\boldsymbol{\omega} = \sum_{i_1<\cdots<i_l} \omega_{i_1,\cdots,i_l}\, \mathbf{d}x^{i_1} \wedge \cdots \wedge \mathbf{d}x^{i_l}.$$

因为 A 是星形的，所以我们可以定义

$$\boldsymbol{I}\boldsymbol{\omega} = \sum_{i_1<\cdots<i_l} \sum_{\alpha=1}^{l} (-1)^{\alpha-1} \left(\int_0^1 t^{l-1}\omega_{i_1,\cdots,i_l}(t\boldsymbol{x})\mathrm{d}t\right) x^{i_\alpha}$$
$$\mathbf{d}x^{i_1} \wedge \cdots \wedge \widehat{\mathbf{d}x^{i_\alpha}} \wedge \cdots \wedge \mathbf{d}x^{i_l}.$$

（符号 $\widehat{\mathbf{d}x^{i_\alpha}}$ 表示把 $\mathbf{d}x^{i_\alpha}$ 删去.）要证 $\boldsymbol{\omega} = \boldsymbol{I}(\mathbf{d}\boldsymbol{\omega}) + \mathbf{d}(\boldsymbol{I}\boldsymbol{\omega})$，只需进行详尽的计算：利用习题 3-32，有

$$\mathbf{d}(\boldsymbol{I}\boldsymbol{\omega})(\boldsymbol{x}) = l \cdot \sum_{i_1<\cdots<i_l} \left(\int_0^1 t^{l-1}\omega_{i_1,\cdots,i_l}(t\boldsymbol{x})\mathrm{d}t\right) \mathbf{d}x^{i_1} \wedge \cdots \wedge \mathbf{d}x^{i_l}$$
$$+ \sum_{i_1<\cdots<i_l} \sum_{\alpha=1}^{l} \sum_{j=1}^{n} (-1)^{\alpha-1} \left(\int_0^1 t^l \mathrm{D}_j(\omega_{i_1,\cdots,i_l})(t\boldsymbol{x})\mathrm{d}t\right) x^{i_\alpha}$$
$$\mathbf{d}x^j \wedge \mathbf{d}x^{i_1} \wedge \cdots \wedge \widehat{\mathbf{d}x^{i_\alpha}} \wedge \cdots \wedge \mathbf{d}x^{i_l}.$$

（说明为何出现因子 t^l 而不是 t^{l-1}.）我们还有

$$\mathbf{d}\boldsymbol{\omega} = \sum_{i_1<\cdots<i_l} \sum_{j=1}^{n} \mathrm{D}_j(\omega_{i_1,\cdots,i_l}) \cdot \mathbf{d}x^j \wedge \mathbf{d}x^{i_1} \wedge \cdots \wedge \mathbf{d}x^{i_l}.$$

把 $\boldsymbol{I}$ 作用于 $l+1$ 次形式 $\mathbf{d}\boldsymbol{\omega}$，我们有

$$\boldsymbol{I}(\mathbf{d}\boldsymbol{\omega})(\boldsymbol{x}) = \sum_{i_1<\cdots<i_l} \sum_{j=1}^{n} \left(\int_0^1 t^l \mathrm{D}_j(\omega_{i_1,\cdots,i_l})(t\boldsymbol{x})\mathrm{d}t\right) x^j\, \mathbf{d}x^{i_1} \wedge \cdots \wedge \mathbf{d}x^{i_l}$$
$$- \sum_{i_1<\cdots<i_l} \sum_{j=1}^{n} \sum_{\alpha=1}^{l} (-1)^{\alpha-1} \left(\int_0^1 t^l \mathrm{D}_j(\omega_{i_1,\cdots,i_l})(t\boldsymbol{x})\mathrm{d}t\right) x^{i_\alpha}$$
$$\mathbf{d}x^j \wedge \mathbf{d}x^{i_1} \wedge \cdots \wedge \widehat{\mathbf{d}x^{i_\alpha}} \wedge \cdots \wedge \mathbf{d}x^{i_l}.$$

把 $\mathbf{d}(\boldsymbol{I}\boldsymbol{\omega})$ 和 $\boldsymbol{I}(\mathbf{d}\boldsymbol{\omega})$ 相加，三重和就会消去，得到

$$\mathbf{d}(\boldsymbol{I}\boldsymbol{\omega}) + \boldsymbol{I}(\mathbf{d}\boldsymbol{\omega}) = \sum_{i_1<\cdots<i_l} l \cdot \left(\int_0^1 t^{l-1}\omega_{i_1,\cdots,i_l}(t\boldsymbol{x})\mathrm{d}t\right) \mathbf{d}x^{i_1} \wedge \cdots \wedge \mathbf{d}x^{i_l}$$
$$+ \sum_{i_1<\cdots<i_l} \sum_{j=1}^{n} \left(\int_0^1 t^l x^j \mathrm{D}_j(\omega_{i_1,\cdots,i_l})(t\boldsymbol{x})\mathrm{d}t\right) \mathbf{d}x^{i_1} \wedge \cdots \wedge \mathbf{d}x^{i_l}$$
$$= \sum_{i_1<\cdots<i_l} \left(\int_0^1 \frac{\mathrm{d}}{\mathrm{d}t}\left[t^l \omega_{i_1,\cdots,i_l}(t\boldsymbol{x})\right] \mathrm{d}t\right) \mathbf{d}x^{i_1} \wedge \cdots \wedge \mathbf{d}x^{i_l}$$
$$= \sum_{i_1<\cdots<i_l} \omega_{i_1,\cdots,i_l} \mathbf{d}x^{i_1} \wedge \cdots \wedge \mathbf{d}x^{i_l} = \boldsymbol{\omega}.$$

■

习题

4-13. (a) 若 $f:\mathbb{R}^n\to\mathbb{R}^m$，$g:\mathbb{R}^m\to\mathbb{R}^p$，求证 $(g\circ f)_*=g_*\circ f_*$ 且 $(g\circ f)^*=f^*\circ g^*$.

(b) 若 $f,g:\mathbb{R}^n\to\mathbb{R}$，证明 $\mathbf{d}(f\cdot g)=f\cdot\mathbf{d}g+g\cdot\mathbf{d}f$.

4-14. 令 c 为 $\mathbb{R}^n$ 中的可微曲线，即可微函数 $c:[0,1]\to\mathbb{R}^n$. 定义 c 在 t 处的切向量 $\boldsymbol{v}$ 为 $c_*((e_1)_t)=((c^1)'(t),\cdots,(c^n)'(t))_{c(t)}$. 若 $f:\mathbb{R}^n\to\mathbb{R}^m$，证明 $f\circ c$ 在 t 处的切向量是 $f_*(\boldsymbol{v})$.

4-15. 令 $f:\mathbb{R}\to\mathbb{R}$，并定义 $c:\mathbb{R}\to\mathbb{R}^2$ 为 $c(t)=(t,f(t))$. 证明 c 在 t 处的切向量的终点位于 f 的图像在 $(t,f(t))$ 处的切线上.

4-16. 令 $c:[0,1]\to\mathbb{R}^n$ 为一条曲线，使得对一切 t 有 $|c(t)|=1$. 证明 $c(t)_{c(t)}$ 与 c 在 t 处的切向量垂直.

4-17. 若 $f:\mathbb{R}^n\to\mathbb{R}^n$，定义向量场 $\boldsymbol{f}$ 为 $\boldsymbol{f}(\boldsymbol{p})=f(\boldsymbol{p})_{\boldsymbol{p}}\in\mathbb{R}^n{}_{\boldsymbol{p}}$.

(a) 证明 $\mathbb{R}^n$ 上的每个向量场 $\boldsymbol{F}$ 都形如由某个 f 得到的 $\boldsymbol{f}$.

(b) 证明 $\operatorname{div}\boldsymbol{f}=\operatorname{trace}f'$.

4-18. 若 $f:\mathbb{R}^n\to\mathbb{R}$，定义向量场 $\operatorname{grad}f$ 为

$$(\operatorname{grad}f)(\boldsymbol{p})=\mathrm{D}_1f(\boldsymbol{p})\cdot(\boldsymbol{e}_1)_{\boldsymbol{p}}+\cdots+\mathrm{D}_nf(\boldsymbol{p})\cdot(\boldsymbol{e}_n)_{\boldsymbol{p}}.$$

出于显而易见的理由，我们把 $\operatorname{grad}f$ 写作 ∇f. 若 $\nabla f(\boldsymbol{p})=\boldsymbol{w}_{\boldsymbol{p}}$，证明 $\mathrm{D}_{\boldsymbol{v}}f(\boldsymbol{p})=\langle\boldsymbol{v},\boldsymbol{w}\rangle$，并证明 $\nabla f(\boldsymbol{p})$ 的方向是 f 在 $\boldsymbol{p}$ 处变化最快的方向.

4-19. 若 $\boldsymbol{F}$ 是 $\mathbb{R}^3$ 上的一个向量场，定义微分形式

$$\begin{aligned}\boldsymbol{\omega}_{\boldsymbol{F}}^1&=F^1\,\mathbf{d}x+F^2\,\mathbf{d}y+F^3\,\mathbf{d}z,\\ \boldsymbol{\omega}_{\boldsymbol{F}}^2&=F^1\,\mathbf{d}y\wedge\mathbf{d}z+F^2\,\mathbf{d}z\wedge\mathbf{d}x+F^3\,\mathbf{d}x\wedge\mathbf{d}y.\end{aligned}$$

(a) 求证

$$\begin{aligned}\mathbf{d}f&=\boldsymbol{\omega}_{\operatorname{grad}f}^1,\\ \mathbf{d}(\boldsymbol{\omega}_{\boldsymbol{F}}^1)&=\boldsymbol{\omega}_{\operatorname{curl}\boldsymbol{F}}^2,\\ \mathbf{d}(\boldsymbol{\omega}_{\boldsymbol{F}}^2)&=(\operatorname{div}\boldsymbol{F})\,\mathbf{d}x\wedge\mathbf{d}y\wedge\mathbf{d}z.\end{aligned}$$

(b) 利用 (a) 求证

$$\begin{aligned}\operatorname{curl}\operatorname{grad}f&=\mathbf{0},\\ \operatorname{div}\operatorname{curl}\boldsymbol{F}&=0.\end{aligned}$$

(c) 若 $\boldsymbol{F}$ 是星形开集 A 上的向量场，且 $\operatorname{curl}\boldsymbol{F}=\mathbf{0}$，证明存在某函数 $f:A\to\mathbb{R}$ 使得 $\boldsymbol{F}=\operatorname{grad}f$. 类似地，若 $\operatorname{div}\boldsymbol{F}=0$，证明存在 A 上

的某向量场 $\boldsymbol{G}$ 使得 $\boldsymbol{F} = \operatorname{curl} \boldsymbol{G}$.

4-20. 令 $f: U \to \mathbb{R}^n$ 是可微函数，其中 U 是 $\mathbb{R}^n$ 的开子集，并且 f 有可微逆 $f^{-1}: f(U) \to \mathbb{R}^n$. 假设在 U 上的每个闭形式都是恰当的，求证在 $f(U)$ 上也如此. 提示：若 $\mathbf{d}\boldsymbol{\omega} = \mathbf{0}$，$f^*\boldsymbol{\omega} = \mathbf{d}\boldsymbol{\eta}$，考虑 $(f^{-1})^*\boldsymbol{\eta}$.

***4-21.** 证明在 θ 有定义的集合上恒有

$$\mathbf{d}\theta = \frac{-y}{x^2+y^2}\,\mathbf{d}x + \frac{x}{x^2+y^2}\,\mathbf{d}y.$$

4.3　几何预备知识

$A \subset \mathbb{R}^n$ 中的**奇异 n 维立方体**就是一个连续函数 $c: [0,1]^n \to A$（这里 $[0,1]^n$ 表示 n 重乘积 $[0,1] \times \cdots \times [0,1]$）. $\mathbb{R}^0$ 和 $[0,1]^0$ 都表示 $\{0\}$. A 中的一个奇异零维立方体就是一个函数 $f: \{0\} \to A$，也就是 A 中一个点. 奇异一维立方体时常叫作**曲线**. 一个特别简单而又特别重要的 $\mathbb{R}^n$ 中的奇异 n 维立方体的例子是**标准 n 维立方体** $I^n: [0,1]^n \to \mathbb{R}^n$，定义为 $I^n(\boldsymbol{x}) = \boldsymbol{x}$, $\boldsymbol{x} \in [0,1]^n$.

我们需要考虑 A 中的整系数奇异 n 维立方体的和，也就是形如

$$2c_1 + 3c_2 - 4c_3$$

的表达式，其中 c_1, c_2, c_3 都是 A 中的奇异 n 维立方体. 这种具有整系数的奇异 n 维立方体的有限和称为 A 中的一个 n **维链**[①]. 特别是，一个奇异 n 维立方体 c 也可以看作 n 维链 $1 \cdot c$. n 维链如何相加和如何与整数相乘都是明显的. 例如

$$2(c_1 + 3c_4) + (-2)(c_1 + c_3 + c_2) = -2c_2 - 2c_3 + 6c_4.$$

（习题 4-22 是这种形式计算的严格叙述.）

对于 A 中的每个奇异 n 维链 c，定义 A 中的一个 $n-1$ 维链为 c 的**边缘**，记作 ∂c. 例如 I^2 的边缘可定义为依逆时针方向围在 $[0,1]^2$ 的边界上的四个奇异一维立方体，如图 4-4a 所示. 其实，像图 4-4b 那样，定义 ∂I^2 为具有指定系数的这四个奇异一维立方体的和要方便得多. 要给出 ∂I^2 的准确定义需要一些预备性概念. 对于 $1 \leqslant i \leqslant n$ 的每个 i，我们定义两个奇异 $n-1$ 维立方体 $I^n_{(i,0)}$、$I^n_{(i,1)}$ 如下：若 $\boldsymbol{x} \in [0,1]^{n-1}$，则

$$I^n_{(i,0)}(\boldsymbol{x}) = I^n(x^1, \cdots, x^{i-1}, 0, x^i, \cdots, x^{n-1}) = (x^1, \cdots, x^{i-1}, 0, x^i, \cdots, x^{n-1}),$$
$$I^n_{(i,1)}(\boldsymbol{x}) = I^n(x^1, \cdots, x^{i-1}, 1, x^i, \cdots, x^{n-1}) = (x^1, \cdots, x^{i-1}, 1, x^i, \cdots, x^{n-1}).$$

① 更具体地说，叫作**奇异 n 维链**. ——译者注

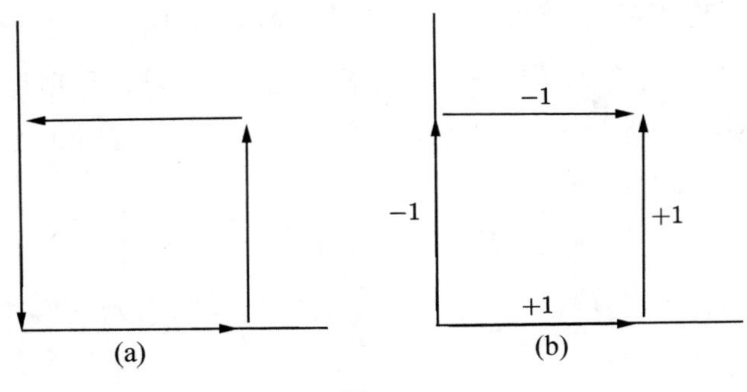

图 4-4

我们把 $I^n_{(i,0)}$ 和 $I^n_{(i,1)}$ 分别称为 I^n 的 $(i,0)$ 面和 $(i,1)$ 面（图 4-5），然后定义

$$\partial I^n = \sum_{i=1}^{n} \sum_{\alpha=0,1} (-1)^{i+\alpha} I^n_{(i,\alpha)}.$$

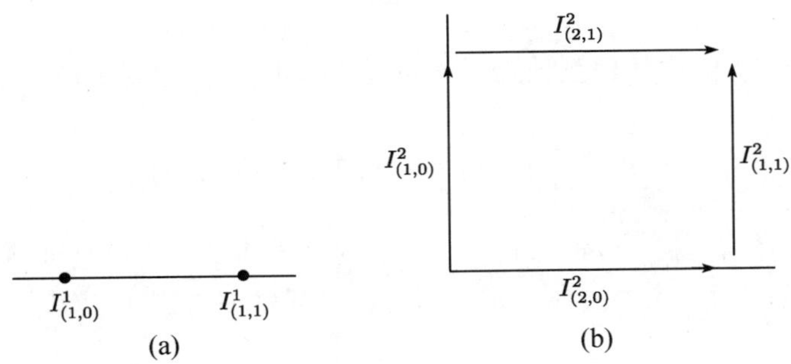

图 4-5

对于一般的奇异 n 维立方体 $c : [0,1]^n \to A$，我们先定义其 (i,α) 面为

$$c_{(i,\alpha)} = c \circ (I^n_{(i,\alpha)}),$$

再定义

$$\partial c = \sum_{i=1}^{n} \sum_{\alpha=0,1} (-1)^{i+\alpha} c_{(i,\alpha)},$$

最后定义 n 维链 $\sum_i a_i c_i$ 的边缘为

$$\partial \left(\sum_i a_i c_i \right) = \sum_i a_i \partial(c_i).$$

虽然这里的少数几个定义对于本书的应用已经足够，但我们还是在这里介绍一下 ∂ 的一个标准性质.

定理 4-12　若 c 是 A 中的一个 n 维链，则 $\partial(\partial c)=\mathbf{0}$. 简记为 $\partial^2=\mathbf{0}$.

证明　设 $i\leqslant j$ 并考虑 $\left(I^n_{(i,\alpha)}\right)_{(j,\beta)}$. 若 $\boldsymbol{x}\in[0,1]^{n-2}$，根据奇异 n 维立方体的 (j,β) 面的定义，我们有

$$\begin{aligned}\left(I^n_{(i,\alpha)}\right)_{(j,\beta)}(\boldsymbol{x})&=I^n_{(i,\alpha)}\left(I^{n-1}_{(j,\beta)}(\boldsymbol{x})\right)\\&=I^n_{(i,\alpha)}\left(x^1,\cdots,x^{j-1},\beta,x^j,\cdots,x^{n-2}\right)\\&=I^n\left(x^1,\cdots,x^{i-1},\alpha,x^i,\cdots,x^{j-1},\beta,x^j,\cdots,x^{n-2}\right).\end{aligned}$$

类似地，有

$$\begin{aligned}\left(I^n_{(j+1,\beta)}\right)_{(i,\alpha)}(\boldsymbol{x})&=I^n_{(j+1,\beta)}\left(I^{n-1}_{(i,\alpha)}(\boldsymbol{x})\right)\\&=I^n_{(j+1,\beta)}\left(x^1,\cdots,x^{i-1},\alpha,x^i,\cdots,x^{n-2}\right)\\&=I^n\left(x^1,\cdots,x^{i-1},\alpha,x^i,\cdots,x^{j-1},\beta,x^j,\cdots,x^{n-2}\right).\end{aligned}$$

因此，当 $i\leqslant j$ 时 $\left(I^n_{(i,\alpha)}\right)_{(j,\beta)}=\left(I^n_{(j+1,\beta)}\right)_{(i,\alpha)}$.（在图 4-5 上检验这一点是有帮助的.）由此可见，对任何奇异 n 维立方体 c，当 $i\leqslant j$ 时 $\left(c_{(i,\alpha)}\right)_{(j,\beta)}=\left(c_{(j+1,\beta)}\right)_{(i,\alpha)}$. 现在来看

$$\begin{aligned}\partial(\partial c)&=\partial\left(\sum_{i=1}^{n}\sum_{\alpha=0,1}(-1)^{i+\alpha}c_{(i,\alpha)}\right)\\&=\sum_{i=1}^{n}\sum_{\alpha=1}\sum_{j=1}^{n-1}\sum_{\beta=0,1}(-1)^{i+\alpha+j+\beta}\left(c_{(i,\alpha)}\right)_{(j,\beta)}.\end{aligned}$$

在这个求和中，$\left(c_{(i,\alpha)}\right)_{(j,\beta)}$ 和 $\left(c_{(j+1,\beta)}\right)_{(i,\alpha)}$ 的符号相反，所以所有项都成对地抵消，从而得到 $\partial(\partial c)=\mathbf{0}$. 因此，定理对任何奇异 n 维立方体都成立，它对奇异 n 维链也成立. ■

我们很自然会问，定理 4-12 的逆是否成立：若 $\partial c=\mathbf{0}$，是否有 A 中的链 d，使得 $c=\partial d$? 答案与 A 有关，一般是不成立的. 例如，定义 $c:[0,1]\to\mathbb{R}^2-\{\mathbf{0}\}$ 为 $c(t)=(\sin 2\pi nt,\cos 2\pi nt)$，其中 n 是非零整数. 此时 $c(1)=c(0)$，因而 $\partial c=\mathbf{0}$. 但是（习题 4-26）不存在 $\mathbb{R}^2-\{\mathbf{0}\}$ 中的二维链 c' 使得 $\partial c'=c$.

习题

4-22. 令 $\mathcal{S}$ 表示所有奇异 n 维立方体的集合，$\mathbb{Z}$ 为整数集. n 维链就是一个函数 $f:\mathcal{S}\to\mathbb{Z}$ 使得除有限多个 c 以外有 $f(c)=0$（$c\in\mathcal{S}$）. 定义 $f+g$ 和 nf（$n\in\mathbb{Z}$）为 $(f+g)(c)=f(c)+g(c)$ 和 $(nf)(c)=n\cdot f(c)$. 证明当 f 和 g 是 n 维链时，$f+g$ 和 nf 都是 n 维链. 若 $c\in\mathcal{S}$，我们就用 c 来表示这样的函数 $f:\mathcal{S}\to\mathbb{Z}$：$f(c)=1$，而当 $c'\neq c$ 时 $f(c')=0$. 证明每个

n 维链 f 都可以写作 $a_1c_1+\cdots+a_kc_k$，其中 $a_1,\cdots,a_k$ 是整数，$c_1,\cdots,c_k$ 是奇异 n 维立方体.

4-23. 对于 $R>0$ 和整数 $n\neq 0$，定义奇异一维立方体 $c_{R,n}:[0,1]\to\mathbb{R}^2-\{\mathbf{0}\}$ 为 $c_{R,n}(t)=(R\cos 2\pi nt, R\sin 2\pi nt)$. 证明必有一个奇异二维立方体 $c:[0,1]^2\to\mathbb{R}^2-\{\mathbf{0}\}$ 使得 $c_{R_1,n}-c_{R_2,n}=\partial c$.

4-24. 若 c 是 $\mathbb{R}^2-\{\mathbf{0}\}$ 中的一个奇异一维立方体，且 $c(0)=c(1)$，证明必有一个整数 n 使得 $c-c_{1,n}=\partial c^2$，其中 c^2 是某个二维链. 提示：先划分 $[0,1]$ 使得每个 $c([t_{i-1},t_i])$ 都包含在经过 $\mathbf{0}$ 的某条直线的一侧.

4.4 微积分基本定理

且不说符号 $\mathbf{d}$ 和 ∂ 的相似性，单看 $\mathbf{d}^2=\mathbf{0}$ 和 $\partial^2=\mathbf{0}$ 这件事，也启发我们看出链和微分形式之间有某种联系. 在链上对微分形式积分就可以建立起这种联系. 以后将只考虑可微的奇异 n 维立方体. ①

若 $\boldsymbol{\omega}$ 是 $[0,1]^k$ 上的 k 次形式，则有一个唯一的函数 f 使得 $\boldsymbol{\omega}=f\,\mathbf{d}x^1\wedge\cdots\wedge\mathbf{d}x^k$. 我们定义

$$\int_{[0,1]^k}\boldsymbol{\omega}=\int_{[0,1]^k}f,$$

也可以把这个式子写作

$$\int_{[0,1]^k}f\,\mathbf{d}x^1\wedge\cdots\wedge\mathbf{d}x^k=\int_{[0,1]^k}f(x^1,\cdots,x^k)\mathrm{d}x^1\cdots\mathrm{d}x^k,$$

这也是在微分形式的定义中要引入函数 x^i 的理由之一.

如果 $\boldsymbol{\omega}$ 是 A 上的 k 次形式，c 是 A 中的奇异 k 维立方体，我们定义

$$\int_c\boldsymbol{\omega}=\int_{[0,1]^k}c^*\boldsymbol{\omega}.$$

特别地，注意

$$\begin{aligned}\int_{I^k}f\,\mathbf{d}x^1\wedge\cdots\wedge\mathbf{d}x^k&=\int_{[0,1]^k}(I^k)^*(f\,\mathbf{d}x^1\wedge\cdots\wedge\mathbf{d}x^k)\\&=\int_{[0,1]^k}f(x^1,\cdots,x^k)\mathrm{d}x^1\cdots\mathrm{d}x^k.\end{aligned}$$

对 $k=0$ 必须给出一个特别的定义. 一个零次形式 $\boldsymbol{\omega}$ 就是一个函数. 如果 $c:\{0\}\to A$ 是 A 中的奇异零维立方体，我们定义

$$\int_c\boldsymbol{\omega}=\boldsymbol{\omega}(c(0)).$$

① 指作为奇异 n 维立方体定义的函数 $c:[0,1]^n\to A$ 是可微的. ——译者注

$\boldsymbol{\omega}$ 在一个 k 维链 $c=\sum_i a_i c_i$ 上的积分的定义是

$$\int_c \boldsymbol{\omega} = \sum_i a_i \int_{c_i} \boldsymbol{\omega}.$$

一维链上的一次形式的积分时常称为**线积分**. 如果 $P\,\mathbf{d}x+Q\,\mathbf{d}y$ 是 $\mathbb{R}^2$ 上的一次形式，$c:[0,1]\to\mathbb{R}^2$ 是奇异一维立方体（曲线），那么我们可以证明（但是不去证它）

$$\begin{aligned}\int_c P\,\mathbf{d}x+Q\,\mathbf{d}y = \lim_{n\to\infty}\sum_{i=1}^{n} &\left[c^1(t_i)-c^1(t_{i-1})\right]\cdot P(c(t^i))\\ &+\left[c^2(t_i)-c^2(t_{i-1})\right]\cdot Q(c(t^i)),\end{aligned}$$

其中 $t_0,\cdots,t_n$ 是 $[0,1]$ 的一个划分，t^i 可在 $[t_{i-1},t_i]$ 中任意选取，极限对所有划分在最大的 $|t_i-t_{i-1}|$ 趋于 0 时取得. 上式的右边时常作为 $\int_c P\,\mathbf{d}x+Q\,\mathbf{d}y$ 的定义. 因为这些和很像通常的积分定义中出现的和，所以这样的定义是很自然的. 但是这样一个表达式几乎无法使用，而且我们很快就发现它等于与 $\int_{[0,1]} c^*(P\,\mathbf{d}x+Q\,\mathbf{d}y)$ 等价的一个积分. **面积分**，即奇异二维立方体上的二次形式的积分，也有类似的定义. 它更复杂，更难以应用. 这就是我们避免采用这种方法的一个理由. 另一个理由是，这里给出的定义对第 5 章中所考虑的更一般的情况也有意义.

微分形式、链、$\mathbf{d}$ 和 ∂ 之间的关系以一种最简洁的方式被概括在斯托克斯定理中，这个定理有时称为高维微积分基本定理（若 $k=1$，$c=I^1$，它确实就是微积分基本定理）.

定理 4-13 (斯托克斯定理) *若 $\boldsymbol{\omega}$ 是开集 $A\subset\mathbb{R}^n$ 上的一个 $k-1$ 次形式，c 是 A 中的 k 维链，则*

$$\int_c \mathbf{d}\boldsymbol{\omega} = \int_{\partial c} \boldsymbol{\omega}.$$

证明　先设 $c=I^k$，$\boldsymbol{\omega}$ 是 $[0,1]^k$ 上的一个 $k-1$ 次形式，那么 $\boldsymbol{\omega}$ 就是形如

$$f\,\mathbf{d}x^1\wedge\cdots\wedge\widehat{\mathbf{d}x^i}\wedge\cdots\wedge\mathbf{d}x^k$$

的 $k-1$ 次形式的和. 只要对每个类型的 $k-1$ 次形式证明本定理即可. 这只涉及一些计算.

注意到

$$\begin{aligned}&\int_{[0,1]^{k-1}} {I^k_{(j,\alpha)}}^*\left(f\,\mathbf{d}x^1\wedge\cdots\wedge\widehat{\mathbf{d}x^i}\wedge\cdots\wedge\mathbf{d}x^k\right)\\ &\qquad=\begin{cases}0, & \text{若 } j\neq i,\\ \int_{[0,1]^k} f\left(x^1,\cdots,\alpha,\cdots,x^k\right)\mathrm{d}x^1\cdots\mathrm{d}x^k, & \text{若 } j=i.\end{cases}\end{aligned}$$

因此

$$
\begin{aligned}
&\int_{\partial I^k} f\,\mathbf{d}x^1 \wedge \cdots \wedge \widehat{\mathbf{d}x^i} \wedge \cdots \wedge \mathbf{d}x^k \\
&\quad = \sum_{j=1}^{k} \sum_{\alpha=0,1} (-1)^{j+\alpha} \int_{[0,1]^{k-1}} {I^k_{(j,\alpha)}}^* \left(f\,\mathbf{d}x^1 \wedge \cdots \wedge \widehat{\mathbf{d}x^i} \wedge \cdots \wedge \mathbf{d}x^k\right) \\
&\quad = (-1)^{i+1} \int_{[0,1]^k} f(x^1, \cdots, 1, \cdots, x^k)\mathrm{d}x^1 \cdots \mathrm{d}x^k \\
&\qquad + (-1)^i \int_{[0,1]^k} f(x^1, \cdots, 0, \cdots, x^k)\mathrm{d}x^1 \cdots \mathrm{d}x^k.
\end{aligned}
$$

此外，

$$
\begin{aligned}
&\int_{I^k} \mathbf{d}\left(f\,\mathbf{d}x^1 \wedge \cdots \wedge \widehat{\mathbf{d}x^i} \wedge \cdots \wedge \mathbf{d}x^k\right) \\
&\quad = \int_{[0,1]^k} \mathrm{D}_i f\,\mathbf{d}x^i \wedge \mathbf{d}x^1 \wedge \cdots \wedge \widehat{\mathbf{d}x^i} \wedge \cdots \wedge \mathbf{d}x^k \\
&\quad = (-1)^{i-1} \int_{[0,1]^k} \mathrm{D}_i f.
\end{aligned}
$$

根据富比尼定理和（一维）微积分基本定理，有

$$
\begin{aligned}
&\int_{I^k} \mathbf{d}\left(f\,\mathbf{d}x^1 \wedge \cdots \wedge \widehat{\mathbf{d}x^i} \wedge \cdots \wedge \mathbf{d}x^k\right) \\
&\quad = (-1)^{i-1} \int_0^1 \cdots \left(\int_0^1 \mathrm{D}_i f(x^1, \cdots, x^k)\mathrm{d}x^i\right) \mathbf{d}x^1 \wedge \cdots \wedge \widehat{\mathbf{d}x^i} \wedge \cdots \wedge \mathbf{d}x^k \\
&\quad = (-1)^{i-1} \int_0^1 \cdots \int_0^1 \big[f(x^1, \cdots, 1, \cdots, x^k) \\
&\qquad\qquad - f(x^1, \cdots, 0, \cdots, x^k)\big] \mathbf{d}x^1 \wedge \cdots \wedge \widehat{\mathbf{d}x^i} \wedge \cdots \wedge \mathbf{d}x^k \\
&\quad = (-1)^{i-1} \int_{[0,1]^k} f(x^1, \cdots, 1, \cdots, x^k)\mathrm{d}x^1 \cdots \mathrm{d}x^k \\
&\qquad + (-1)^i \int_{[0,1]^k} f(x^1, \cdots, 0, \cdots, x^k)\mathrm{d}x^1 \cdots \mathrm{d}x^k.
\end{aligned}
$$

因此

$$\int_{I^k} \boldsymbol{\omega} = \int_{\partial I^k} \boldsymbol{\omega}.$$

若 c 是任意的一个奇异 k 维立方体，则由定义可得

$$\int_{\partial c} \boldsymbol{\omega} = \int_{\partial I^k} c^* \boldsymbol{\omega}.$$

因此

$$\int_c \mathbf{d}\boldsymbol{\omega} = \int_{I^k} c^*(\mathbf{d}\boldsymbol{\omega}) = \int_{I^k} \mathbf{d}(c^*\boldsymbol{\omega}) = \int_{\partial I^k} c^*\boldsymbol{\omega} = \int_{\partial c} \boldsymbol{\omega}.$$

最后，若 c 是一个 k 维链 $\sum_i a_i c_i$，则有

$$\int_c \mathbf{d}\boldsymbol{\omega} = \sum_i a_i \int_{c_i} \mathbf{d}\boldsymbol{\omega} = \sum_i a_i \int_{\partial c_i} \boldsymbol{\omega} = \int_{\partial c} \boldsymbol{\omega}.$$

■

斯托克斯定理和经过充分演化的许多重大定理一样，具有三种属性：

1. 它几乎是自明的；
2. 它之所以是自明的，是因为其中出现的术语都有适当的定义；
3. 它具有重要的推论.

整个这一章几乎只是介绍一连串的定义，而正是这些定义使得叙述和证明斯托克斯定理成为可能，所以读者应该会承认斯托克斯定理的前两种属性. 这本书余下的部分将致力于论证它的第三种属性.

习题

4-25.（参数化的独立性）令 c 为一个奇异 k 维立方体，$p:[0,1]^k\to[0,1]^k$ 是一个一一映射使得 $p\left([0,1]^k\right)=[0,1]^k$，且 $\det p'(\boldsymbol{x})\geqslant 0$, $\boldsymbol{x}\in[0,1]^k$. 若 $\boldsymbol{\omega}$ 是一个 k 次形式，求证

$$\int_c \boldsymbol{\omega}=\int_{c\circ p}\boldsymbol{\omega}.$$

4-26. 证明 $\int_{c_{R,n}}\mathbf{d}\theta=2\pi n$，并应用斯托克斯定理证明对 $\mathbb{R}^2-\{\mathbf{0}\}$ 中的任何二维链 c 有 $c_{R,n}\neq\partial c$（$c_{R,n}$ 的定义见习题 4-23）.

4-27. 证明习题 4-24 中的整数 n 是唯一的. 它称为 c 关于 $\mathbf{0}$ 的卷绕数.

4-28. 回想一下，复数集 $\mathbb{C}$ 就是 $\mathbb{R}^2$，只是记 (a,b) 为 $a+b\mathrm{i}$. 若 $a_1,\cdots,a_n\in\mathbb{C}$，令 $f:\mathbb{C}\to\mathbb{C}$ 为 $f(z)=z^n+a_1z^{n-1}+\cdots+a_n$. 定义奇异一维立方体 $c_{R,f}:[0,1]\to\mathbb{C}-\{0\}$ 为 $c_{R,f}=f\circ c_{R,t}$，又定义奇异二维立方体 c 为 $c(s,t)=t\cdot c_{R,n}(s)+(1-t)c_{R,f}(s)$.

(a) 求证：只要 R 充分大，就有 $\partial c=c_{R,f}-c_{R,n}$ 以及 $c([0,1]\times[0,1])\subset\mathbb{C}-\{0\}$.

(b) 用习题 4-26 证明代数基本定理：每个多项式 $z^n+a_1z^{n-1}+\cdots+a_n$（$a_i\in\mathbb{C}$）在 $\mathbb{C}$ 中有根.

4-29. 若 $\boldsymbol{\omega}$ 是 $[0,1]$ 上的一次形式 $f\,\mathbf{d}x$，且 $f(0)=f(1)$，证明存在唯一的数 λ 和满足 $g(0)=g(1)$ 的某函数 g，使得 $\boldsymbol{\omega}-\lambda\,\mathbf{d}x=\mathbf{d}g$ 成立. 提示：在 $[0,1]$ 上对 $\boldsymbol{\omega}-\lambda\,\mathbf{d}x=\mathbf{d}g$ 积分以求 λ.

4-30. 若 $\boldsymbol{\omega}$ 是 $\mathbb{R}^2-\{\mathbf{0}\}$ 上的一次形式且 $\mathbf{d}\boldsymbol{\omega}=\mathbf{0}$. 求证必有某个 $\lambda\in\mathbb{R}$ 和 $g:\mathbb{R}^2-\{\mathbf{0}\}\to\mathbb{R}$，使得

$$\boldsymbol{\omega}=\lambda\,\mathbf{d}\theta+\mathbf{d}g.$$

提示：若

$${c_{R,1}}^*(\boldsymbol{\omega})=\lambda_R\,\mathbf{d}x+\mathbf{d}(g_R),$$

证明所有这样的常数 λ_R 都有相同的值 λ.

4-31. 若 $\boldsymbol{\omega} \neq \mathbf{0}$，求证必有一个 c 使得 $\int_c \boldsymbol{\omega} \neq 0$. 利用这一事实、斯托克斯定理和 $\partial^2 = \mathbf{0}$ 来证明 $\mathbf{d}^2 = \mathbf{0}$.

4-32. (a) 令 c_1、c_2 是 $\mathbb{R}^2$ 中的奇异一维立方体且 $c_1(0) = c_2(0)$，$c_1(1) = c_2(1)$. 证明必有一个奇异二维立方体 c 使得 $\partial c = c_1 - c_2 + c_3 - c_4$，其中 c_3、c_4 是**退化的**，即 $c_3([0,1])$ 和 $c_4([0,1])$ 都是点. 由此证明：若 $\boldsymbol{\omega}$ 是恰当形式，则 $\int_{c_1} \boldsymbol{\omega} = \int_{c_2} \boldsymbol{\omega}$. 若 $\boldsymbol{\omega}$ 只是闭形式，请在 $\mathbb{R}^2 - \{\mathbf{0}\}$ 上给出一个反例.

(b) 若 $\boldsymbol{\omega}$ 是 $\mathbb{R}^2$ 的子集上的一次形式，且对所有奇异一维立方体 c_1、c_2，只要 $c_1(0) = c_2(0)$，$c_1(1) = c_2(1)$，就有 $\int_{c_1} \boldsymbol{\omega} = \int_{c_2} \boldsymbol{\omega}$，求证 $\boldsymbol{\omega}$ 是恰当的. 提示：考虑习题 2-21 和习题 3-34.

4-33. （本题可看作复变函数论的初步导引.）若 $f : \mathbb{C} \to \mathbb{C}$，并且在 $z_0 \in \mathbb{C}$ 处极限

$$f'(z_0) = \lim_{z \to z_0} \frac{f(z) - f(z_0)}{z - z_0}$$

存在，则称 f 在 z_0 处**可微**.（这里涉及两个复数的商，与第 2 章中的定义完全不同.）若 f 在开集 A 中的每一点 z 处都可微且 f' 在 A 上连续，f 就叫作 A 上的**解析函数**.

(a) 证明 $f(z) = z$ 是解析函数，$f(z) = \bar{z}$ 不是解析函数（这里 $\overline{x + \mathrm{i}y} = x - \mathrm{i}y$）. 证明解析函数的和、积与商（在分母不为 0 处）都是解析函数.

(b) 若 $f' = u + \mathrm{i}v$ 是 A 上的解析函数，证明 u 与 v 满足柯西–黎曼方程

$$\frac{\partial u}{\partial x} = \frac{\partial v}{\partial y}, \ \frac{\partial u}{\partial y} = -\frac{\partial v}{\partial x}.$$

提示：利用下述事实：$\lim\limits_{z \to z_0} [f(z) - f(z_0)/(z - z_0)]$ 对于 $z = z_0 + (x + \mathrm{i} \cdot 0)$（$x \to 0$）和 $z = z_0 + (0 + \mathrm{i} \cdot y)$（$y \to 0$）应该相等.（逆定理在 u、v 连续可微时成立，这比较难证.）

(c) 令 $T : \mathbb{C} \to \mathbb{C}$ 是一个线性变换（$\mathbb{C}$ 看作 $\mathbb{R}$ 上的向量空间）. 若 T 关于基 $(1, \mathrm{i})$ 的矩阵是 $\begin{pmatrix} a, b \\ c, d \end{pmatrix}$，证明 T 是复数乘法，当且仅当 $a = d$、$b = -c$. (b) 说明，若把解析函数 $f : \mathbb{C} \to \mathbb{C}$ 看作函数 $f : \mathbb{R}^2 \to \mathbb{R}^2$，它的导数 $Df(z_0)$ 是复数乘法. 这个复数是什么？

(d) 定义

$$\mathbf{d}(\boldsymbol{\omega} + \mathrm{i}\boldsymbol{\eta}) = \mathbf{d}\boldsymbol{\omega} + \mathrm{i}\,\mathbf{d}\boldsymbol{\eta},$$

$$\int_c \boldsymbol{\omega} + \mathrm{i}\boldsymbol{\eta} = \int_c \boldsymbol{\omega} + \mathrm{i} \int_c \boldsymbol{\eta},$$

$$(\boldsymbol{\omega}+\mathrm{i}\boldsymbol{\eta})\wedge(\boldsymbol{\theta}+\mathrm{i}\boldsymbol{\lambda})=\boldsymbol{\omega}\wedge\boldsymbol{\theta}-\boldsymbol{\eta}\wedge\boldsymbol{\lambda}+\mathrm{i}(\boldsymbol{\eta}\wedge\boldsymbol{\theta}+\boldsymbol{\omega}\wedge\boldsymbol{\lambda}),$$

以及

$$\mathbf{d}z=\mathbf{d}x+\mathrm{i}\,\mathbf{d}y.$$

证明 $\mathbf{d}(f\cdot\mathbf{d}z)=\mathbf{0}$ 当且仅当 f 满足柯西-黎曼方程.

(e) 证明*柯西积分定理*：若 f 是 A 上的解析函数，则对每条闭曲线 c（即 $c(0)=c(1)$ 的奇异一维立方体），只要 A 中有一个二维链 c' 使得 $c=\partial c'$，就有 $\int_c f\,\mathbf{d}z=0$.

(f) 证明若 $g(z)=1/z$，则 $g\,\mathbf{d}z$（或用古典记号写作 $(1/z)\mathbf{d}z$）等于 $\mathrm{i}\,\mathbf{d}\theta+\mathbf{d}h$，$h$ 是某函数 $h:\mathbb{C}-\{0\}\to\mathbb{R}$. 并证 $\int_{c_{R,n}}g\,\mathbf{d}z=2\pi\mathrm{i}n$.

(g) 若 f 是 $\{z:|z|<1\}$ 上的解析函数，利用 $g(z)=f(z)/z$ 是 $\{z:0<|z|<1\}$ 上的解析函数这一事实，证明

$$\int_{c_{R_1,n}}\frac{f(z)\mathbf{d}z}{z}=\int_{c_{R_2,n}}\frac{f(z)\mathbf{d}z}{z},$$

其中 $0<R_1,R_2<1$，利用 (f) 来计算 $\lim\limits_{R\to 0}\int_{c_{R,n}}[f(z)/z]\mathbf{d}z$，并得出以下结论.

柯西积分公式：若 f 是 $\{z:|z|<1\}$ 上的解析函数，c 是 $\{z:0<|z|<1\}$ 中的封闭曲线，其关于 $\mathbf{0}$ 的卷绕数是 n，则

$$n\cdot f(0)=\frac{1}{2\pi\mathrm{i}}\int_c\frac{f(z)}{z}\,\mathbf{d}z.$$

4-34. 若 $F:[0,1]^2\to\mathbb{R}^3$，$s\in[0,1]$，定义 $F_s:[0,1]\to\mathbb{R}^3$ 为 $F_s(t)=F(s,t)$. 若每个 F_s 都是封闭曲线，则称 F 为封闭曲线 F_0 和封闭曲线 F_1 之间的一个**同伦**. 假设 F 和 G 是封闭曲线之间的同伦，若对每个 s，封闭曲线 F_s 和 G_s 都不相交，则称 (F,G) 为不相交封闭曲线 F_0、G_0 和 F_1、G_1 之间的一个同伦. 直观上看，若 F_0、G_0 是图 4-6a 中的那一对曲线，而 F_1、G_1 是图 4-6b 或图 4-6c 中的那一对曲线，那么很明显不可能有同伦. 对于图 4-6b，本题和习题 5-33 证明了这一点，但对于图 4-6c 的证明则需要不同的技巧.

(a) 若 $f,g:[0,1]\to\mathbb{R}^3$ 是不相交的封闭曲线，定义 $c_{f,g}:[0,1]^2\to\mathbb{R}^3-\{\mathbf{0}\}$ 为

$$c_{f,g}(u,v)=f(u)-g(v).$$

若 (F,G) 是不相交封闭曲线的同伦，定义 $C_{F,G}:[0,1]^3\to\mathbb{R}^3-\{\mathbf{0}\}$ 为

$$C_{F,G}(s,u,v)=c_{F_s,G_s}(u,v)=F(s,u)-G(s,v).$$

证明

$$\partial C_{F,G}=c_{F_0,G_0}-c_{F_1,G_1}.$$

(b) 若 $\boldsymbol{\omega}$ 是 $\mathbb{R}^3-\{\mathbf{0}\}$ 上的闭二次形式，证明

$$\int_{c_{F_0,G_0}}\boldsymbol{\omega}=\int_{c_{F_1,G_1}}\boldsymbol{\omega}.$$

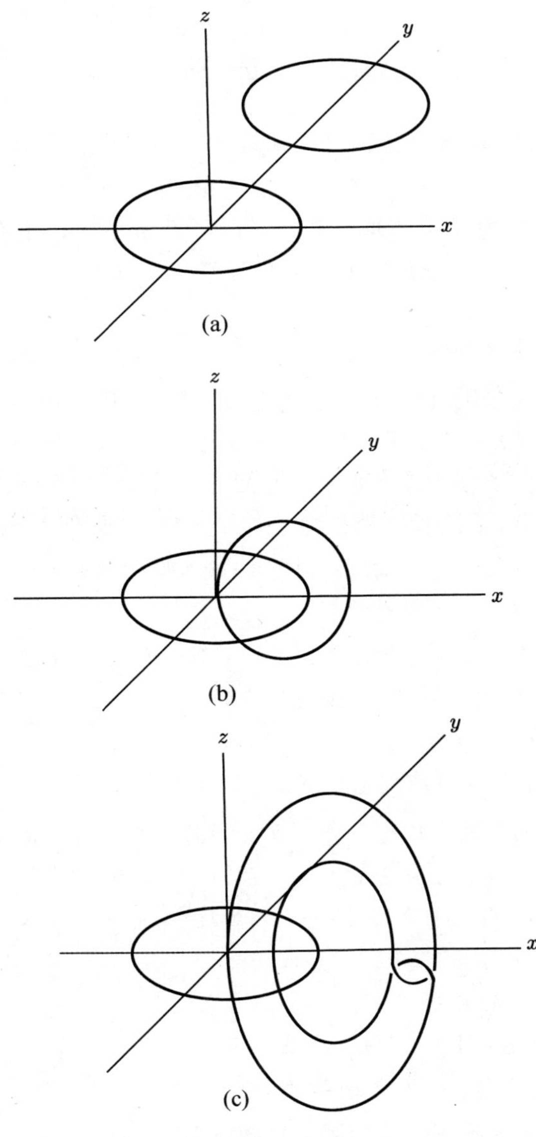

图 4-6

第 5 章　流形上的积分

5.1　流形

若 U 和 V 是 $\mathbb{R}^n$ 中的开集，可微函数 $h: U \to V$ 称为**微分同胚**，如果它有可微逆 $h^{-1}: V \to U$.（以下“可微”都意味着“C^∞”.）

$\mathbb{R}^n$ 的子集 M 称为 k **维流形**，如果对每一点 $\boldsymbol{x} \in M$，下面的条件成立：

(M) 存在包含 $\boldsymbol{x}$ 的一个开集 U，一个开集 $V \subset \mathbb{R}^n$ 和一个微分同胚 $h: U \to V$ 使得

$$h(U \cap M) = V \cap \left(\mathbb{R}^k \times \{\mathbf{0}\}\right) = \{\boldsymbol{y} \in V : y^{k+1} = \cdots = y^n = 0\}.$$

换句话说，M 在“微分同胚”的意义上，就是 $\mathbb{R}^k \times \{\mathbf{0}\}$（图 5-1）. 注意，在我们的定义中有两个极端的情况：$\mathbb{R}^n$ 中的点是零维流形，$\mathbb{R}^n$ 的开子集是 n 维流形.

n 维流形的一个常见的例子是 n **维球面** S^n，其定义为 $\{\boldsymbol{x} \in \mathbb{R}^{n+1} : |\boldsymbol{x}| = 1\}$. 作为一个练习，我们留给读者证明它满足条件 (M). 如果你不愿在细节上费心，那么可以代之以下面的定理，它给出了流形的许多例子（注意 $S^n = g^{-1}(0)$，其中 $g: \mathbb{R}^{n+1} \to \mathbb{R}$ 定义为 $g(\boldsymbol{x}) = |\boldsymbol{x}|^2 - 1$）.

定理 5-1　令 $A \subset \mathbb{R}^n$ 为开集，$g: A \to \mathbb{R}^p$ 为可微函数，并且当 $g(\boldsymbol{x}) = \mathbf{0}$ 时，$g'(\boldsymbol{x})$ 的秩为 p. 此时 $g^{-1}(\mathbf{0})$ 是 $\mathbb{R}^n$ 中的一个 $n-p$ 维流形.

证明　由定理 2-13 即得. ■

流形还有另一个非常重要的特征.

定理 5-2　$\mathbb{R}^n$ 的子集 M 是 k 维流形，当且仅当对每一点 $\boldsymbol{x} \in M$，下述“坐标条件”成立：

(C) 存在包含 $\boldsymbol{x}$ 的一个开集 U，一个开集 $W \subset \mathbb{R}^k$ 以及一个可微一一映射 $f: W \to \mathbb{R}^n$ 使得：

(1) $f(W) = M \cap U$；

(2) 对每个 $\boldsymbol{y} \in W$，$f'(\boldsymbol{y})$ 的秩为 k；

(3) $f^{-1}: f(W) \to W$ 是连续的.

[这样的函数 f 称为 $\boldsymbol{x}$ 周围的**坐标系**（见图 5-2）.]

证明　若 M 是 $\mathbb{R}^n$ 中的一个 k 维流形，选取满足条件 (M) 的 $h: U \to V$. 令 $W = \{\boldsymbol{a} \in \mathbb{R}^k : (\boldsymbol{a}, \mathbf{0}) \in h(U \cap M)\}$，定义 $f: W \to \mathbb{R}^n$ 为 $f(\boldsymbol{a}) = h^{-1}(\boldsymbol{a}, \mathbf{0})$. 显然

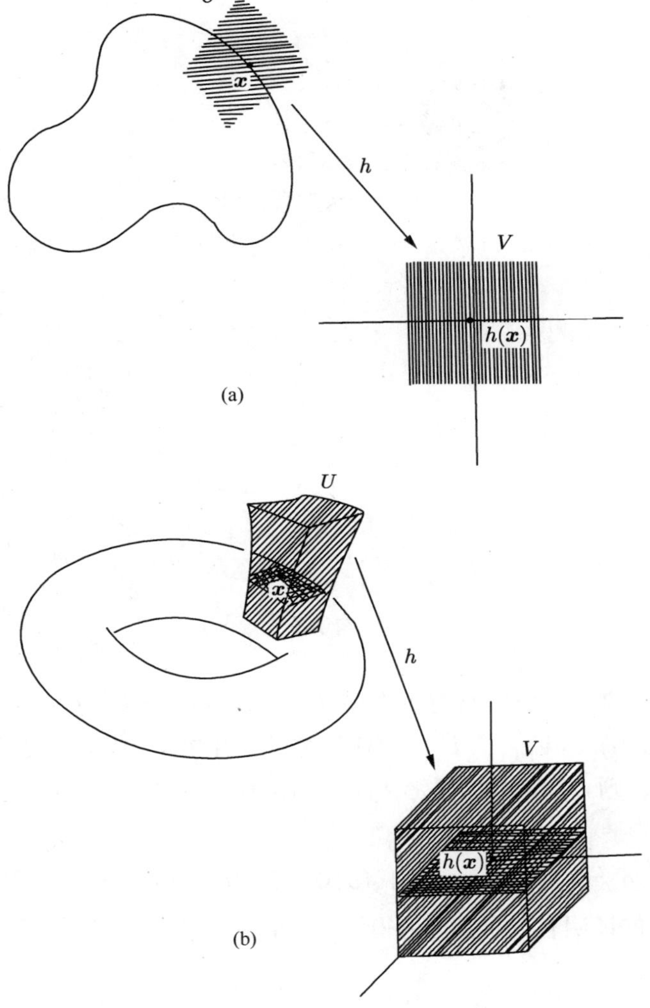

图 5-1 $\mathbb{R}^2$ 中的一个一维流形和 $\mathbb{R}^3$ 中的一个二维流形

$f(W) = M \cap U$ 且 f^{-1} 连续. 若 $H : U \to \mathbb{R}^k$ 是 $H(\boldsymbol{z}) = \big(h^1(\boldsymbol{z}), \cdots, h^k(\boldsymbol{z})\big)$，则对一切 $\boldsymbol{y} \in W$ 有 $H(f(\boldsymbol{y})) = \boldsymbol{y}$，所以 $H'(f(\boldsymbol{y})) \cdot f'(\boldsymbol{y}) = \boldsymbol{I}$. 故 $f'(\boldsymbol{y})$ 的秩必为 k.

反过来，设 $f : W \to \mathbb{R}^n$ 满足条件 (C). 令 $\boldsymbol{x} = f(\boldsymbol{y})$. 显然，我们可以假设矩阵 $(\mathrm{D}_i f^i(\boldsymbol{y}))$, $1 \leqslant i, j \leqslant k$ 具有非零行列式. 定义 $g : W \times \mathbb{R}^{n-k} \to \mathbb{R}^n$ 为 $g(\boldsymbol{a}, \boldsymbol{b}) = f(\boldsymbol{a}) + (\boldsymbol{0}, \boldsymbol{b})$，则 $\det g'(\boldsymbol{a}, \boldsymbol{b}) = \det(\mathrm{D}_j f^i(\boldsymbol{a}))$，所以 $\det g'(\boldsymbol{y}, \boldsymbol{0}) \neq 0$. 根据定理 2-11，必有包含 $(\boldsymbol{y}, \boldsymbol{0})$ 的一个开集 V_1' 和包含 $g(\boldsymbol{y}, \boldsymbol{0}) = \boldsymbol{x}$ 的一个开

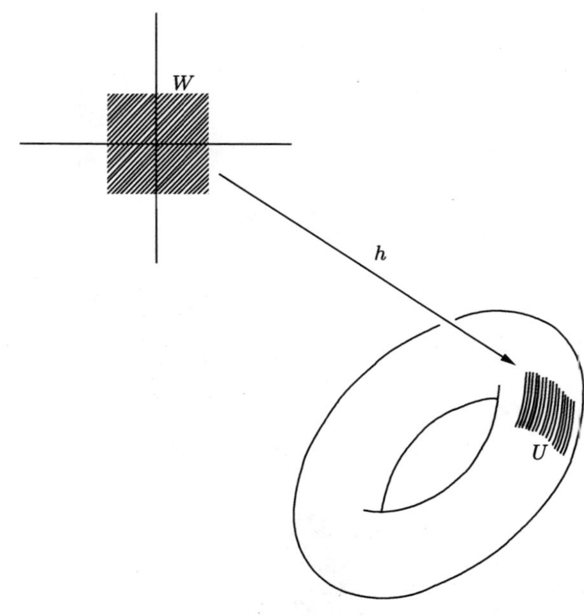

图 5-2

集 V_2' 使得 $g: V_1' \to V_2'$ 具有可微逆 $h: V_2' \to V_1'$. 因为 f^{-1} 是连续的，所以 $\{f(\boldsymbol{a}) : (\boldsymbol{a}, \mathbf{0}) \in V_1'\} = U \cap f(W)$ 对于某开集 U 成立. 令 $V_2 = V_2' \cap U$, $V_1 = g^{-1}(V_2)$，则 $V_2 \cap M$ 恰好是 $\{f(\boldsymbol{a}) : (\boldsymbol{a}, \mathbf{0}) \in V_1\} = \{g(\boldsymbol{a}, \mathbf{0}) : (\boldsymbol{a}, \mathbf{0}) \in V_1\}$. 因此

$$h(V_2 \cap M) = g^{-1}(V_2 \cap M) = g^{-1}(\{g(\boldsymbol{a}, \mathbf{0}) : (\boldsymbol{a}, \mathbf{0}) \in V_1\}) = V_1 \cap (\mathbb{R}^k \times \{\mathbf{0}\}). \quad \blacksquare$$

定理 5-2 的证明有一个推论值得注意. 若 $f_1 : W_1 \to \mathbb{R}^n$ 和 $f_2 : W_2 \to \mathbb{R}^n$ 是两个坐标系，则

$$f_2^{-1} \circ f_1 : f_1^{-1}(f_2(W_2)) \to \mathbb{R}^k$$

是可微的，且有非零雅可比行列式. 事实上，$f_2^{-1}(\boldsymbol{y})$ 就是由 $h(\boldsymbol{y})$ 的前 k 个分量组成的.

半空间 $\mathbb{H}^k \subset \mathbb{R}^k$ 的定义为 $\{\boldsymbol{x} \in \mathbb{R}^k : x^k \geqslant 0\}$. $\mathbb{R}^n$ 的子集 M 称为 k **维带边流形**，如果对每一点 $\boldsymbol{x} \in M$，条件 (M) 或下列条件成立（见图 5-3）:

(M′) 存在包含 $\boldsymbol{x}$ 的一个开集 U，一个开集 $V \subset \mathbb{R}^n$ 以及一个微分同胚 $h : U \to V$ 使得:

$$h(U \cap M) = V \cap (\mathbb{H}^k \times \{\mathbf{0}\}) = \{\boldsymbol{y} \in V : y^k \geqslant 0 \text{ 且 } y^{k+1} = \cdots = y^n = 0\},$$

且 $h(\boldsymbol{x})$ 的第 k 个分量等于 0.

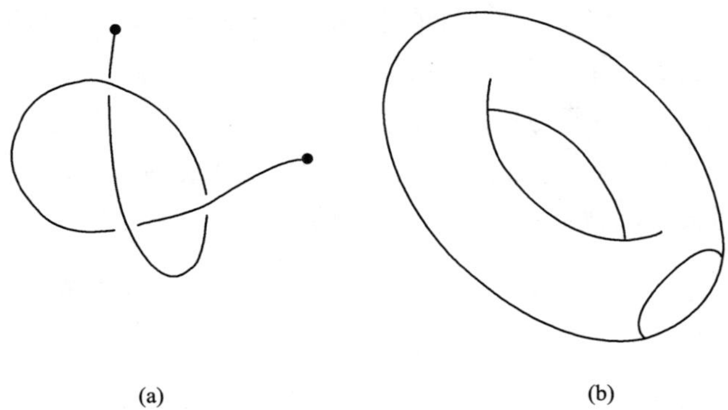

(a) (b)

图 5-3 $\mathbb{R}^3$ 中的一个一维带边流形和一个二维带边流形

需要注意，对于同一点 $\boldsymbol{x}$，条件 (M) 和 (M′) 不可能同时成立. 事实上，若 $h_1: U_1 \to V_1$ 和 $h_2: U_2 \to V_2$ 分别满足条件 (M) 和 (M′)，则 $h_2 \circ h_1$ 是一个可微映射，它把 $\mathbb{R}^k$ 中包含 $h(\boldsymbol{x})$ 的一个开集映射到 $\mathbb{H}^k$ 的一个子集，而后者在 $\mathbb{R}^k$ 中不是开集. 因为 $\det(h_2 \circ h_1^{-1})' \neq 0$，所以这与习题 2-36 的结论矛盾. M 中所有满足条件 (M′) 的点 $\boldsymbol{x}$ 的集合称为 M 的**边缘**，记作 ∂M. 一定不要把它和第 1 章中所定义的集合的边界相混淆（见习题 5-3 和习题 5-8）.

习题

5-1. 若 M 是一个 k 维带边流形，证明 ∂M 是一个 $k-1$ 维流形，而 $M - \partial M$ 是一个 k 维流形.

5-2. 若从定理 5-2 中去掉条件 (3)，给出一个反例. 提示：将一个开区间弯成一个“6”字形.

5-3. (a) 设 $A \subset \mathbb{R}^n$ 是一个开集，其边界是一个 $n-1$ 维流形. 证明 $N = A \cup (A$ 的边界$)$ 是一个 n 维带边流形. （不妨记住下面这个例子：$A = \{\boldsymbol{x} \in \mathbb{R}^n : |\boldsymbol{x}| < 1$ 或 $1 < |\boldsymbol{x}| < 2\}$，这时 $N = A \cup (A$ 的边界$)$ 是一个带边流形，但 $\partial N \neq A$ 的边界.）

(b) 对于 n 维流形的开子集证明类似结论.

5-4. 证明定理 5-1 的一个部分逆：若 $M \subset \mathbb{R}^n$ 是一个 k 维流形且 $\boldsymbol{x} \in M$，则必有包含 $\boldsymbol{x}$ 的一个开集 $A \subset \mathbb{R}^n$ 和一个可微函数 $g: A \to \mathbb{R}^{n-k}$ 使得 $A \cap M = g^{-1}(\mathbf{0})$，并且当 $g(\boldsymbol{y}) = \mathbf{0}$ 时，$g'(\boldsymbol{y})$ 的秩是 $n-k$.

5-5. 证明 $\mathbb{R}^n$ 的 k 维子（向量）空间是 k 维流形.

5-6. 若 $f:\mathbb{R}^n\to\mathbb{R}^n$，则 f 的图像是 $\{(\boldsymbol{x},\boldsymbol{y}):\boldsymbol{y}=f(\boldsymbol{x})\}$. 证明 f 的图像是一个 n 维流形，当且仅当 f 可微.

5-7. 令 $\mathbb{K}^n=\{\boldsymbol{x}\in\mathbb{R}^n:x^1=0,x^2,\cdots,x^{n-1}>0\}$. 若 $M\subset\mathbb{K}^n$ 是一个 k 维流形，N 是由 M 绕轴 $x^1=\cdots=x^{n-1}=0$ 旋转得到的，证明 N 是一个 $k+1$ 维流形. 例如：环面（图 5-4）.

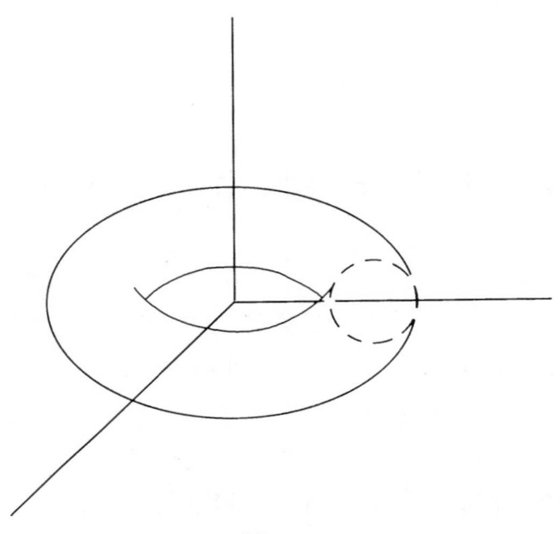

图 5-4

5-8. (a) 若 M 是 $\mathbb{R}^n$ 中的 k 维流形（$k<n$），证明 M 具有测度 0.

(b) 若 M 是 $\mathbb{R}^n$ 中的 n 维闭带边流形，证明 M 的边界就是 ∂M. 若 M 不是闭集，给出一个反例.

(c) 若 M 是 $\mathbb{R}^n$ 中的 n 维紧带边流形，证明 M 约当可测.

5.2　流形上的向量场和微分形式

设 M 为 $\mathbb{R}^n$ 中的一个 k 维流形，$f:W\to\mathbb{R}^n$ 是 $\boldsymbol{x}=f(\boldsymbol{a})$ 周围的一个坐标系. 因为 $f'(\boldsymbol{a})$ 的秩为 k，所以线性变换 $f_*:\mathbb{R}^k{}_{\boldsymbol{a}}\to\mathbb{R}^n{}_{\boldsymbol{x}}$ 是一一映射，$f_*(\mathbb{R}^k{}_{\boldsymbol{a}})$ 是 $\mathbb{R}^n{}_{\boldsymbol{x}}$ 的 k 维子空间. 若 $g:V\to\mathbb{R}^n$ 是另一个坐标系，并且 $\boldsymbol{x}=g(\boldsymbol{b})$，则

$$g_*(\mathbb{R}^k{}_{\boldsymbol{b}})=f_*(f^{-1}\circ g)_*(\mathbb{R}^k{}_{\boldsymbol{b}})=f_*(\mathbb{R}^k{}_{\boldsymbol{a}}).$$

因此，k 维子空间 $f_*(\mathbb{R}^k{}_{\boldsymbol{a}})$ 并不依赖于坐标系 f. 这个子空间记作 $M_{\boldsymbol{x}}$，称为 M 在 $\boldsymbol{x}$ 处的**切空间**（见图 5-5）. 在后面各节里，我们要用到下面这个事实：在 $M_{\boldsymbol{x}}$ 上有一个由 $\mathbb{R}^n{}_{\boldsymbol{x}}$ 上的内积所引出的自然内积——若 $\boldsymbol{v},\boldsymbol{w}\in M_{\boldsymbol{x}}$，定义 $T_{\boldsymbol{x}}(\boldsymbol{v},\boldsymbol{w})=\langle\boldsymbol{v},\boldsymbol{w}\rangle_{\boldsymbol{x}}$.

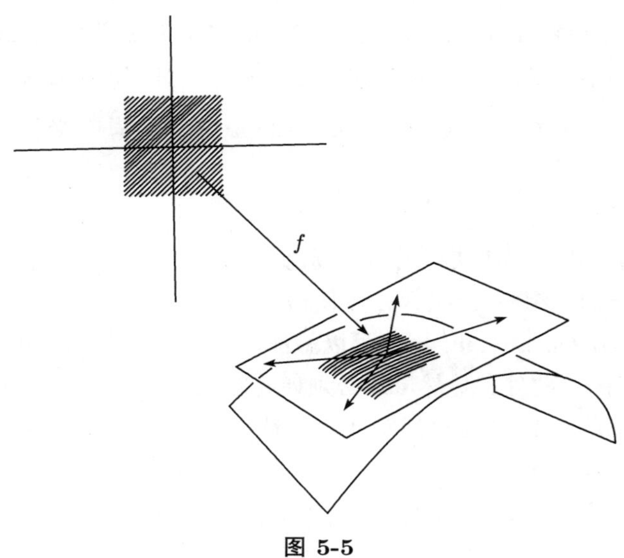

图 5-5

设 A 是包含 M 的一个开集，$\boldsymbol{F}$ 是 A 上的一个可微向量场，且对每个 $\boldsymbol{x}\in M$ 有 $\boldsymbol{F}(\boldsymbol{x})\in M_{\boldsymbol{x}}$. 若 $f:W\to\mathbb{R}^n$ 是一个坐标系，则 W 上必有唯一的（可微）向量场 $\boldsymbol{G}$，使得 $f_*(\boldsymbol{G}(\boldsymbol{a}))=\boldsymbol{F}(f(\boldsymbol{a}))$ 对每个 $\boldsymbol{a}\in W$ 成立. 我们也可以单纯地考虑一个函数 $\boldsymbol{F}$，它给每个 $\boldsymbol{x}\in M$ 指定一个向量 $\boldsymbol{F}(\boldsymbol{x})\in M_{\boldsymbol{x}}$，这样的函数叫作 **$M$ 上的向量场**. W 上仍然有唯一的向量场 $\boldsymbol{G}$，使得 $f_*(\boldsymbol{G}(\boldsymbol{a}))=\boldsymbol{F}(f(\boldsymbol{a}))$ 对每个 $\boldsymbol{a}\in W$ 成立. 如果 $\boldsymbol{G}$ 是可微的，我们就定义 $\boldsymbol{F}$ 是可微的. ① 注意，我们的定义并不依赖于坐标系的选择：如果 $g:V\to\mathbb{R}^n$ 是另一个坐标系，并且 V 上有唯一的向量场 $\boldsymbol{H}$ 使得 $g_*(\boldsymbol{H}(\boldsymbol{b}))=\boldsymbol{F}(g(\boldsymbol{b}))$ 对所有 $\boldsymbol{b}\in V$ 成立，那么 $\boldsymbol{H}(\boldsymbol{b})$ 的分量函数一定等于 $\boldsymbol{G}(f^{-1}(g(\boldsymbol{b})))$ 的分量函数，所以若 $\boldsymbol{G}$ 可微，则 $\boldsymbol{H}$ 也可微.

这样的考虑也完全适用于微分形式. 函数 $\boldsymbol{\omega}$ 称为 **M 上的 p 次形式**，如果它给每个 $\boldsymbol{x}\in M$ 都指定一个 $\boldsymbol{\omega}(\boldsymbol{x})\in\Omega^p(M_{\boldsymbol{x}})$. 若 $f:W\to\mathbb{R}^n$ 是一个坐标系，则 $f^*\boldsymbol{\omega}$ 是 W 上的一个 p 次形式. 如果 $f^*\boldsymbol{\omega}$ 是可微的，我们就定义 $\boldsymbol{\omega}$ 是可微的. M 上的 p 次形式 $\boldsymbol{\omega}$ 可以写作

$$\boldsymbol{\omega}=\sum_{i_1<\cdots<i_p}\omega_{i_1,\cdots,i_p}\,\mathbf{d}x^{i_1}\wedge\cdots\wedge\mathbf{d}x^{i_p}.$$

① 这段话的意思是可微向量场有两种定义方式. 一种是在 $A\subset\mathbb{R}^n$ 上定义可微向量场 $\boldsymbol{F}(\boldsymbol{x})$，如第 3 章所述，再要求当 $\boldsymbol{x}\in M$ 时 $\boldsymbol{F}(\boldsymbol{x})\in M_{\boldsymbol{x}}$. 这时 $W\in\mathbb{R}^k$（见定理 5-2）上必有唯一的可微向量场 $\boldsymbol{G}$ 与之对应. 另一种方式是，先在 M 上定义向量场 $\boldsymbol{F}$（不一定可微）使得 $\boldsymbol{F}(\boldsymbol{x})\in M_{\boldsymbol{x}}$，再用相应的 W 上的向量场 $\boldsymbol{G}$ 的可微性作为 $\boldsymbol{F}$ 的可微性的定义. ——译者注

这里函数 $\omega_{i_1,\cdots,i_p}$ 只定义在 M 上，之前给出的 $\mathbf{d}\omega$ 的定义在这里是没有意义的，因为 $\mathrm{D}_j(\omega_{i_1,\cdots,i_p})$ 没有意义. 尽管如此，还是有一个合理的方法来定义 $\mathbf{d}\omega$.

定理 5-3 *M 上有唯一的 $p+1$ 次形式 $\mathbf{d}\omega$ 使得对每个坐标系 $f: W \to \mathbb{R}^n$ 都有*

$$f^*(\mathbf{d}\omega) = \mathbf{d}(f^*\omega).$$

证明 若 $f: W \to \mathbb{R}^n$ 是一个坐标系使得 $\boldsymbol{x} = f(\boldsymbol{a})$，且 $\boldsymbol{v}_1, \cdots, \boldsymbol{v}_{p+1} \in M_{\boldsymbol{x}}$，则 $\mathbb{R}^k{}_{\boldsymbol{a}}$ 中有唯一的一组 $\boldsymbol{w}_1, \cdots, \boldsymbol{w}_{p+1}$，使得 $f_*(\boldsymbol{w}_i) = \boldsymbol{v}_i$. 我们定义 $\mathbf{d}\omega(\boldsymbol{x})(\boldsymbol{v}_1, \cdots, \boldsymbol{v}_{p+1}) = \mathbf{d}(f^*\omega)(\boldsymbol{a})(\boldsymbol{w}_1, \cdots, \boldsymbol{w}_{p+1})$. 可以验证，这个定义并不依赖于坐标系 f，所以 $\mathbf{d}\omega$ 是良定义的. 此外，显然 $\mathbf{d}\omega$ 必须如此定义，所以 $\mathbf{d}\omega$ 又是唯一的. ■

通常需要为流形 M 的每个切空间 $M_{\boldsymbol{x}}$ 选择一个定向 $\boldsymbol{\mu}_{\boldsymbol{x}}$. 如果对于每个坐标系 $f: W \to \mathbb{R}^n$ 和 $\boldsymbol{a}, \boldsymbol{b} \in W$，

$$[f_*((\boldsymbol{e}_1)_{\boldsymbol{a}}), \cdots, f_*((\boldsymbol{e}_k)_{\boldsymbol{a}})] = \boldsymbol{\mu}_{f(\boldsymbol{a})}$$

当且仅当

$$[f_*((\boldsymbol{e}_1)_{\boldsymbol{b}}), \cdots, f_*((\boldsymbol{e}_k)_{\boldsymbol{b}})] = \boldsymbol{\mu}_{f(\boldsymbol{b})},$$

这样的选择就称为**协调的**（图 5-6）.

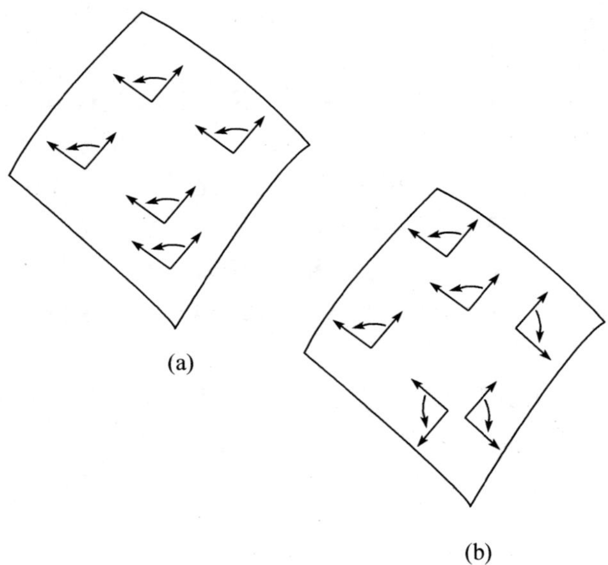

图 5-6 (a) 定向的协调选择 (b) 定向的不协调选择

设选择的定向 $\boldsymbol{\mu}_{\boldsymbol{x}}$ 是协调的. 坐标系 $f: W \to \mathbb{R}^n$ 称为**保定向的**，如果

$$[f_*((\boldsymbol{e}_1)_{\boldsymbol{a}}), \cdots, f_*((\boldsymbol{e}_k)_{\boldsymbol{a}})] = \boldsymbol{\mu}_{f(\boldsymbol{a})}$$

对某个（因而也对每个）$\boldsymbol{a} \in W$ 成立. 若 f 不是保定向的，而 $T : \mathbb{R}^k \to \mathbb{R}^k$ 是一个线性变换且 $\det T = -1$，则 $f \circ T$ 是保定向的. 因此，在每一点周围总有一个保定向的坐标系. 若 f 和 g 都是保定向的，并且 $\boldsymbol{x} = f(\boldsymbol{a}) = g(\boldsymbol{b})$，则由关系式

$$[f_*((\boldsymbol{e}_1)_{\boldsymbol{a}}), \cdots, f_*((\boldsymbol{e}_k)_{\boldsymbol{a}})] = \boldsymbol{\mu}(\boldsymbol{x}) = [g_*((\boldsymbol{e}_1)_{\boldsymbol{b}}), \cdots, g_*((\boldsymbol{e}_k)_{\boldsymbol{b}})]$$

可知，

$$\left[(g^{-1} \circ f)_*((\boldsymbol{e}_1)_{\boldsymbol{a}}), \cdots, (g^{-1} \circ f)_*((\boldsymbol{e}_k)_{\boldsymbol{a}})\right] = \left[(\boldsymbol{e}_1)_{\boldsymbol{b}}, \cdots, (\boldsymbol{e}_k)_{\boldsymbol{b}}\right],$$

所以 $\det(g^{-1} \circ f)' > 0$. 这是一个值得记住的重要结论.

可以协调地选择定向 $\boldsymbol{\mu}_{\boldsymbol{x}}$ 的流形称为**可定向的**，而 $\boldsymbol{\mu}_x$ 的一个特定选择就称为 M 的一个**定向** $\boldsymbol{\mu}$. 流形连同其定向 $\boldsymbol{\mu}$ 称为**有向流形**. 默比乌斯带是不可定向流形的一个经典的例子. 把扭转半圈的一张纸条的两端粘在一起就能得到它的模型（图 5-7）.

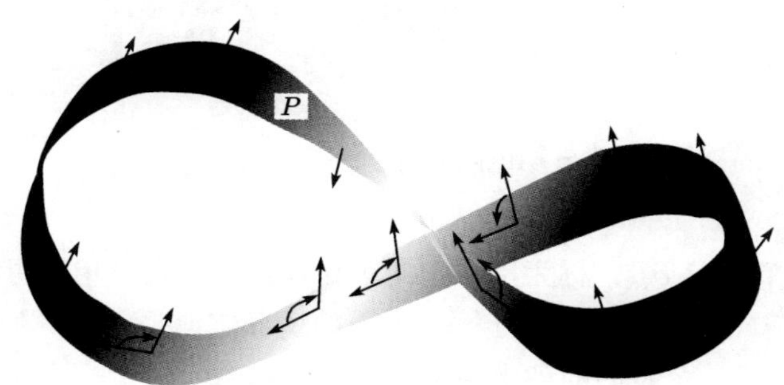

图 5-7 默比乌斯带是一个不可定向的流形. 一组基从 P 开始向右移动，绕一圈后再回到 P，定向就反过来了

向量场、微分形式和定向的定义同样适用于带边流形. 若 M 是一个 k 维带边流形且 $\boldsymbol{x} \in \partial M$，则 $(\partial M)_{\boldsymbol{x}}$ 是 k 维向量空间 $M_{\boldsymbol{x}}$ 的 $k-1$ 维子空间，所以 $M_{\boldsymbol{x}}$ 中恰好有两个单位向量垂直于 $(\partial M)_{\boldsymbol{x}}$. 它们可以这样区分（图 5-8）: 若 $f : W \to \mathbb{R}^n$ 是一个坐标系，其中 $W \subset \mathbb{H}^k$ 且 $f(\boldsymbol{0}) = \boldsymbol{x}$，则这两个单位向量中只有一个可以写成 $f_*(\boldsymbol{v})$，其中 $\boldsymbol{v}$ 是满足 $v^k < 0$ 的某向量. 这个单位向量称为**单位外法向量**，记作 $\boldsymbol{n}(\boldsymbol{x})$. 不难验证，这个定义与坐标系 f 的选择无关.

设 $\boldsymbol{\mu}$ 是 k 维带边流形 M 的一个定向. 若 $\boldsymbol{x} \in \partial M$，选取 $\boldsymbol{v}_1, \cdots, \boldsymbol{v}_{k-1} \in (\partial M)_{\boldsymbol{x}}$ 使得 $[\boldsymbol{n}(\boldsymbol{x}), \boldsymbol{v}_1, \cdots, \boldsymbol{v}_{k-1}] = \boldsymbol{\mu}_{\boldsymbol{x}}$. 如果 $[\boldsymbol{n}(\boldsymbol{x}), \boldsymbol{w}_1, \cdots, \boldsymbol{w}_{k-1}] = \boldsymbol{\mu}_{\boldsymbol{x}}$ 也成立，其中 $\boldsymbol{w}_1, \cdots, \boldsymbol{w}_{k-1} \in (\partial M)_{\boldsymbol{x}}$，那么 $[\boldsymbol{v}_1, \cdots, \boldsymbol{v}_{k-1}]$ 和 $[\boldsymbol{w}_1, \cdots, \boldsymbol{w}_{k-1}]$ 是 $(\partial M)_{\boldsymbol{x}}$ 的同一定向. 这个定向记作 $(\partial \boldsymbol{\mu})_{\boldsymbol{x}}$. 容易看到，对于 $\boldsymbol{x} \in \partial M$，这些定向 $(\partial \boldsymbol{\mu})_{\boldsymbol{x}}$ 在 ∂M 上是协调的. 因此，若 M 可定向，则 ∂M 也可定向，并且 M 的一个定向 $\boldsymbol{\mu}$ 决

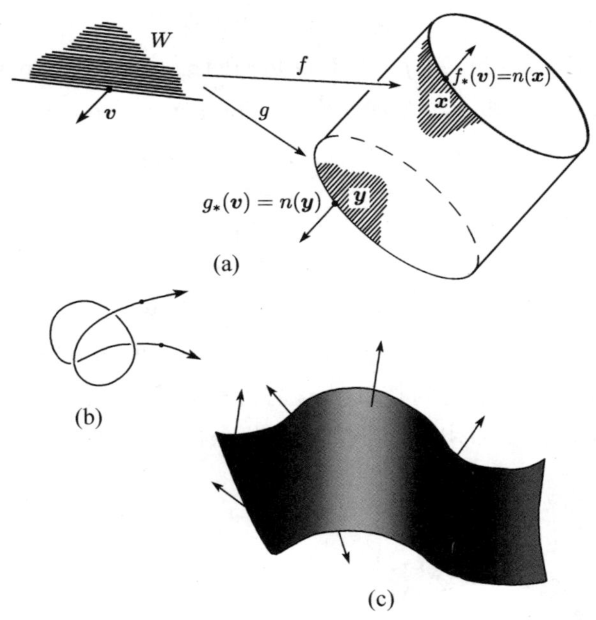

图 5-8　$\mathbb{R}^3$ 中带边流形的一些单位外法向量

定了 ∂M 的一个定向 $\partial\boldsymbol{\mu}$，称为**诱导定向**．如果把这些定义用于具有通常定向的 $\mathbb{H}^k$，就会发现 $\mathbb{R}^{k-1}=\{\boldsymbol{x}\in\mathbb{H}^k : x^k=0\}$ 上的诱导定向是 $(-1)^k$ 乘以 $\mathbb{R}^{k-1}$ 的通常定向．选择这样一个定向的理由在下一节就会明白．

如果 M 是 $\mathbb{R}^n$ 中的一个 $n-1$ 维有向流形，那么即使它不一定是某个 n 维流形的边缘，我们也可以定义单位外法向量的代替物．若 $[\boldsymbol{v}_1,\cdots,\boldsymbol{v}_{n-1}]=\boldsymbol{\mu}_{\boldsymbol{x}}$，则在 $\mathbb{R}^n{}_{\boldsymbol{x}}$ 中选取一个垂直于 $M_{\boldsymbol{x}}$ 的单位向量 $\boldsymbol{n}(\boldsymbol{x})$，并使得 $[\boldsymbol{n}(\boldsymbol{x}),\boldsymbol{v}_1,\cdots,\boldsymbol{v}_{n-1}]$ 成为 $\mathbb{R}^n{}_{\boldsymbol{x}}$ 的通常定向．我们仍把 $\boldsymbol{n}(\boldsymbol{x})$ 称为（由 $\boldsymbol{\mu}$ 决定的）M 的单位外法向量．向量 $\boldsymbol{n}(\boldsymbol{x})$ 在 M 上连续变化（在一种明显的意义上）．反之，如果在整个 M 上定义一族连续变化的单位法向量 $\boldsymbol{n}(\boldsymbol{x})$，那么我们也能确定 M 的一个定向．这说明，在默比乌斯带上选出这样的连续法向量是不可能的．在默比乌斯带的纸条模型中，（有厚度的）纸条两端可以当作方向相反的两个法向量的端点．纸条模型的一个著名特性反映了选出连续法向量是不可能的：纸条模型是单侧曲面（假如你从一侧开始给纸条涂色，最后一定会把整个纸条都涂满）．换句话说，在某一点处任意选定 $\boldsymbol{n}(\boldsymbol{x})$ 后，根据连续性要求在其他点处选择 $\boldsymbol{n}(\boldsymbol{x})$，最终将迫使在起点处选出相反的 $\boldsymbol{n}(\boldsymbol{x})$．

习题

5-9. 证明 $M_{\boldsymbol{x}}$ 由 M 中的曲线 c 在 t 处的切向量张成，这里 $c(t)=\boldsymbol{x}$.

5-10. 设 $\mathcal{C}$ 是 M 上的坐标系的集合，使得 (1) 对每个 $\boldsymbol{x}\in M$ 都有 $\boldsymbol{x}$ 周围的一个坐标系 $f\in\mathcal{C}$；(2) 若 $f,g\in\mathcal{C}$ 都是 $\boldsymbol{x}\in M$ 周围的坐标系，则 $\det(f^{-1}\circ g)'>0$. 证明 M 上有一个定向，使得当 $f\in\mathcal{C}$ 时，f 是保定向的.

5-11. 若 M 是 $\mathbb{R}^n$ 中的一个（可定向的）n 维带边流形，定义 $\boldsymbol{\mu}_{\boldsymbol{x}}$ 为 $M_{\boldsymbol{x}}=\mathbb{R}^n{}_{\boldsymbol{x}}$ 的通常定向（这样定义的定向 $\boldsymbol{\mu}$ 就是 M 的**通常定向**）. 若 $\boldsymbol{x}\in\partial M$，求证上面给出的 $\boldsymbol{n}(\boldsymbol{x})$ 的两种定义是一致的.

5-12. (a) 若 $\boldsymbol{F}$ 是 $M\subset\mathbb{R}^n$ 上的可微向量场，证明必有一个开集 $A\supset M$ 和 A 上的一个可微向量场 $\widetilde{\boldsymbol{F}}$，使得对 $\boldsymbol{x}\in M$ 有 $\widetilde{\boldsymbol{F}}(\boldsymbol{x})=\boldsymbol{F}(\boldsymbol{x})$. 提示：先考虑局部，再利用单位分解.

(b) 若 M 为闭流形，证明可以选取 $A=\mathbb{R}^n$.

5-13. 令 $g:A\to\mathbb{R}^p$ 为定理 5-1 中所述的函数.

(a) 若 $\boldsymbol{x}\in M=g^{-1}(\mathbf{0})$，令 $h:U\to\mathbb{R}^n$ 为本质上唯一的使得 $g\circ h(\boldsymbol{y})=(y^{n-p+1},\cdots,y^n)$ 和 $h(\boldsymbol{x})=\mathbf{0}$ 的微分同胚. 定义 $f:\mathbb{R}^{n-p}\to\mathbb{R}^n$ 为 $f(\boldsymbol{a})=h(\mathbf{0},\boldsymbol{a})$. 证明 f_* 是一一映射，并且 $n-p$ 个向量 $f_*((\boldsymbol{e}_1)_{\mathbf{0}}),\cdots,f_*((\boldsymbol{e}_{n-p})_{\mathbf{0}})$ 线性无关.

(b) 证明可以协调地定义定向 $\boldsymbol{\mu}_{\boldsymbol{x}}$，因而 M 是可定向的.

(c) 若 $p=1$，证明 $\boldsymbol{x}$ 处的单位外法向量是 $(\mathrm{D}_1g(\boldsymbol{x}),\cdots,\mathrm{D}_ng(\boldsymbol{x}))$ 的某个倍数.

5-14. 若 $M\subset\mathbb{R}^n$ 是一个可定向的 $n-1$ 维流形，证明必有一个开集 $A\subset\mathbb{R}^n$ 以及一个可微的 $g:A\to\mathbb{R}$ 使得 $M=g^{-1}(0)$，且对 $\boldsymbol{x}\in M$，$g'(\boldsymbol{x})$ 的秩为 1. 提示：习题 5-4 局部地证明了此结论. 利用定向选出协调的局部解，再利用单位分解.

5-15. 令 M 为 $\mathbb{R}^n$ 中的一个 $n-1$ 维流形，$M(\varepsilon)$ 是两个相反方向上的长度为 ε 的所有法向量的端点的集合. 设 ε 充分小使得 $M(\varepsilon)$ 也是一个 $n-1$ 维流形. 求证 $M(\varepsilon)$ 是可定向的（即使 M 是不可定向的）. 若 M 是默比乌斯带，$M(\varepsilon)$ 是什么?

5-16. 令 $g:A\to\mathbb{R}^p$ 为定理 5-1 中所述的函数. 若 $f:\mathbb{R}^n\to\mathbb{R}$ 是可微的，且 f 在 $g^{-1}(\mathbf{0})$ 上的极大值（或极小值）在 $\boldsymbol{a}$ 处达到. 证明必有 $\lambda_1,\cdots,\lambda_p\in\mathbb{R}$

使得

$$\mathrm{D}_j f(\boldsymbol{a}) = \sum_{i=1}^{n} \lambda_i \mathrm{D}_j g^i(\boldsymbol{a}), \qquad j = 1, \cdots, n. \tag{5.1}$$

提示：此方程可以写成 $\mathbf{d}f(\boldsymbol{a}) = \sum_{i=1}^{n} \lambda_i \, \mathbf{d}g^i(\boldsymbol{a})$. 当 $g(\boldsymbol{x}) = \left(x^{n-p+1}, \cdots, x^n\right)$ 时，它是显然的.

f 在 $g^{-1}(\mathbf{0})$ 上的极大值（或极小值）有时称为 f 在**约束条件** $g^i = 0$ 下的极大值（或极小值）. 你可以通过解方程组 (5.1) 试求 $\boldsymbol{a}$. 特别地，若 $g : A \to \mathbb{R}$，我们必须从下面的 $n+1$ 个方程中解出 $n+1$ 个未知数 $a^1, \cdots, a^n, \lambda$:

$$\begin{aligned} \mathrm{D}_j f(\boldsymbol{a}) &= \lambda \mathrm{D}_j g(\boldsymbol{a}), \qquad j = 1, \cdots, n, \\ g(\boldsymbol{a}) &= 0. \end{aligned}$$

若把方程 $g(\boldsymbol{a}) = 0$ 留到最后来解，通常会非常简单. 这就是**拉格朗日方法**，那个有用的但最终不出现的常数 λ 称为**拉格朗日乘子**. 下一题是拉格朗日乘子在理论上的一个很好的应用.

5-17. (a) 令 $T : \mathbb{R}^n \to \mathbb{R}^n$ 为自伴的，其矩阵为 $\boldsymbol{A} = (a_{ij})$，则 $a_{ij} = a_{ji}$. 若 $f(\boldsymbol{x}) = \langle T\boldsymbol{x}, \boldsymbol{x} \rangle = \sum_{i,j} a_{ij} x^i x^j$，证明 $\mathrm{D}_k f(\boldsymbol{x}) = 2 \sum_{j=1}^{n} a_{kj} x^j$. 考虑 $\langle T\boldsymbol{x}, \boldsymbol{x} \rangle$ 在 S^{n-1} 上的极大值，证明存在 $\boldsymbol{x} \in S^{n-1}$ 和 $\lambda \in \mathbb{R}$ 使得 $T\boldsymbol{x} = \lambda \boldsymbol{x}$.

(b) 若 $V = \{\boldsymbol{y} \in \mathbb{R}^n : \langle \boldsymbol{x}, \boldsymbol{y} \rangle = 0\}$，证明 $T(V) \subset V$，且 $T : V \to V$ 是自伴的.

(c) 证明 T 有一组特征向量构成的基.

5.3 流形上的斯托克斯定理

若 $\boldsymbol{\omega}$ 是 k 维带边流形 M 上的一个 p 次形式，c 是 M 中的一个奇异 p 维立方体，我们就完全像之前那样定义

$$\int_c \boldsymbol{\omega} = \int_{[0,1]^p} c^* \boldsymbol{\omega}.$$

p 维链上的积分也像之前那样定义. 在 $p = k$ 的情况下，可能有一个开集 $W \supset [0,1]^k$ 和一个坐标系 $f : W \to \mathbb{R}^n$ 使得对 $\boldsymbol{x} \in [0,1]^k$ 有 $c(\boldsymbol{x}) = f(\boldsymbol{x})$. M 中的 k 维立方体总是指这种类型的. 如果 M 是有向的，当 f 保定向时，就称奇异 k 维立方体 c 为**保定向的**.

定理 5-4 若 $c_1, c_2 : [0,1]^k \to M$ 是两个保定向的奇异 k 维立方体，其中 M 是 k 维有向流形，$\boldsymbol{\omega}$ 是 M 上的一个 k 次形式，使得在 $c_1([0,1]^k) \cap c_2([0,1]^k)$ 之外有 $\boldsymbol{\omega} = \mathbf{0}$，则

$$\int_{c_1} \boldsymbol{\omega} = \int_{c_2} \boldsymbol{\omega}.$$

证明 我们有

$$\int_{c_1} \boldsymbol{\omega} = \int_{[0,1]^k} c_1^* \boldsymbol{\omega} = \int_{[0,1]^k} (c_2^{-1} \circ c_1)^* c_2^* \boldsymbol{\omega}.$$

（这里 $c_2^{-1} \circ c_1$ 只定义在 $[0,1]^k$ 的一个子集上，而第二个等式用到了在 $c_1([0,1]^k) \cap c_2([0,1]^k)$ 之外有 $\boldsymbol{\omega} = \mathbf{0}$ 这个事实.）因此只需证明

$$\int_{[0,1]^k} (c_2^{-1} \circ c_1)^* c_2^* \boldsymbol{\omega} = \int_{[0,1]^k} c_2^* \boldsymbol{\omega} = \int_{c_2} \boldsymbol{\omega}.$$

若 $c_2^* \boldsymbol{w} = f\, \mathbf{d}x^1 \wedge \cdots \wedge \mathbf{d}x^k$，并把 $c_2^{-1} \circ c_1$ 记为 g，则由定理 4-9 以及 $\det g' = \det(c_2^{-1} \circ c_1)' > 0$ 可知，

$$\begin{aligned}(c_2^{-1} \circ c_1)^* c_2^* \boldsymbol{\omega} &= g^*(f\, \mathbf{d}x^1 \wedge \cdots \wedge \mathbf{d}x^k) \\ &= (f \circ g) \cdot \det g' \cdot \mathbf{d}x^1 \wedge \cdots \wedge \mathbf{d}x^k \\ &= (f \circ g) \cdot |\det g'| \cdot \mathbf{d}x^1 \wedge \cdots \wedge \mathbf{d}x^k.\end{aligned}$$

从定理 3-13 即得结论. ■

证明中的最后一个等式能说明为什么对待定向要这样小心.

令 $\boldsymbol{\omega}$ 为 k 维有向流形 M 上的一个 k 次形式. 如果 M 中有一个保定向的奇异 k 维立方体 c，使得在 $c([0,1]^k)$ 之外有 $\boldsymbol{\omega} = \mathbf{0}$，就定义

$$\int_M \boldsymbol{\omega} = \int_c \boldsymbol{\omega}.$$

定理 5-4 说明 $\int_M \boldsymbol{\omega}$ 并不依赖于 c 的选择. 现设 $\boldsymbol{\omega}$ 是 M 上的任意一个 k 次形式. 必有 M 的一个开覆盖 $\mathcal{O}$ 使得对每个 $U \in \mathcal{O}$ 都有一个保定向的奇异 k 维立方体使得 $U \cap M \in c([0,1]^k)$. 令 Φ 为 M 的从属于这个开覆盖的单位分解. 定义

$$\int_M \boldsymbol{\omega} = \sum_{\varphi \in \Phi} \int_M \varphi \cdot \boldsymbol{\omega},$$

等式右边要求收敛，正如定理 3-12 前的讨论中描述的那样（当 M 为紧集时，它必定收敛）. 用类似于定理 3-12 的论证可以证明 $\int_M \boldsymbol{\omega}$ 并不依赖于覆盖 $\mathcal{O}$ 或 Φ.

所有这些定义都可以针对有定向 $\boldsymbol{\mu}$ 的 k 维带边流形 M. 令 ∂M 有诱导定向 $\partial\boldsymbol{\mu}$. 令 c 为 M 中的一个保定向的奇异 k 维立方体，使得 $c_{(k,0)}$ 在 ∂M 中，并且是 c 在 ∂M 中的唯一的有内点的面. 正如 $\partial\boldsymbol{\mu}$ 的定义后的说明中指出的，当 k 为偶数时，$c_{(k,0)}$ 是保定向的，而当 k 为奇数时则不然. 因此，若 $\boldsymbol{\omega}$ 是 M 上的一

个 $k-1$ 次形式且在 $c([0,1]^k)$ 之外为 $\mathbf{0}$，则

$$\int_{c_{(k,0)}} \boldsymbol{\omega} = (-1)^k \int_{\partial M} \boldsymbol{\omega}.$$

此外，$c_{(k,0)}$ 在 ∂c 中的系数是 $(-1)^k$，所以

$$\int_{\partial c} \boldsymbol{\omega} = \int_{(-1)^k c_{(k,0)}} \boldsymbol{\omega} = (-1)^k \int_{c_{(k,0)}} \boldsymbol{\omega} = \int_{\partial M} \boldsymbol{\omega}.$$

我们对 $\partial\boldsymbol{\mu}$ 的选择就是为了使这个等式和下面的定理中不出现任何负号.

定理 5-5 (斯托克斯定理) *若 M 是一个 k 维紧有向带边流形，$\boldsymbol{\omega}$ 是 M 上的一个 $k-1$ 次形式，则*

$$\int_M \mathbf{d}\boldsymbol{\omega} = \int_{\partial M} \boldsymbol{\omega}.$$

(这里 ∂M 要赋以诱导定向.)

证明 首先，设 $M-\partial M$ 中有一个保定向的奇异 k 维立方体 c，使得在 $c([0,1]^k)$ 之外有 $\boldsymbol{\omega}=\mathbf{0}$. 根据定理 4-13 和 $\mathbf{d}\boldsymbol{\omega}$ 的定义，我们有

$$\int_c \mathbf{d}\boldsymbol{\omega} = \int_{[0,1]^k} c^*(\mathbf{d}\boldsymbol{\omega}) = \int_{[0,1]^k} \mathbf{d}(c^*\boldsymbol{\omega}) = \int_{\partial I^k} c^*\boldsymbol{\omega} = \int_{\partial c} \boldsymbol{\omega}.$$

因为在 ∂c 上 $\boldsymbol{\omega}=\mathbf{0}$，所以

$$\int_M \mathbf{d}\boldsymbol{\omega} = \int_c \mathbf{d}\boldsymbol{\omega} = \int_{\partial c} \boldsymbol{\omega} = 0.$$

此外，因为在 ∂M 上 $\boldsymbol{\omega}=\mathbf{0}$，所以 $\int_{\partial M}\boldsymbol{\omega}=0$.

其次，设 M 中有一个保定向的奇异 k 维立方体 c，使得 $c_{(k,0)}$ 是在 ∂M 中的唯一的面，并且在 $c([0,1]^k)$ 之外有 $\boldsymbol{\omega}=\mathbf{0}$. 此时

$$\int_M \mathbf{d}\boldsymbol{\omega} = \int_c \mathbf{d}\boldsymbol{\omega} = \int_{\partial c} \boldsymbol{\omega} = \int_{\partial M} \boldsymbol{\omega}.$$

现在考虑一般情况. 必有 M 的一个开覆盖 $\mathcal{O}$ 以及 M 的从属于 $\mathcal{O}$ 的单位分解 Φ，使得对每个 $\varphi\in\Phi$，形式 $\varphi\cdot\boldsymbol{\omega}$ 是上述两种类型之一. 我们有

$$\mathbf{0} = \mathbf{d}(1) = \mathbf{d}\left(\sum_{\varphi\in\Phi}\varphi\right) = \sum_{\varphi\in\Phi}\mathbf{d}\varphi,$$

所以

$$\sum_{\varphi\in\Phi}\mathbf{d}\varphi\wedge\boldsymbol{\omega} = \mathbf{0}.$$

因为 M 为紧集，所以这只是一个有限和，并且

$$\sum_{\varphi\in\Phi}\int_M \mathbf{d}\varphi\wedge\boldsymbol{\omega} = 0.$$

因此

$$\int_M \mathbf{d}\boldsymbol{\omega} = \sum_{\varphi\in\Phi}\int_M \varphi\cdot\mathbf{d}\boldsymbol{\omega} = \sum_{\varphi\in\Phi}\int_M (\mathbf{d}\varphi\wedge\boldsymbol{\omega}+\varphi\cdot\mathbf{d}\boldsymbol{\omega})$$

$$
\begin{aligned}
&= \sum_{\varphi \in \Phi} \int_M \mathbf{d}(\varphi \cdot \boldsymbol{\omega}) = \sum_{\varphi \in \Phi} \int_{\partial M} \varphi \cdot \boldsymbol{\omega} \\
&= \int_{\partial M} \boldsymbol{\omega}.
\end{aligned}
$$
■

习题

5-18. 若 M 是 $\mathbb{R}^n$ 中的一个 n 维流形（或带边流形），具有通常定向，证明本节中定义的 $\int_M f\,\mathbf{d}x^1 \wedge \cdots \wedge \mathbf{d}x^n$ 和第 3 章中定义的 $\int_M f$ 一样.

5-19. (a) 证明：若 M 非紧集，则定理 5-5 不为真. 提示：若 M 是使定理 5-5 成立的一个带边流形，则 $M - \partial M$ 也是一个带边流形（但边缘为空）.

(b) 证明：若 $\boldsymbol{\omega}$ 在 M 的一个紧子集之外为 $\mathbf{0}$，则当 M 非紧集时，定理 5-5 仍成立.

5-20. 若 $\boldsymbol{\omega}$ 是一个 k 维紧流形 M 上的一个 $k-1$ 次形式，证明 $\int_M \mathbf{d}\boldsymbol{\omega} = 0$. 若 M 非紧集，给出一个反例.

5-21. V 上的**绝对 k 阶张量**是一个形如 $|\boldsymbol{\omega}|$①的函数 $\boldsymbol{\eta} : V^k \to \mathbb{R}$，其中 $\boldsymbol{\omega} \in \Omega^k(V)$. M 上的**绝对 k 次形式**是一个函数 $\boldsymbol{\eta}$，使得 $\boldsymbol{\eta}(\boldsymbol{x})$ 为 $M_{\boldsymbol{x}}$ 上的绝对 k 阶张量. 证明即使 M 不可定向，$\int_M \boldsymbol{\eta}$ 仍有定义.

5-22. 若 $M_1 \subset \mathbb{R}^n$ 是一个 n 维带边流形，$M_2 \subset M_1 - \partial M_1$ 也是一个 n 维带边流形，且 M_1、M_2 均为紧集，求证

$$\int_{\partial M_1} \boldsymbol{\omega} = \int_{\partial M_2} \boldsymbol{\omega},$$

其中 $\boldsymbol{\omega}$ 是 M_1 上的一个 $n-1$ 次形式，∂M_1 与 ∂M_2 的定向是由 M_1 与 M_2 的通常定向决定的诱导定向. 提示：找到一个带边流形 M 使得 $\partial M = \partial M_1 \cup \partial M_2$，并且使得 ∂M 上的诱导定向在 ∂M_1 上与 ∂M_1 上的原有诱导定向一致，在 ∂M_2 上则与 ∂M_2 上的原有诱导定向相反.

5.4 体积元素

令 M 是 $\mathbb{R}^n$ 中的一个 k 维流形（或带边流形），其定向为 $\boldsymbol{\mu}$. 若 $\boldsymbol{x} \in M$，则 $\boldsymbol{\mu}_{\boldsymbol{x}}$ 和前面定义的内积 $T_{\boldsymbol{x}}$ 决定了一个体积元素 $\boldsymbol{\omega}(\boldsymbol{x}) \in \Omega^k(M_{\boldsymbol{x}})$. 因此，我们得

① $|\boldsymbol{\omega}|(\boldsymbol{v}_1, \cdots, \boldsymbol{v}_k) = |\boldsymbol{\omega}(\boldsymbol{v}_1, \cdots, \boldsymbol{v}_k)|$. 另外，第 2 章习题 2-13(d) 中对 $f : \mathbb{R} \to \mathbb{R}$ 也引用了类似的记号. ——译者注

到一个在 M 上处处不为 $\mathbf{0}$ 的 k 次形式 $\boldsymbol{\omega}$，称为 M 上的（由 $\boldsymbol{\mu}$ 所决定的）**体积元素**，记作 $\mathbf{d}\boldsymbol{V}$，纵然它一般不是一个 $k-1$ 次形式的微分. M 的**体积**定义为 $\int_{\partial M}\mathbf{d}\boldsymbol{V}$，如果积分存在. 当 M 为紧集时，它确实是存在的. 对于一维和二维流形，“体积”通常叫作**曲线长度**（或**弧长**）和**曲面面积**，$\mathbf{d}\boldsymbol{V}$ 则记作 $\mathbf{d}s$ [（曲线）长度元素] 和 $\mathbf{d}\boldsymbol{A}$（或 $\mathbf{d}\boldsymbol{S}$）[（曲面）面积元素] .

值得关注的一个具体例子是 $\mathbb{R}^3$ 中有向曲面（二维有向流形）M 的体积元素. 令 $\boldsymbol{n}(\boldsymbol{x})$ 为 $\boldsymbol{x}\in M$ 处的单位外法向量. 若 $\boldsymbol{\omega}\in\Omega^2(M_{\boldsymbol{x}})$ 定义为

$$\boldsymbol{\omega}(\boldsymbol{v},\boldsymbol{w})=\det\begin{pmatrix}\boldsymbol{v}\\ \boldsymbol{w}\\ \boldsymbol{n}(\boldsymbol{x})\end{pmatrix},$$

则当 $\boldsymbol{v}$ 和 $\boldsymbol{w}$ 是 $M_{\boldsymbol{x}}$ 的标准正交基且 $[\boldsymbol{v},\boldsymbol{w}]=\boldsymbol{\mu}_{\boldsymbol{x}}$ 时有 $\boldsymbol{\omega}(\boldsymbol{v},\boldsymbol{w})=1$. 因此，$\mathbf{d}\boldsymbol{A}=\boldsymbol{\omega}$. 另外，根据 $\boldsymbol{v}\times\boldsymbol{w}$ 的定义，$\boldsymbol{\omega}(\boldsymbol{v},\boldsymbol{w})=\langle\boldsymbol{v}\times\boldsymbol{w},\boldsymbol{n}(\boldsymbol{x})\rangle$，于是有

$$\mathbf{d}\boldsymbol{A}(\boldsymbol{v},\boldsymbol{w})=\langle\boldsymbol{v}\times\boldsymbol{w},\boldsymbol{n}(\boldsymbol{x})\rangle.$$

对 $\boldsymbol{v},\boldsymbol{w}\in M_x$，$\boldsymbol{v}\times\boldsymbol{w}$ 是 $\boldsymbol{n}(\boldsymbol{x})$ 的倍数，我们由此得出，若 $[\boldsymbol{v},\boldsymbol{w}]=\boldsymbol{\mu}$，则

$$\mathbf{d}\boldsymbol{A}(\boldsymbol{v},\boldsymbol{w})=|\boldsymbol{v}\times\boldsymbol{w}|.$$

如果我们想计算 M 的面积，就必须对保定向的奇异二维立方体 c 计算

$$\int_{[0,1]^2}c^*(\mathbf{d}\boldsymbol{A}).$$

我们定义

$$\begin{aligned}E(\boldsymbol{a})&=\left[\mathrm{D}_1c^1(\boldsymbol{a})\right]^2+\left[\mathrm{D}_1c^2(\boldsymbol{a})\right]^2+\left[\mathrm{D}_1c^3(\boldsymbol{a})\right]^2,\\ F(\boldsymbol{a})&=\mathrm{D}_1c^1(\boldsymbol{a})\cdot\mathrm{D}_2c^1(\boldsymbol{a})+\mathrm{D}_1c^2(\boldsymbol{a})\cdot\mathrm{D}_2c^2(\boldsymbol{a})+\mathrm{D}_1c^3(\boldsymbol{a})\cdot\mathrm{D}_2c^3(\boldsymbol{a}),\\ G(\boldsymbol{a})&=\left[\mathrm{D}_2c^1(\boldsymbol{a})\right]^2+\left[\mathrm{D}_2c^2(\boldsymbol{a})\right]^2+\left[\mathrm{D}_2c^3(\boldsymbol{a})\right]^2,\end{aligned}$$

于是，由习题 4-9 可得，

$$\begin{aligned}&c^*(\mathbf{d}\boldsymbol{A})((\boldsymbol{e}_1)_{\boldsymbol{a}},(\boldsymbol{e}_2)_{\boldsymbol{a}})=\mathbf{d}\boldsymbol{A}(c_*((\boldsymbol{e}_1)_{\boldsymbol{a}}),c_*(\boldsymbol{e}_2)_{\boldsymbol{a}})\\ &=\left|\left(\mathrm{D}_1c^1(\boldsymbol{a}),\mathrm{D}_1c^2(\boldsymbol{a}),\mathrm{D}_1c^3(\boldsymbol{a})\right)\times\left(\mathrm{D}_2c^1(\boldsymbol{a}),\mathrm{D}_2c^2(\boldsymbol{a}),\mathrm{D}_2c^3(\boldsymbol{a})\right)\right|\\ &=\sqrt{E(\boldsymbol{a})G(\boldsymbol{a})-F(\boldsymbol{a})^2}.\end{aligned}$$

因此

$$\int_{[0,1]^2}c^*(\mathbf{d}\boldsymbol{A})=\int_{[0,1]^2}\sqrt{EG-F^2}.$$

计算曲面面积显然是一件繁重的工作，所幸我们极少需要知道一个曲面的面积. 此外，$\mathbf{d}\boldsymbol{A}$ 还有一个简单的表达式，足以用于理论探讨.

定理 5-6　令 M 为 $\mathbb{R}^3$ 中的一个二维有向流形（或带边流形），令 $\boldsymbol{n}$ 表示单位外法向量，则

$$\mathbf{d}\boldsymbol{A} = n^1\,\mathbf{d}y \wedge \mathbf{d}z + n^2\,\mathbf{d}z \wedge \mathbf{d}x + n^3\,\mathbf{d}x \wedge \mathbf{d}y. \tag{5.2}$$

此外，在 M 上我们有

$$n^1\,\mathbf{d}\boldsymbol{A} = \mathbf{d}y \wedge \mathbf{d}z. \tag{5.3}$$

$$n^2\,\mathbf{d}\boldsymbol{A} = \mathbf{d}z \wedge \mathbf{d}x. \tag{5.4}$$

$$n^3\,\mathbf{d}\boldsymbol{A} = \mathbf{d}x \wedge \mathbf{d}y. \tag{5.5}$$

证明　式 (5.2) 等价于

$$\mathbf{d}\boldsymbol{A}(\boldsymbol{v},\boldsymbol{w}) = \det\begin{pmatrix}\boldsymbol{v}\\ \boldsymbol{w}\\ \boldsymbol{n}(\boldsymbol{x})\end{pmatrix}.$$

只要把行列式沿最下一行进行余子式展开就可以证明这一点. 要证其他各式，令 $\boldsymbol{z} \in \mathbb{R}^3{}_{\boldsymbol{x}}$. 因为 $\boldsymbol{v} \times \boldsymbol{w} = \alpha\boldsymbol{n}(\boldsymbol{x})$ 对某个 $\alpha \in \mathbb{R}$ 成立，所以

$$\langle \boldsymbol{z}, \boldsymbol{n}(\boldsymbol{x})\rangle \cdot \langle \boldsymbol{v} \times \boldsymbol{w}, \boldsymbol{n}(\boldsymbol{x})\rangle = \langle \boldsymbol{z}, \boldsymbol{n}(\boldsymbol{x})\rangle\alpha = \langle \boldsymbol{z}, \alpha\boldsymbol{n}(\boldsymbol{x})\rangle = \langle \boldsymbol{z}, \boldsymbol{v} \times \boldsymbol{w}\rangle.$$

分别取 $\boldsymbol{z} = \boldsymbol{e}_1, \boldsymbol{e}_2, \boldsymbol{e}_3$ 即得式 (5.3)(5.4)(5.5). ■

有一点要注意：若 $\boldsymbol{\omega} \in \Omega^2(\mathbb{R}^3{}_{\boldsymbol{a}})$ 定义为

$$\boldsymbol{\omega} = n^1(\boldsymbol{a}) \cdot \mathbf{d}y(\boldsymbol{a}) \wedge \mathbf{d}z(\boldsymbol{a}) + n^2(\boldsymbol{a}) \cdot \mathbf{d}z(\boldsymbol{a}) \wedge \mathbf{d}x(\boldsymbol{a}) + n^3(\boldsymbol{a}) \cdot \mathbf{d}x(\boldsymbol{a}) \wedge \mathbf{d}y(\boldsymbol{a}),$$

例如，下式就不为真：

$$n^1(\boldsymbol{a}) \cdot \boldsymbol{\omega} = \mathbf{d}y(\boldsymbol{a}) \wedge \mathbf{d}z(\boldsymbol{a}).$$

两边只有在作用于 $\boldsymbol{v}, \boldsymbol{w} \in M_{\boldsymbol{a}}$ 时才能得到相同的结果.

应该再用几句话来说明我们给出的曲线长度和曲面面积的定义的合理性. 若 $c : [0,1] \to \mathbb{R}^n$ 是可微的，并且 $c([0,1])$ 是一个一维带边流形，可以证明（但很烦琐），$c([0,1])$ 的长度正是其内接折线的长度的上确界. 若 $c : [0,1]^2 \to \mathbb{R}^n$，我们自然希望 $c([0,1]^2)$ 的面积就是顶点在曲面 $c([0,1]^2)$ 上的许多三角形所组成的面的面积的上确界. 令人颇为惊奇的是，这样的上确界通常不存在——你可以找到任意接近曲面 $c([0,1]^2)$ 的内接多平面，使得其面积任意大！图 5-9 中的柱面就表明了这一点. 人们先后提出过许多曲面面积的定义，彼此之间存在分歧，但是对于可微曲面而言都和我们的定义一致. 关于这些疑难问题的讨论，读者可以参阅文献 [3] 或 [15].

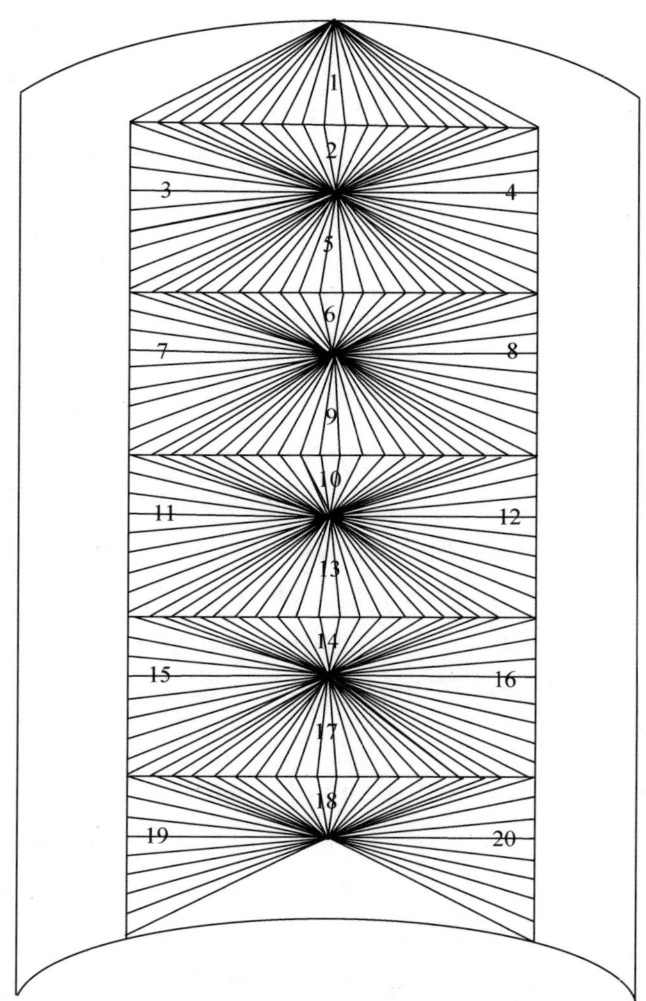

图 5-9　这是一个有 20 个内接三角形的曲面，在柱面的部分区域上．若使 3 号、4 号、7 号、8 号三角形的底足够小，以使三角形的个数增加到足够多，内接面的面积就可以变得任意大.

习题

5-23. 若 M 是 $\mathbb{R}^n$ 中的一个一维有向流形，$c:[0,1]\to M$ 是保定向的，求证

$$\int_{[0,1]} c^*(\mathbf{d}s)=\int_{[0,1]}\sqrt{[(c^1)']^2+\cdots+[(c^n)']^2}.$$

5-24. 若 M 是 $\mathbb{R}^n$ 中的 n 维流形，具有通常定向，证明 $\mathbf{d}\boldsymbol{V} = \mathbf{d}x^1 \wedge \cdots \wedge \mathbf{d}x^n$，所以本节中定义的 M 的体积就是第 3 章中定义的体积.（注意，这个结论依赖于 $\boldsymbol{\omega} \wedge \boldsymbol{\eta}$ 的定义中的数值因子.）

5-25. 把定理 5-6 推广到 $\mathbb{R}^n$ 中的 $n-1$ 维有向流形.

5-26. (a) 若 $f : [a,b] \to \mathbb{R}$ 非负，f 在 xy 平面中的图像绕 x 轴在 $\mathbb{R}^3$ 中旋转产生曲面 M，求证 M 的面积是

$$\int_a^b 2\pi f\sqrt{1+(f')^2}.$$

(b) 计算 S^2 的面积.

5-27. 若 $T : \mathbb{R}^n \to \mathbb{R}^n$ 是保范数的线性变换，M 是 $\mathbb{R}^n$ 中的 k 维流形，证明 M 和 $T(M)$ 体积相同.

5-28. (a) 若 M 是一个 k 维流形，证明即使 M 不可定向，也可以定义一个绝对 k 阶张量 $|\mathbf{d}\boldsymbol{V}|$，这样 M 的体积就可以定义为 $\int_M |\mathbf{d}\boldsymbol{V}|$.

(b) 若 $c : [0, 2\pi] \times (-1,1) \to \mathbb{R}^3$ 定义为

$$c(u,v) = (2\cos u + v\sin(u/2)\cos u, 2\sin u + v\sin(u/2)\sin u, v\cos u/2),$$

证明 $c([0,2\pi] \times (-1,1))$ 是默比乌斯带，并求其面积.

5-29. 若在 k 维流形 M 上有一个处处不为 $\mathbf{0}$ 的 k 次形式，证明 M 是可定向的.

5-30. (a) 若 $f : [0,1] \to \mathbb{R}$ 可微，$c : [0,1] \to \mathbb{R}^2$ 定义为 $c(x) = (x, f(x))$，证明 $c([0,1])$ 的长度是 $\int_0^1 \sqrt{1+(f')^2}$.

(b) 证明这条曲线的长度是其内接折线的长度的上确界. 提示：若 $0 = t_0 \leqslant t_1 \leqslant \cdots \leqslant t_n = 1$，则对某个 $s_i \in [t_{i-1}, t_i]$ 有

$$\begin{aligned}\big|c(t_i) - c(t_{i-1})\big| &= \sqrt{(t_i - t_{i-1})^2 + (f(t_i) - f(t_{i-1}))^2}\\ &= \sqrt{(t_i - t_{i-1})^2 + f'(s_i)^2(t_i - t_{i-1})^2}.\end{aligned}$$

5-31. 考虑 $\mathbb{R}^3 - \{\mathbf{0}\}$ 中的二次形式 $\boldsymbol{\omega}$，其定义为：

$$\boldsymbol{\omega} = \frac{x\,\mathbf{d}y \wedge \mathbf{d}z + y\,\mathbf{d}z \wedge \mathbf{d}x + z\,\mathbf{d}x \wedge \mathbf{d}y}{(x^2+y^2+z^2)^{3/2}}.$$

(a) 求证 $\boldsymbol{\omega}$ 是闭形式.

(b) 求证

$$\boldsymbol{\omega}(\boldsymbol{p})(\boldsymbol{v}_{\boldsymbol{p}}, \boldsymbol{w}_{\boldsymbol{p}}) = \frac{\langle \boldsymbol{v} \times \boldsymbol{w}, \boldsymbol{p}\rangle}{|\boldsymbol{p}|^3}.$$

对于 $r>0$，令 $S^2(r)=\{\boldsymbol{x}\in\mathbb{R}^3:|\boldsymbol{x}|=r\}$. 证明限制在 $S^2(r)$ 的切空间上的 $\boldsymbol{\omega}$ 就是 $1/r^2$ 乘以体积元素，并且 $\int_{S^2(r)}\boldsymbol{\omega}=4\pi$. 由此断定：$\boldsymbol{\omega}$ 不是恰当的. 不过我们仍然把 $\boldsymbol{\omega}$ 记为 $\mathbf{d}\boldsymbol{\theta}$，因为我们将看到，$\mathbf{d}\boldsymbol{\theta}$ 是 $\mathbb{R}^2-\{\mathbf{0}\}$ 中的一次形式 $\mathbf{d}\theta$ 的类似物.

(c) 若 $\boldsymbol{v_p}$ 是切向量，使得对某个 $\lambda\in\mathbb{R}$ 有 $\boldsymbol{v}=\lambda\boldsymbol{p}$，证明对一切切向量 $\boldsymbol{w_p}$ 有 $\mathbf{d}\boldsymbol{\theta}(\boldsymbol{p})(\boldsymbol{v_p},\boldsymbol{w_p})=\mathbf{0}$. 若 $\mathbb{R}^3$ 中的二维流形 M 是广义锥的一部分，即 M 是过原点的线段的并集，证明 $\int_M\mathbf{d}\boldsymbol{\theta}=0$.

(d) 设 $M\subset\mathbb{R}^3-\{\mathbf{0}\}$ 是一个二维紧带边流形，使得每条经过 $\mathbf{0}$ 的射线都与 M 至多相交一次（图 5-10）. 这些经过 $\mathbf{0}$、与 M 相交的射线的并集构成一个立体锥 $C(M)$. M 所张的**立体角**定义为 $C(M)\cap S^2$ 的面积，也就是 $1/r^2$ 乘以 $C(M)\cap S^2(r)$ 的面积（$r>0$）. 证明 M 所张的立体角等于 $\left|\int_M\mathbf{d}\boldsymbol{\theta}\right|$. *提示*：取 r 充分小，使得有一个三维带边流形 N（见图 5-10）使其边缘 ∂N 是 M、$C(M)\cap S^2(r)$ 以及一个广义锥的一部分的并集.（实际上，N 是一个带角流形，见下一节末尾的说明.）

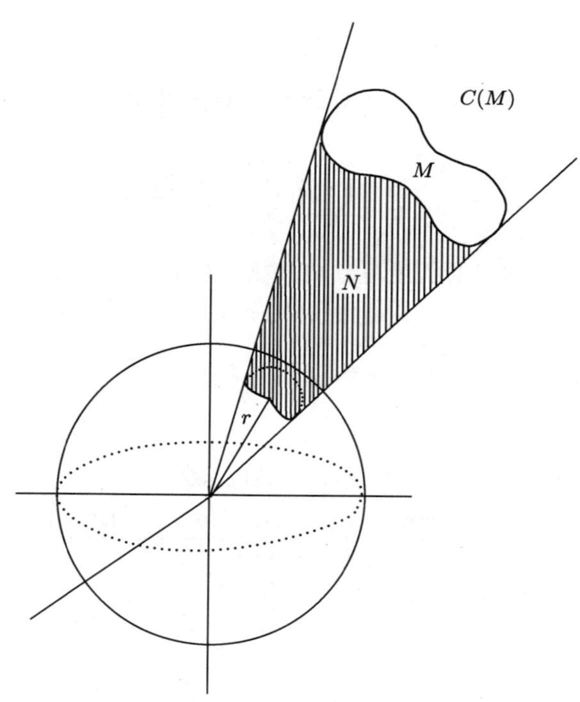

图 5-10

5-32. 令 $f,g:[0,1]\to\mathbb{R}^3$ 是不相交的封闭曲线，定义其**环绕数** $l(f,g)$ 为（见习题 4-34）

$$l(f,g)=\frac{-1}{4\pi}\int_{c_{f,g}}\mathbf{d}\boldsymbol{\theta}.$$

(a) 若 (F,G) 是不相交封闭曲线的同伦，则 $l(F_0,G_0)=l(F_1,G_1)$.

(b) 若 $r(u,v)=\big|f(u)-g(v)\big|$，证明

$$l(f,g)=\frac{-1}{4\pi}\int_0^1\int_0^1\frac{1}{[r(u,v)]^3}\cdot A(u,v)\mathrm{d}u\mathrm{d}v,$$

其中

$$A(u,v)=\det\begin{pmatrix}(f^1)'(u) & (f^2)'(u) & (f^3)'(u)\\ (g^1)'(v) & (g^2)'(v) & (g^3)'(v)\\ f^1(u)-g^1(v) & f^2(u)-g^2(v) & f^3(u)-g^3(v)\end{pmatrix}.$$

(c) 证明若 f 和 g 都在 xy 平面中，则 $l(f,g)=0$. 图 4-5(b) 中的两条曲线是 $f(u)=(\cos u,\sin u,0)$ 和 $g(v)=(1+\cos v,0,\sin v)$. 很容易发现，在这个例子中用上述积分来计算 $l(f,g)$ 是毫无希望的. 下一个习题将说明如何不用具体的计算即可求出 $l(f,g)$.

5-33. (a) 若 $(a,b,c)\in\mathbb{R}^3$，定义

$$\mathbf{d}\boldsymbol{\theta}_{(a,b,c)}=\frac{(x-a)\mathbf{d}y\wedge\mathbf{d}z+(y-b)\mathbf{d}z\wedge\mathbf{d}x+(z-c)\mathbf{d}x\wedge\mathbf{d}y}{\left[(x-a)^2+(y-b)^2+(z-c)^2\right]^{3/2}}.$$

若 M 是 $\mathbb{R}^3$ 中的二维紧带边流形，$(a,b,c)\notin M$，定义

$$\Omega(a,b,c)=\int_M\mathbf{d}\boldsymbol{\theta}_{(a,b,c)}.$$

令 (a,b,c) 与外法向量在 M 的同一侧，而 (a',b',c') 在其另一侧. 证明只要选取 (a,b,c) 和 (a',b',c') 充分接近，就能使 $\Omega(a,b,c)-\Omega(a',b',c')$ 任意地接近 -4π. 提示：先证若 $M=\partial N$，对 $(a,b,c)\in N-M$ 有 $\Omega(a,b,c)=-4\pi$，对 $(a,b,c)\notin N$ 有 $\Omega(a,b,c)=0$.

(b) 设 $f([0,1])=\partial M$，M 是一个二维紧有向带边流形.（如果 f 不自交，那么这样的 M 总是存在的，即使 f 是纽结状的. 参阅文献 [6] 第 138 页.）设 g 与 M 在 $\boldsymbol{x}$ 处相交时，g 在 $\boldsymbol{x}$ 处的切向量 $\boldsymbol{v}$ 不在 $M_{\boldsymbol{x}}$ 中. 令 n^+ 表示使上述 $\boldsymbol{v}$ 与 M 的外法向量指向同侧的 g 与 M 的交点个数，n^- 表示其余交点个数. 若 $n=n^+-n^-$，证明

$$n=\frac{-1}{4\pi}\int_g\mathbf{d}\Omega.$$

(c) 令 $r(x,y,z)=\left|(x,y,z)\right|$，求证

$$\begin{aligned}
\mathrm{D}_1\Omega(a,b,c)&=\int_f\frac{(y-b)\mathbf{d}z-(z-c)\mathbf{d}y}{r^3}\\
\mathrm{D}_2\Omega(a,b,c)&=\int_f\frac{(z-c)\mathbf{d}x-(x-a)\mathbf{d}z}{r^3}\\
\mathrm{D}_3\Omega(a,b,c)&=\int_f\frac{(x-a)\mathbf{d}y-(y-b)\mathbf{d}x}{r^3}.
\end{aligned}$$

(d) 证明 (b) 中的整数 n 等于习题 5-32(b) 中的积分，并用此结果证明：当 f 和 g 为图 4-6(b) 中的曲线时，$l(f,g)=1$；当 f 和 g 为图 4-6(c) 中的曲线时，$l(f,g)=0$. [高斯 (Gauss) 知道这些结果 [7]. 这里所概述的证明见文献 [4] 第 409～411 页；另见文献 [13] 第 2 卷第 41～43 页.]

5.5　一些经典定理

现在我们已经完全做好准备来叙述和证明几个经典的“斯托克斯型”的定理. 我们将比较随便地采用一些不言自明的古典记号.

定理 5-7 (格林定理)　令 $M\subset\mathbb{R}^2$ 是一个二维紧带边流形. 假设 $\alpha,\beta:M\to\mathbb{R}$ 是可微的，则

$$\int_{\partial M}\alpha\,\mathbf{d}x+\beta\,\mathbf{d}y=\int_M(\mathrm{D}_1\beta-\mathrm{D}_2\alpha)\mathbf{d}x\wedge\mathbf{d}y=\iint_M\left(\frac{\partial\beta}{\partial x}-\frac{\partial\alpha}{\partial y}\right)\mathrm{d}x\,\mathrm{d}y.$$

(这里 M 赋以通常定向，∂M 赋以诱导定向，也就是逆时针定向.)

证明　因为 $\mathbf{d}(\alpha\,\mathbf{d}x+\beta\,\mathbf{d}y)=(\mathrm{D}_1\beta-\mathrm{D}_2\alpha)\mathbf{d}x\wedge\mathbf{d}y$，所以这就是定理 5-5 的一个非常特殊的情况. ■

定理 5-8 (散度定理)　令 $M\subset\mathbb{R}^3$ 是一个三维紧带边流形，$\boldsymbol{n}$ 是 ∂M 的单位外法向量. 设 $\boldsymbol{F}$ 是 M 上的可微向量场，则

$$\int_M\operatorname{div}\boldsymbol{F}\,\mathbf{d}\boldsymbol{V}=\int_{\partial M}\langle\boldsymbol{F},\boldsymbol{n}\rangle\,\mathbf{d}\boldsymbol{A}.$$

这个式子也可以用三个可微函数 $\alpha,\beta,\gamma:M\to\mathbb{R}$ 写成

$$\iiint_M\left(\frac{\partial\alpha}{\partial x}+\frac{\partial\beta}{\partial y}+\frac{\partial\gamma}{\partial z}\right)\mathrm{d}V=\iint_{\partial M}\left(n^1\alpha+n^2\beta+n^3\gamma\right)\mathrm{d}S.$$

证明　在 M 上定义 $\boldsymbol{\omega}=F^1\,\mathbf{d}y\wedge\mathbf{d}z+F^2\,\mathbf{d}z\wedge\mathbf{d}x+F^3\,\mathbf{d}x\wedge\mathbf{d}y$，则 $\mathbf{d}\boldsymbol{\omega}=\operatorname{div}\boldsymbol{F}\,\mathbf{d}\boldsymbol{V}$. 根据定理 5-6，在 ∂M 上有

$$\begin{aligned}
n^1\,\mathbf{d}\boldsymbol{A}&=\mathbf{d}y\wedge\mathbf{d}z,\\
n^2\,\mathbf{d}\boldsymbol{A}&=\mathbf{d}z\wedge\mathbf{d}x,\\
n^3\,\mathbf{d}\boldsymbol{A}&=\mathbf{d}x\wedge\mathbf{d}y,
\end{aligned}$$

所以在 ∂M 上有

$$\begin{aligned}\langle \boldsymbol{F}, \boldsymbol{n}\rangle\, \mathbf{d}\boldsymbol{A} &= F^1 n^1\, \mathbf{d}\boldsymbol{A} + F^2 n^2\, \mathbf{d}\boldsymbol{A} + F^3 n^3\, \mathbf{d}\boldsymbol{A} \\ &= F^1\, \mathbf{d}y \wedge \mathbf{d}z + F^2\, \mathbf{d}z \wedge \mathbf{d}x + F^3\, \mathbf{d}x \wedge \mathbf{d}y \\ &= \boldsymbol{\omega}.\end{aligned}$$

因此，根据定理 5-5，我们有

$$\int_M \operatorname{div} \boldsymbol{F}\, \mathbf{d}\boldsymbol{V} = \int_M \mathbf{d}\boldsymbol{\omega} = \int_{\partial M} \boldsymbol{\omega} = \int_{\partial M} \langle \boldsymbol{F}, \boldsymbol{n}\rangle\, \mathbf{d}\boldsymbol{A}.$$ ■

定理 5-9 (斯托克斯定理) 令 $M \subset \mathbb{R}^3$ 是一个二维紧有向带边流形，$\boldsymbol{n}$ 是 M 的由其定向所决定的单位外法向量. 设 ∂M 具有诱导定向. 令 $\boldsymbol{T}$ 为 M 上的向量场，且 $\mathbf{d}s(\boldsymbol{T}) = \mathbf{1}$，令 $\boldsymbol{F}$ 是定义在包含 M 的一个开集上的可微向量场，则

$$\int_M \langle (\nabla \times \boldsymbol{F}), \boldsymbol{n}\rangle\, \mathbf{d}\boldsymbol{A} = \int_{\partial M} \langle \boldsymbol{F}, \boldsymbol{T}\rangle\, \mathbf{d}s.$$

这个式子有时写作

$$\begin{aligned}&\int_{\partial M} \alpha\, \mathrm{d}x + \beta\, \mathrm{d}y + \gamma\, \mathrm{d}z \\ &\quad = \iint_M \left[n^1 \left(\frac{\partial \gamma}{\partial y} - \frac{\partial \beta}{\partial z}\right) + n^2 \left(\frac{\partial \alpha}{\partial z} - \frac{\partial \gamma}{\partial x}\right) + n^3 \left(\frac{\partial \beta}{\partial x} - \frac{\partial \alpha}{\partial y}\right)\right] \mathrm{d}S.\end{aligned}$$

证明 在 M 上定义 $\boldsymbol{\omega}$ 为 $\boldsymbol{\omega} = F^1\, \mathbf{d}x + F^2\, \mathbf{d}y + F^3\, \mathbf{d}z$. 因为 $\nabla \times \boldsymbol{F}$ 的分量是 $\mathrm{D}_2 F^3 - \mathrm{D}_3 F^2$、$\mathrm{D}_3 F^1 - \mathrm{D}_1 F^3$、$\mathrm{D}_1 F^2 - \mathrm{D}_2 F^1$，所以如定理 5-8 的证明中一样，在 M 上有

$$\begin{aligned}\langle (\nabla \times \boldsymbol{F}), \boldsymbol{n}\rangle\, \mathbf{d}\boldsymbol{A} = &\left(\mathrm{D}_2 F^3 - \mathrm{D}_3 F^2\right) \mathbf{d}y \wedge \mathbf{d}z \\ &+ \left(\mathrm{D}_3 F^1 - \mathrm{D}_1 F^3\right) \mathbf{d}z \wedge \mathbf{d}x \\ &+ \left(\mathrm{D}_1 F^2 - \mathrm{D}_2 F^1\right) \mathbf{d}x \wedge \mathbf{d}y = \mathbf{d}\boldsymbol{\omega}.\end{aligned}$$

此外，因为 $\mathbf{d}s(\boldsymbol{T}) = \mathbf{1}$，所以在 ∂M 上有

$$T^1\, \mathbf{d}s = \mathbf{d}x, \quad T^2\, \mathbf{d}s = \mathbf{d}y, \quad T^3\, \mathbf{d}s = \mathbf{d}z.$$

（对于 $\boldsymbol{x} \in \partial M$，把 $T_{\boldsymbol{x}}$ 作用于两边即可验证等式，因为 $T_{\boldsymbol{x}}$ 是 $(\partial M)_{\boldsymbol{x}}$ 的基.）

因此，在 ∂M 上有

$$\begin{aligned}\langle \boldsymbol{F}, \boldsymbol{T}\rangle\, \mathbf{d}s &= F^1 T^1\, \mathbf{d}s + F^2 T^2\, \mathbf{d}s + F^3 T^3\, \mathbf{d}s \\ &= F^1\, \mathbf{d}x + F^2\, \mathbf{d}y + F^3\, \mathbf{d}z \\ &= \boldsymbol{\omega}.\end{aligned}$$

从而根据定理 5-5，我们有

$$\int_M \langle (\nabla \times \boldsymbol{F}), \boldsymbol{n}\rangle\, \mathbf{d}\boldsymbol{A} = \int_M \mathbf{d}\boldsymbol{\omega} = \int_{\partial M} \boldsymbol{\omega} = \int_{\partial M} \langle \boldsymbol{F}, \boldsymbol{T}\rangle\, \mathbf{d}s.$$ ■

定理 5-8 和定理 5-9 是 $\operatorname{div}\boldsymbol{F}$ 和 $\operatorname{curl}\boldsymbol{F}$ 的名称的由来. 若 $\boldsymbol{F}(\boldsymbol{x})$ 是流体在 $\boldsymbol{x}$ 处（在某一时刻）的速度向量，则 $\int_{\partial M}\langle\boldsymbol{F},\boldsymbol{n}\rangle\,\mathbf{d}\boldsymbol{A}$ 就是从 M “散出”的流量，所以条件 $\operatorname{div}\boldsymbol{F}=0$ 表示流体不可压缩. 若 M 是一个盘子，则 $\int_{\partial M}\langle\boldsymbol{F},\boldsymbol{T}\rangle\,\mathbf{d}s$ 用来度量绕盘心旋转的流量. 若对所有盘子它都为 $\mathbf{0}$，则 $\nabla\times\boldsymbol{F}=\mathbf{0}$，流体就称为*无旋的*.

对 $\operatorname{div}\boldsymbol{F}$ 和 $\operatorname{curl}\boldsymbol{F}$ 的这些解释归功于麦克斯韦（Maxwell）[13]. 事实上，麦克斯韦讨论的是 $\operatorname{div}\boldsymbol{F}$ 的负值. 因此他称之为*敛度*. 对于 $\nabla\times\boldsymbol{F}$，麦克斯韦“十分犹豫地”提出了用 $\boldsymbol{F}$ 的*旋度*（rotation）这一术语，由这个术语产生了一个缩写 $\operatorname{rot}\boldsymbol{F}$，现在偶尔还可以看到.

本节中的几个经典定理通常表述得比这里更具一般性. 例如，格林定理对于正方形、散度定理对于立方体都成立. 这两个事实可以用带边流形逼近正方形或立方体的方法来证明. 本节中定理的彻底推广需要带角流形的概念，它们是 $\mathbb{R}^n$ 的子集，在微分同胚的意义上，局部地相当于 $\mathbb{R}^k$ 的一部分，这一部分以若干个 $k-1$ 维平面为界. 有志的读者会发现，严格定义带角流形并且研究如何推广这一整章中的结果是一项很有挑战性的工作.

习题

5-34. 把散度定理推广到 $\mathbb{R}^n$ 中的 n 维带边流形.

5-35. 将推广的散度定理应用于集合 $M=\{\boldsymbol{x}\in\mathbb{R}^n:|\boldsymbol{x}|\leqslant a\}$ 以及 $\boldsymbol{F}(\boldsymbol{x})=\boldsymbol{x}_{\boldsymbol{x}}$，用 $B_n=\{\boldsymbol{x}\in\mathbb{R}^n:|\boldsymbol{x}|\leqslant 1\}$ 的 n 维体积求出 $S^{n-1}=\{\boldsymbol{x}\in\mathbb{R}^n:|\boldsymbol{x}|=1\}$ 的体积.（当 n 为偶数时，B_n 的体积为 $\pi^{n/2}/(n/2)!$；当 n 为奇数时，B_n 的体积为 $2^{(n+1)/2}\pi^{(n-1)/2}/(1\times3\times5\times\cdots\times n)$.）

5-36. 在 $\mathbb{R}^3$ 上定义 $\boldsymbol{F}$ 为 $\boldsymbol{F}(\boldsymbol{x})=(0,0,cx^3)_{\boldsymbol{x}}$. 令 M 是三维紧带边流形，$M\subset\{\boldsymbol{x}:x^3\leqslant 0\}$. 向量场 $\boldsymbol{F}$ 可以看作 $\{\boldsymbol{x}:x^3\leqslant 0\}$ 中的密度为 c 的流体向下的压力. ① 因为流体在各个方向上都有相同的压强，所以我们定义流体作用在 M 上的*浮力*为 $-\int_{\partial M}\langle\boldsymbol{F},\boldsymbol{n}\rangle\,\mathbf{d}\boldsymbol{A}$. 证明下面的定理.

定理（阿基米德定理） *作用在 M 上的浮力等于 M 所排开的流体的重量.*

① 这里 $\boldsymbol{F}(\boldsymbol{x})$ 是向量. 就这点而言，它表示力. 但就其数值而言，它表示压强——即单位面积上的压力. 另外，这里假设重力加速度 $g=1$，在适当选取单位制时总可以做到这一点. 要换到常用的单位制不会有任何困难. ——译者注

参考文献

1. Ahlfors, *Complex Analysis*, McGraw-Hill, New York, 1953.
中译本 阿尔福斯. 复分析. 张立，译. 上海：上海科学技术出版社，1962.
中译本 阿尔福斯. 复分析（原书第 3 版）. 赵志勇，译. 北京：机械工业出版社，2005.

2. Auslander and MacKenzie, *Introduction to Differentiable Manifolds*, McGraw-Hill, New York, 1963.

3. Cesari, *Surface Area*, Princeton University Press, New Jersey, 1956.

4. Courant, *Differential and Integral Calculus*, Volume II, Interscience, New York, 1937.（本书有第二版，作者为 Courant and F. John.）
中译本 柯朗，约翰. 微积分和数学分析引论，第一卷，第一分册，第二分册. 张鸿林，周民强，刘嘉善等，译. 北京：科学出版社，2001.
中译本 柯朗，约翰. 微积分和数学分析引论，第二卷，第一分册，第二分册. 林建祥，张恭庆等，译. 北京：科学出版社，2001.

5. Dieudonné, *Foundations of Modern Analysis*, Academic Press, New York, 1960.

6. Fort, *Topology of 3-Manifolds*, Prentice-Hall, Englewood Cliffs, New Jersey, 1962.

7. Gauss, *Zur mathematischen Theorie der electrodynamischen Wirkungen*, [4] (Nachlass) Werke V, 605.

8. Helgason, *Differential Geometry and Symmetric Spaces*, Academic Press, New York, 1962.

9. Hilton and Wylie, *Homology Theory*, Cambridge University Press, New York, 1960.
中译本 希尔顿，瓦理. 同调论，上册. 江泽涵等，译. 上海：上海科学技术出版社，1963.

10. Hu（胡世桢）, *Homotopy Theory*, Academic Press, New York, 1959.

11. Kelley, *General Topology*, Van Nostrand, Princeton, New Jersey, 1955.

12. Kobayashi and Nomizu, *Foundations of Differential Geometry*, Interscience, New York, 1963.

13. Maxwell, *Electricity and Magnetism*, Dover, New York, 1954.

14. Natanson, *Theory of Functions of a Real Variable*, Frederick Ungar, New York, 1955.
中译本 那汤松. 实变函数论. 徐瑞云，译. 北京：高等教育出版社，人民教育出版社，1955.
中译本 那汤松. 实变函数论（第 5 版）. 徐瑞云，译. 北京：高等教育出版社，2010.

15. Radó, *Length and Area*, Volume XXX, American Mathematical Society, Colloquium Publications, New York, 1948.

16. de Rham, *Variétés Differentiables*, Hermann, Paris, 1955.

17. Sternberg, *Lectures on Differential Geometry*, Prentice-Hall, Englewood, Cliffs, New Jersey, 1964.

索　引

G

H

J

补　遗

1. 在定理 2-11（反函数定理）后应该进行说明，f^{-1} 的公式使我们能断定，f^{-1} 实际上是连续可微的（并且 f^{-1} 也是，如果 f 是 C^∞ 的）. 事实上，只需注意到一个矩阵 $\boldsymbol{A}$ 的逆的元素是原矩阵 $\boldsymbol{A}$ 的元素的 C^∞ 函数即可，这一点可以由“克拉默法则”推出：$(\boldsymbol{A}^{-1})_{ji} = (\det \boldsymbol{A}^{ij})/(\det \boldsymbol{A})$，其中 $\boldsymbol{A}^{ij}$ 是从 $\boldsymbol{A}$ 划掉第 i 行和第 j 列后得到的矩阵.

2. 定理 3-8 前半部分的证明可以大为简化，从而无须使用引理 3-7. 只要用使得 $\sum_{i=1}^{\infty} v(U_i) < \epsilon$ 的闭矩形 U_i 的内域来覆盖 B，并为每一点 $\boldsymbol{x} \in A - B$ 选择包含 $\boldsymbol{x}$ 在其内域中的一个闭矩形 $V_{\boldsymbol{x}}$ 使得 $M_{V_{\boldsymbol{x}}}(f) - m_{V_{\boldsymbol{x}}}(f) < \epsilon$ 就可以了. 若划分 P 的每个子矩形都包含在 U_i 和 $V_{\boldsymbol{x}}$ 的某有限集的其中之一，这个有限集又覆盖 A，且对 A 中一切 $\boldsymbol{x}$ 有 $|f(\boldsymbol{x})| \leqslant M$，则 $U(f,P) - L(f,P) < \epsilon v(A) + 2M\epsilon$.

逆向部分的证明有一个错误，因为只有当 S 的内域与 $B_{1/n}$ 相交时才能保证 $M_S(f) - m_S(f) \geqslant 1/n$. 为了弥补这一点，只需用总体积小于 ϵ 的有限个矩形覆盖 P 的所有子矩形的边界即可. 这些矩形连同 $\mathcal{S}$ 能覆盖 $B_{1/n}$，且总体积小于 2ϵ.

3. 定理 3-14（萨德定理）第一部分的论证需要稍加扩充. 若 $U \subset A$ 是一个边长为 l 的闭矩形，则因 U 是紧集，故存在具有以下性质的正整数 N：如果 U 被分为 N^n 个边长为 l/N 的矩形，那么只要 $\boldsymbol{w}$ 和 $\boldsymbol{z}$ 在同一个这样的矩形 S 中，必有 $|\mathrm{D}_j g^i(\boldsymbol{w}) - \mathrm{D}_j g^i(\boldsymbol{z})| < \epsilon/n^2$. 给定 $\boldsymbol{x} \in S$，令 $f(\boldsymbol{z}) = \mathrm{D}g(\boldsymbol{x})(\boldsymbol{z}) - g(\boldsymbol{z})$，于是若 $\boldsymbol{z} \in S$，则有

$$\left|\mathrm{D}_j f^i(\boldsymbol{z})\right| = \left|\mathrm{D}_j g^i(\boldsymbol{x}) - \mathrm{D}_j g^i(\boldsymbol{z})\right| < \epsilon/n^2.$$

故由引理 2-10 可知，若 $\boldsymbol{x}, \boldsymbol{y} \in \mathcal{S}$，则有

$$|\mathrm{D}g(\boldsymbol{x})(\boldsymbol{y} - \boldsymbol{x}) - g(\boldsymbol{y}) + g(\boldsymbol{x})| = |f(\boldsymbol{y}) - f(\boldsymbol{x})| < \epsilon|\boldsymbol{x} - \boldsymbol{y}| \leqslant \epsilon\sqrt{n}(l/N).$$

4. 最后，本书中出现的记号 $\Lambda^k(V)$ 是不正确的，因为它与 $\Lambda^k(V)$ 的标准的定义（作为 V 的张量代数的某个商）不符. 我们讲的这个向量空间（对于有限维向量空间 V，它自然同构于 $\Lambda^k(V^*)$），记号 $\Omega^k(V)$ 可能会日益成为标准记号. ①

① 本书已作替换. ——编者注

附录 部分习题的解答或提示

——译者

1. 欧几里得空间上的函数

1-2. $\boldsymbol{x}=\lambda\boldsymbol{y}$ 或 $\boldsymbol{y}=\mu\boldsymbol{x}$，其中 $\lambda,\mu>0$.

1-5. 因为 $\boldsymbol{z}-\boldsymbol{x}=(\boldsymbol{z}-\boldsymbol{y})+(\boldsymbol{y}-\boldsymbol{x})$，所以

$$|\boldsymbol{z}-\boldsymbol{x}|=|(\boldsymbol{z}-\boldsymbol{y})+(\boldsymbol{y}-\boldsymbol{x})|.$$

再利用定理 1-1(3) 即得.

1-6. (a) (1) 设对某个 $\lambda\in\mathbb{R}$ 有 $\int_a^b(f-\lambda g)^2=0$. 由积分的性质只能得到 $f-\lambda g=0$ 几乎处处成立. 但若 f 与 g 均为连续，则 $(f-\lambda g)^2$ 也连续，而且非负. 一个非负连续函数的积分为 0，当且仅当它恒为 0. 因此 $f=\lambda g$ 处处成立. 这时自然有 $\left|\int_a^b f\cdot g\right|=|\lambda|\int_a^b g^2$，$\left(\int_a^b f^2\right)^{1/2}=\left(\lambda^2\int_a^b g^2\right)^{1/2}=|\lambda|\left(\int_a^b g^2\right)^{1/2}$. 这样就得到本题中的结论.

(2) 若对一切 $\lambda\in\mathbb{R}$ 有 $\int_a^b(f-\lambda g)^2>0$，则有

$$\int_a^b f^2-\lambda\int_a^b f\cdot g+\lambda^2\int_a^b g^2>0.$$

视其为 λ 的二次三项式，则此二次三项式恒正，因此其判别式为负，所以又得到本题中的结论.

1-7. (a) 因为 T 是保范数的，所以对一切 $\boldsymbol{x}$ 和 $\boldsymbol{y}$ 有 $|T(\boldsymbol{x}+\boldsymbol{y})|=|\boldsymbol{x}+\boldsymbol{y}|$. 但是

$$|T(\boldsymbol{x}+\boldsymbol{y})|^2=|T\boldsymbol{x}|^2+2\langle T\boldsymbol{x},T\boldsymbol{y}\rangle+|T\boldsymbol{y}|^2,$$
$$|\boldsymbol{x}+\boldsymbol{y}|^2=|\boldsymbol{x}|^2+2\langle\boldsymbol{x},\boldsymbol{y}\rangle+|\boldsymbol{y}|^2.$$

比较两式，注意到 T 是保范数的，所以 $|T\boldsymbol{x}|=|\boldsymbol{x}|$，$|T\boldsymbol{y}|=|\boldsymbol{y}|$. 因此

$$\langle T\boldsymbol{x},T\boldsymbol{y}\rangle=\langle\boldsymbol{x},\boldsymbol{y}\rangle$$

对一切 $\boldsymbol{x}$ 和 $\boldsymbol{y}$ 均成立，这说明 T 也是保内积的.

反过来，设 T 是保内积的，即对任何 $\boldsymbol{x}$ 和 $\boldsymbol{y}$ 有

$$\langle T\boldsymbol{x},T\boldsymbol{y}\rangle=\langle\boldsymbol{x},\boldsymbol{y}\rangle.$$

令 $\boldsymbol{y}=\boldsymbol{x}$，则有 $|T\boldsymbol{x}|^2=|\boldsymbol{x}|^2$. 两边开方，注意到范数恒非负，故有 $|T\boldsymbol{x}|=|\boldsymbol{x}|$. 这说明 T 也是保范数的.

(b) 先证明 T 是一一映射. 一方面，T 自然地把 $\boldsymbol{x}\in\mathbb{R}^n$ 映射到 $\boldsymbol{y}=T\boldsymbol{x}\in\mathbb{R}^n$：对于一个 $\boldsymbol{x}$，T 只有一个像；对于一个 $\boldsymbol{y}\in\mathbb{R}^n$，也只有一个原像. 假设对 $\boldsymbol{x}_1,\boldsymbol{x}_2\in\mathbb{R}^n$ 均有 $\boldsymbol{y}=T\boldsymbol{x}_1=T\boldsymbol{x}_2$，则有 $\boldsymbol{0}=T\boldsymbol{x}_1-T\boldsymbol{x}_2=T(\boldsymbol{x}_1-\boldsymbol{x}_2)$. 但因为 T 是保范数的，所以 $|\boldsymbol{x}_1-\boldsymbol{x}_2|=|T\boldsymbol{x}_2-T\boldsymbol{x}_2|=0$，即 $\boldsymbol{x}_1=\boldsymbol{x}_2$. 这就是说，若 $\boldsymbol{y}$ 有原像存在，则原像必唯一. 另一方面，原像一定是存在的，因为 $T\boldsymbol{x}=\boldsymbol{y}$ 其实是 n 个未知数 $x^1,\cdots,x^n$ 的 n 个线性方程组成的方程组. 线性代数知识告诉我们，若相应的齐次方程组只有零解，则非齐次方程组 $T\boldsymbol{x}=\boldsymbol{y}$ 必可解. 上面的唯一性证明正好说明了齐次方程组只有零解，所以 $T\boldsymbol{x}=\boldsymbol{y}$ 必可解. 综合两者即知，对任何 $\boldsymbol{y}\in\mathbb{R}^n$，$T\boldsymbol{x}=\boldsymbol{y}$ 必存在唯一解，这就说明 T 是一一映射.

我们在上面给出了逆变换 T^{-1}，即对任何 $\boldsymbol{y}\in\mathbb{R}^n$，$T^{-1}\boldsymbol{y}=\boldsymbol{x}\in\mathbb{R}^n$ 是存在的. 因为 T 是保范数的，所以对任何 $\boldsymbol{y}\in\mathbb{R}^n$ 有

$$\left|T^{-1}\boldsymbol{y}\right|=\left|T\left(T^{-1}\boldsymbol{y}\right)\right|=|\boldsymbol{y}|.$$

这就说明 T^{-1} 也是保范数的. 再由 (a) 可知 T^{-1} 也是保内积的.

1-8. (b) 这个题目实际上就是平面几何中相似三角形的基本定理. 首先我们要注意，基不会含有零向量，所以一切 $\boldsymbol{x}_i\neq\boldsymbol{0}$.

(1) 先设 T 是保角的，现证对于一切 i 和 j 有 $\lambda_i=\lambda_j$. 我们只来证明 $\lambda_1=\lambda_2$.

取相应于它们的 $\boldsymbol{x}_1$ 和 $\boldsymbol{x}_2$. 因为它们是基的一部分，所以必定线性无关并且张成一个平面，T 则成为此平面到其自身的线性变换. 于是这个问题表面上看是 n 维空间中的问题，实际上是二维平面上的问题（见图 A-1）. 线性变换 T 把 $\boldsymbol{x}_1=\overrightarrow{OA}$ 变为 $T\boldsymbol{x}_1=\lambda_1\boldsymbol{x}_1=\overrightarrow{O'A'}$，方向不变，把 $\boldsymbol{x}_2=\overrightarrow{OB}$ 变为 $T\boldsymbol{x}_2=\lambda_2\boldsymbol{x}_2=\overrightarrow{O'B'}$，方向也不变，所以 $\angle AOB=\angle A'O'B'$. 这里我们没有用到 T 的保角性，但用到了 $\lambda_1,\lambda_2>0$，请读者画一张 $\lambda_1>0$、$\lambda_2<0$ 的图就知道了.

下面要用到 T 的保角性. 图中 $\overrightarrow{OC}=\boldsymbol{x}_1+\boldsymbol{x}_2$，而 $T(\overrightarrow{OC})=T\boldsymbol{x}_1+T\boldsymbol{x}_2=\lambda\boldsymbol{x}_1+\lambda\boldsymbol{x}_2=\overrightarrow{O'A'}+\overrightarrow{O'B'}=\overrightarrow{O'C'}$，所以 $\overrightarrow{OC}$ 与 $\overrightarrow{OA}$ 的交角应等于 $\overrightarrow{O'C'}$ 与 $\overrightarrow{O'A'}$ 的交角：$\angle AOC=\angle A'O'C'=\theta$. 现在来看 $\triangle AOC$ 与 $\triangle A'O'C'$. 已经有一个对应角相等，而 $\angle CAO=\pi-\angle AOB=\pi-\angle A'O'B'=\angle C'A'O'$，所以这两个三角形有两

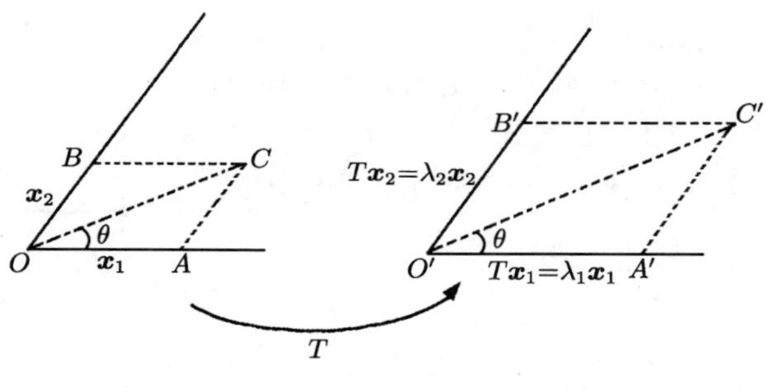

图 A-1

个相等的对应角. 因此

$$\triangle AOC \sim \triangle A'O'C'.$$

根据相似三角形的基本性质,

$$\frac{|\overrightarrow{O'A'}|}{|\overrightarrow{OA}|}=\frac{|\overrightarrow{A'C'}|}{|\overrightarrow{AC}|}=\frac{|\overrightarrow{O'B'}|}{|\overrightarrow{OB}|},$$

而 $\overrightarrow{O'A'}=T(\overrightarrow{OA})=\lambda_1\overrightarrow{OA}$. 因为 $\lambda_1>0$，所以 $|\overrightarrow{O'A'}|=\lambda_1|\overrightarrow{OA}|$ (注意，若 $\lambda_1<0$，则这个结论要修改). 同理 $|\overrightarrow{O'B'}|=\lambda_2|\overrightarrow{OB}|$. 代入上式即得

$$\lambda_1=\lambda_2.$$

(2) 现设 $\lambda_i=\lambda_j$ 对一切 i 和 j 均成立，并且所有 $\lambda_i>0$. 这时想要利用上面的简单图形就不行了，因为它仅适用于基向量，而 T 对它们的作用就简单地成为方向不变的伸缩. 现在我们取任何两个向量 $\boldsymbol{x},\boldsymbol{y}\in\mathbb{R}^n$，由基的假设可知

$$\boldsymbol{x}=\sum_{i=1}^n a_i\boldsymbol{x}_i,\quad \boldsymbol{y}=\sum_{i=1}^n b_i\boldsymbol{x}_i,$$

因此

$$T\boldsymbol{x}=\sum_{i=1}^n a_iT\boldsymbol{x}_i=\sum_{i=1}^n a_i\lambda_i\boldsymbol{x}_i=\lambda\sum_{i=1}^n a_i\boldsymbol{x}_i=\lambda\boldsymbol{x}.$$

这里 λ 是 $\lambda_i=\lambda_j$ 的公共值，它也是正的. 同理

$$T\boldsymbol{y}=\sum_{i=1}^n b_iT\boldsymbol{x}_i=\sum_{i=1}^n b_i\lambda_i\boldsymbol{x}_i=\lambda\sum_{i=1}^n b_i\boldsymbol{x}_i=\lambda\boldsymbol{y}.$$

这就说明，在 $\lambda_i=\lambda_j>0$ 的条件下，T 对一切向量都是比例系数同为 λ 的伸缩. 因此

$$\frac{\langle T\boldsymbol{x},T\boldsymbol{y}\rangle}{|T\boldsymbol{x}|\,|T\boldsymbol{y}|}=\frac{\lambda^2\langle\boldsymbol{x},\boldsymbol{y}\rangle}{|\lambda|^2|\boldsymbol{x}|\,|\boldsymbol{y}|}=\frac{\langle\boldsymbol{x},\boldsymbol{y}\rangle}{|\boldsymbol{x}|\,|\boldsymbol{y}|},$$

这就得出了保角性.

$\lambda_i > 0$ 的条件不能去掉，因为有如下反例：考虑 $\mathbb{R}^2$ 的基 $\boldsymbol{x}_1, \boldsymbol{x}_2$，夹角 $\alpha \neq \pi/2$，如图 A-2 所示. 我们定义

$$T\boldsymbol{x}_1 = -\boldsymbol{x}_1\text{（即 }\lambda_1 = -1\text{），}$$
$$T\boldsymbol{x}_2 = \boldsymbol{x}_2\text{（即 }\lambda_2 = 1\text{）.}$$

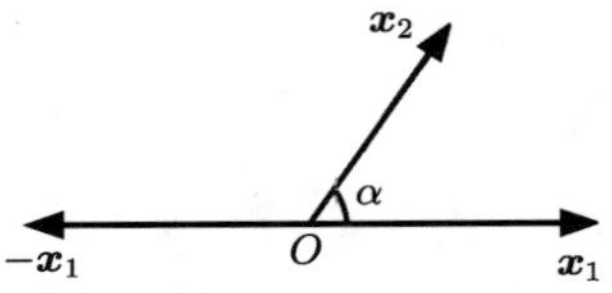

图 A-2

对于一般向量 $\boldsymbol{x} = a_1\boldsymbol{x}_1 + a_2\boldsymbol{x}_2$，则定义 $T\boldsymbol{x} = a_1T\boldsymbol{x}_1 - a_2T\boldsymbol{x}_2$. 这样就得到一个线性变换 T，它满足题中的条件，只是 λ_1 和 λ_2 不都为正. 从图中可见 $\boldsymbol{x}_1$ 和 $\boldsymbol{x}_2$ 之间的夹角为 α，$T\boldsymbol{x}_1$ 和 $T\boldsymbol{x}_2$ 之间的夹角为 $\pi - \alpha$，二者不相等. 因此这个 T 不是保角的.

1-10. 令 $\boldsymbol{h} = \begin{pmatrix} h^1 \\ \vdots \\ h^n \end{pmatrix}$，$\boldsymbol{T} = \begin{pmatrix} a_{11} & \cdots & a_{1n} \\ \vdots & \ddots & \vdots \\ a_{n1} & \cdots & a_{nn} \end{pmatrix}$，则 $\boldsymbol{Th} = \begin{pmatrix} \sum_{j=1}^n a_{1j}h^j \\ \vdots \\ \sum_{j=1}^n a_{nj}h^j \end{pmatrix}$.

因为

$$|\boldsymbol{h}|^2 = \sum_{j=1}^n (h^j)^2, \qquad |\boldsymbol{Th}|^2 = \left[\sum_{i=1}^n \left(\sum_{j=1}^n a_{ij}h^j\right)^2\right],$$

而

$$\sum_{i=1}^n \left(\sum_{j=1}^n a_{ij}h^j\right)^2 \leqslant \sum_{i=1}^n C^2 \sum_{j=1}^n (h^j)^2 = \left(\sum_{i=1}^n C^2\right)|\boldsymbol{h}|^2,$$

其中 $C = \max_{i,j}|a_{ij}|$，所以由上式可得

$$|\boldsymbol{Th}|^2 \leqslant nC^2|\boldsymbol{h}|^2 = M^2|\boldsymbol{h}|^2, \qquad M = \sqrt{n}C.$$

因而结论成立. 注意，本题中用不同的方法可以得到不同的 M.

1-12. 设有 $\boldsymbol{x} \in \mathbb{R}^n$，利用 $\langle \boldsymbol{x}, \boldsymbol{y} \rangle$ 定义 $\mathbb{R}^n$ 上的一个线性泛函：

$$\varphi_{\boldsymbol{x}}(\boldsymbol{y}) = \langle \boldsymbol{x}, \boldsymbol{y} \rangle, \qquad \forall \boldsymbol{y} \in \mathbb{R}^n$$

（这个泛函是由 $\boldsymbol{x}$ 定义的，故记为 $\varphi_{\boldsymbol{x}}$），即得一个从 $\mathbb{R}^n$ 到 $(\mathbb{R}^n)^*$ 的变换 $T: \mathbb{R}^n \to (\mathbb{R}^n)^*$, $\boldsymbol{x} \to \varphi_{\boldsymbol{x}}$. 易证 T 是线性的，这里略去. 现证 T 是从 $\mathbb{R}^n$ 到 $(\mathbb{R}^n)^*$ 上的变换. 事实上，任给一个 $\varPhi \in (\mathbb{R}^n)^*$，因 $(\mathbb{R}^n)^*$ 的元就是 $\mathbb{R}^n$ 上的线性齐次式，故对任何 $\boldsymbol{y} = (y^1, \cdots, y^n)$ 有 $\varPhi(\boldsymbol{y}) = \sum_{i=1}^n \alpha_i y^i$，其中 α_i 是实数. 令 $\boldsymbol{x} = (\alpha_1, \cdots, \alpha_n)$，就有

$$\varPhi(\boldsymbol{y}) = \langle \boldsymbol{x}, \boldsymbol{y} \rangle = \varphi_{\boldsymbol{x}}(\boldsymbol{y}).$$

因此，任何 $\varPhi \in (\mathbb{R}^n)^*$ 均在 T 的像中.

T 是一一映射也易证. 一方面，对一个 $\boldsymbol{x}$ 只有一个 $\varphi_{\boldsymbol{x}} \in (\mathbb{R}^n)^*$ 使得

$$\varphi_{\boldsymbol{x}}(\boldsymbol{y}) = \langle \boldsymbol{x}, \boldsymbol{y} \rangle.$$

另一方面，对任何 $\Phi \in (\mathbb{R}^n)^*$ 又只有唯一的 $\boldsymbol{x}$ 满足 $T\boldsymbol{x} = \Phi$，即 $\langle \boldsymbol{x}, \boldsymbol{y} \rangle = \Phi(\boldsymbol{y})$（$\forall \boldsymbol{y} \in \mathbb{R}^n$）. 若有 $\boldsymbol{x}_1$、$\boldsymbol{x}_2$ 均满足上式，则对一切 $\boldsymbol{y} \in \mathbb{R}^n$，必有

$$\langle \boldsymbol{x}_1, \boldsymbol{y} \rangle = \langle \boldsymbol{x}_2, \boldsymbol{y} \rangle = \Phi(\boldsymbol{y}), \text{ 即 } \langle \boldsymbol{x}_1 - \boldsymbol{x}_2, \boldsymbol{y} \rangle = 0.$$

令 $\boldsymbol{y} = \boldsymbol{x}_1 - \boldsymbol{x}_2$，就有 $|\boldsymbol{x}_1 - \boldsymbol{x}_2|^2 = 0$，即 $\boldsymbol{x}_1 = \boldsymbol{x}_2$.

1-14. 任给一组开集的族 $\{U_\alpha\}$（我们写 α 而不写 n，表示允许有不可数多个开集），若 $\boldsymbol{x} \in \bigcup_\alpha U_\alpha$，则存在特定的 U_α（例如 U_1）使得 $\boldsymbol{x} \in U_1$，且对 U_1 必存在开矩形 A 使得 $\boldsymbol{x} \in A \subset U_1$. 因 $U_1 \subset \bigcup_\alpha U_\alpha$，故 $A \subset \bigcup_\alpha U_\alpha$，所以存在含 $\boldsymbol{x}$ 的开矩形 A 使得 $\boldsymbol{x} \in A \subset \bigcup_\alpha U_\alpha$，因此 $\bigcup_\alpha U_\alpha$ 是开集.

关于开集的交集，我们不妨只看两个开集 U_1 和 U_2 的特例. 若 $\boldsymbol{x} \in U_1 \cap U_2$，则因 $\boldsymbol{x} \in U_1$，故有含 $\boldsymbol{x}$ 的一个开矩形 A_1 使得 $\boldsymbol{x} \in A_1 \subset U_1$. 同理，又有含 $\boldsymbol{x}$ 的一个开矩形 A_2 使得 $\boldsymbol{x} \in A_2 \subset U_2$. 在平面情况下，由图 A-3 可知一定有含 $\boldsymbol{x}$ 的矩形 $B \subset A_1 \cap A_2 \subset U_1 \cap U_2$，所以 $U_1 \cap U_2$ 为开集. 对任何有限多个开集 $U_1, \cdots, U_n$，上面的证明仍有效. 但对无穷多个 U_α，因为涉及 $\{A_\alpha\}$ 的“极限”，所以上面的方法就失效了. 但是方法失效不等于结论不对，因为还可能有其他方法. 这里需要找出一个反例. 为简单起见，我们只看 $n = 1$ 的情况：$(-1 - \frac{1}{n}, 1 + \frac{1}{n})$ 对一切正整数 n 都是包含 $[-1, 1]$ 的开区间，但是 $\bigcap_{n=1}^{\infty}(-1 - \frac{1}{n}, 1 + \frac{1}{n}) = [-1, 1]$ 是闭集，而不是开集.

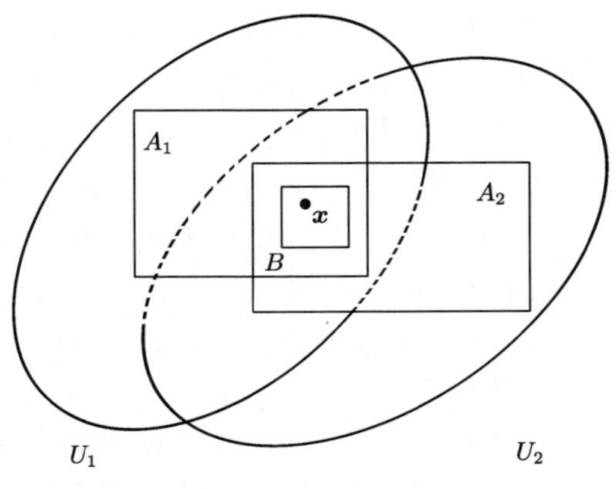

图 A-3

另一个情况是，若 $U_1 \cap U_2 = \varnothing$，本题的结论仍是对的，但“空集为开”不能用本书那样的讲法来讨论，请读者参阅关于点集拓扑学的书籍.

另外，请读者对一般的 $\mathbb{R}^n$ 直接证明本题，不用上面的图.

1-16. $\{\boldsymbol{x} \in \mathbb{R}^n : |\boldsymbol{x}| \leqslant 1\}$ 的内域是 $\{\boldsymbol{x} \in \mathbb{R}^n : |\boldsymbol{x}| < 1\}$，外域是 $\{\boldsymbol{x} \in \mathbb{R}^n : |\boldsymbol{x}| > 1\}$，边界是 $\{\boldsymbol{x} \in \mathbb{R}^n : |\boldsymbol{x}| - 1\}$.

$\{\boldsymbol{x} \in \mathbb{R}^n : |\boldsymbol{x}| = 1\}$ 没有内域，外域是 $\{\boldsymbol{x} \in \mathbb{R}^n : |\boldsymbol{x}| > 1 \text{ 或 } < 1\}$，边界是其自身.

$\{\boldsymbol{x} \in \mathbb{R}^n : \text{每个 } x^i \text{ 是有理数}\}$ 没有内、外域，边界是整个空间 $\mathbb{R}^n$.

1-17. 取 $[0,1]$ 中的两个有理数列 $\{x_n\}$ 和 $\{y_n\}$，使得它们都是稠密的，并且 $x_i \neq x_j$，$y_k \neq y_l$，那么 $A = \{(x_n, y_n)\}$ 就满足要求.

1-18. 由习题 1-14 可知 A 是开集，故其内域为其自身，而 $\mathbb{R} - A$ 是 A 的外域与边界的并集. 若 $x \notin [0,1]$，则必有包含 x 的一个开区间 B 使得 B 与 A 不相交，即 B 中的点均在 A 的外域中. 反过来，A 的外域中的点又一定在 $[0,1]$ 之外. 总之，A 的边界应为 $(\mathbb{R} - A) \cap [0,1] = [0,1] - A$.

1-20. 设 $A \subset \mathbb{R}^n$ 为紧集，现证 A 必为有界闭集.

A 为有界集的证明如下. 若 A 是无界的，任给一个自然数 N，则必有 $\boldsymbol{x}_1 \in A$ 使得 $|\boldsymbol{x}_1| \geqslant N$. 因 A 不能以 $|\boldsymbol{x}_1| + 1$ 为界，故一定有一个 $\boldsymbol{x}_2 \in A$ 使得 $|\boldsymbol{x}_2| \geqslant |\boldsymbol{x}_1| + 1$，因此 $|\boldsymbol{x}_2 - \boldsymbol{x}_1| \geqslant |\boldsymbol{x}_2| - |\boldsymbol{x}_1| \geqslant 1$. 类似地，可以求出 $\{\boldsymbol{x}_k\}$ 使得 $|\boldsymbol{x}_{k+j} - \boldsymbol{x}_k| \geqslant 1$，$j = 1, 2, \cdots$，$k = 1, 2, \cdots$. 以 A 中任何一点 $\boldsymbol{x}$ 为心，$\frac{1}{2}$ 为“半径”作开矩形 $U_{\boldsymbol{x}}$，则 $\{U_{\boldsymbol{x}}\}$ 是 A 的开覆盖. A 不可能被这个开覆盖中的有限个开集所覆盖，因为每个 $U_{\boldsymbol{x}}$ 中至多有 $\{\boldsymbol{x}_k\}$ 中的一个点，因此 A 不能为紧集.

再证 A 为闭集，这一点可以参见习题 1-28 与习题 1-29.

1-23. 令 f 的各个分量是 $f^1, \cdots, f^m$（这样的 f 只有 m 个分量），$\boldsymbol{b}$ 的各个分量是 $b^1, \cdots, b^m$. 由极限的定义可知，对任何 $\epsilon > 0$，存在 $\delta(\epsilon) > 0$，使得当 $|\boldsymbol{x} - \boldsymbol{a}| < \delta(\epsilon)$ 时 $|f(\boldsymbol{x}) - \boldsymbol{b}| < \epsilon$. 但是 $f(\boldsymbol{x}) - \boldsymbol{b}$ 的分量是 $f^1(\boldsymbol{x}) - b^1, \cdots, f^m(\boldsymbol{x}) - b^m$，并且 $|f^i(\boldsymbol{x}) - b^i| \leqslant |f(\boldsymbol{x}) - \boldsymbol{b}|$，所以当 $|\boldsymbol{x} - \boldsymbol{a}| < \delta(\epsilon)$ 时 $|f^i(\boldsymbol{x}) - b^i| \leqslant |f(\boldsymbol{x}) - \boldsymbol{b}| < \epsilon$，即 $\lim\limits_{\boldsymbol{x} \to \boldsymbol{a}} f^i(\boldsymbol{x}) = b^i$，$i = 1, 2, \cdots, n$.

反之，很容易证明，由 $\lim\limits_{\boldsymbol{x} \to \boldsymbol{a}} f^i(\boldsymbol{x}) = b^i$（$i = 1, 2, \cdots, n$）可得 $\lim\limits_{\boldsymbol{x} \to \boldsymbol{a}} f(\boldsymbol{x}) = \boldsymbol{b}$（略去），故本题得证.

本题与习题 1-24 结合起来表明，研究从 A 到高维空间 $\mathbb{R}^m$ 的映射 f 的极限与连续性可以归结为研究其每个分量的极限与连续性.

1-26. (a) 见图 A-4，显而易见. 注意 $(0,0) \notin A$.

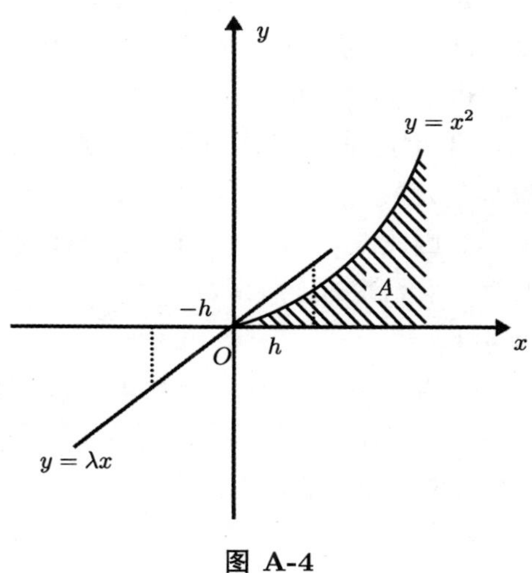

图 A-4

考虑直线 $y = \lambda x$. $\lambda = 0$ 时 $y = 0$，此直线完全不在 A 中，而其右半部分是 A 的边界的一部分. $\lambda \neq 0$ 时（图中的直线有 $\lambda > 0$），取一个小区间 $(-h, h)$，当 $|h|$ 充分小时 $|\lambda h| \geqslant |h|^2$（$h = 0$ 时等号成立），这就表示直线 $y = \lambda x$ 位于 $x \in (-h, h)$ 上的一段（它自然在 $(0,0)$ 的周围）都在 $\mathbb{R}^2 - A$ 中.

(b) f 在 $(0,0)$ 处不连续是显然的，但 $f(t\boldsymbol{h}) = g_{\boldsymbol{h}}(t)$ 是定义在上述直线上的函数. 因为这条直线在 $(0,0)$ 附近的一段（即当 $|t|$ 充分小时）都在 $\mathbb{R}^2 - A$ 中，所以在其上有 $f(\boldsymbol{x}) = 0$，即 $g_{\boldsymbol{h}}(t) \equiv 0$. 当 $|t|$ 充分小时，它当然在 $t = 0$ 处（即 $\mathbb{R}^2$ 中的点 $(0,0)$ 处）连续.

1-28. 因为 A 不是闭集，所以它至少有一个边界点 $\boldsymbol{x} \notin A$. 令 $f(\boldsymbol{y}) = 1/|\boldsymbol{y} - \boldsymbol{x}|$，当 $\boldsymbol{y} \in A$ 时 $|\boldsymbol{y} - \boldsymbol{x}| \neq 0$. 因此，当 $\boldsymbol{y} \in A$ 时，$f(\boldsymbol{y})$ 是连续的. 而在任意小的包含边界点 $\boldsymbol{x}$ 的开矩形中均有 $\boldsymbol{y} \in A$ 存在，所以 $|\boldsymbol{y} - \boldsymbol{x}|$ 可以任意小，从而使 $f(\boldsymbol{y})$ 是无界的.

1-29. 先证明这样的 f 必是有界的. 任取一点 $\boldsymbol{x}_0$，因为 f 在 $\boldsymbol{x}_0$ 处连续，所以必有含 $\boldsymbol{x}_0$ 的一个开矩形 $R_{\boldsymbol{x}_0}$，使得在其上有 $|f(\boldsymbol{x}) - f(\boldsymbol{x}_0)| < 1$ 或 $|f(\boldsymbol{x})| < 1 + |f(\boldsymbol{x}_0)|$. 对 A 中的每一点都可以作出一个类似的 $R_{\boldsymbol{x}}$，所以 $\{R_{\boldsymbol{x}}\}$ 是 A 的一个开覆盖. 由 A 的紧性可知，$\{R_{\boldsymbol{x}}\}$ 一定有一个有限子集 $\{R_{\boldsymbol{x}_1}, \cdots, R_{\boldsymbol{x}_N}\}$ 仍然覆盖 A，我们称之为 $\{R_{\boldsymbol{x}}\}$ 的一个子覆盖，有 $A \subset \bigcup_{k=1}^N R_{\boldsymbol{x}_k}$. 因此，对任何 $\boldsymbol{x} \in A$，必有一个 $R_{\boldsymbol{x}_i}$ 使得 $\boldsymbol{x} \in R_{\boldsymbol{x}_i}$，从而

有 $|f(\boldsymbol{x})| < 1 + |f(\boldsymbol{x}_i)|$. 在有限多个数 $|f(\boldsymbol{x}_1)|, \cdots, |f(\boldsymbol{x}_k)|$ 中必有最大的一个，记为 K，于是对一切 $\boldsymbol{x} \in A$ 有 $|f(\boldsymbol{x})| < 1 + K$. 也就是说，定义在紧集 A 上的连续函数 f 是有界的. 因此，一定有上确界 M 与下确界 m.

现在证明 f 必可达到 M 与 m. 以 M 为例，若 f 不能达到 M，则 $M - f(\boldsymbol{x})$ 必定是 A 上的非零连续函数，于是 $1/[M - f(\boldsymbol{x})]$ 也在 A 上连续. 但由上确界的定义可知，对任何 $\epsilon > 0$，一定存在 $\bar{\boldsymbol{x}} \in A$ 使得 $M > f(\bar{\boldsymbol{x}}) > M - \epsilon$. 因此 $0 < M - f(\bar{\boldsymbol{x}}) < \epsilon$，从而有 $1/[M - f(\bar{\boldsymbol{x}})] > 1/\epsilon$. 这就是说，$A$ 上有一个无界的连续函数 $1/[M - f(\boldsymbol{x})]$. 这与上面的结论相矛盾，所以本题得证.

由此，我们可以再看习题 1-20. 若紧集 $A \subset \mathbb{R}^n$ 不是闭集，则由习题 1-28 可知，A 上一定有一个无界的连续函数，而这与本题相矛盾. 因此，这就完成了重要的习题 1-20 的证明.

请读者特别注意习题 1-20、习题 1-28、习题 1-29 这几个题目. 所有学习过经典的多元函数微积分的读者都能轻易地模仿一元函数的方法，利用“有界序列必有收敛子序列”等定理. 这里完全没有涉及序列的问题，并不仅仅因为现在的证法简单，更是因为紧性是一个十分重要的，而且在一定程度上与序列问题相独立的概念. 尽管我们已经证明，$\mathbb{R}^n$ 中的紧集就是有界闭集，但是“紧”与“有界闭”本质上是不同的，因此应该用不同方法处理. 我们给出这三个题目的详细证明，目的就是提醒这一点. 读者可以参阅齐民友的《重温微积分》第 403~408 页，高等教育出版社，2004.

1-30. 取 $\xi_0 = a < \xi_1 < \cdots < \xi_n = b$ 使得 $\xi_0 \leqslant x_1 < \xi_1 < x_2 < \cdots < x_n \leqslant \xi_n$. 根据 $f(x)$ 为增函数以及函数 f 在点 x_i 处的振幅的定义，有

$$o(f, x_i) < f(\xi_i) - f(\xi_{i-1}), \quad i = 1, 2, \cdots, n.$$

相加即得本题的结论.

2. 微分

2-4. (a) 分两种情况. 首先，设 $\boldsymbol{x} = \mathbf{0}$，则 $h(t) = f(t \cdot \mathbf{0}) = f(\mathbf{0}) = 0$. 作为一个常值函数，它当然是可微的.

其次，若 $\boldsymbol{x} \neq \mathbf{0}$，则由 $f(t\boldsymbol{x})$ 的定义可知

$$h(t) = \begin{cases} |t\boldsymbol{x}| \cdot g\left(\dfrac{t\boldsymbol{x}}{|t\boldsymbol{x}|}\right), & t \neq 0, \\ 0, & t = 0. \end{cases}$$

当 $t \geqslant 0$ 时，$h(t)$ 是 t 的线性函数

$$h(t) = t|\boldsymbol{x}|\, g\left(\frac{t\boldsymbol{x}}{|t\boldsymbol{x}|}\right),$$

所以一定可微. 当 $t < 0$ 时，证法类似（利用 $g(-\boldsymbol{x}) = -g(\boldsymbol{x})$）. $h(t)$ 在 $t = 0$ 处的可微性请读者自行证明.

(b) 上面实际上是只在过 $(0,0)$ 的任何一条直线上考虑 $f(\boldsymbol{x})$，所以得到 $h(t)$ 可微. 现要在含 $(0,0)$ 的一个完整的邻域中考虑 $f(\boldsymbol{x})$，这时就应该直接由定义判断能否找到一个线性变换 $\mathrm{D}f(\mathbf{0})$ 使得

$$\frac{|f(\boldsymbol{h}) - f(\mathbf{0}) - \mathrm{D}f(\mathbf{0})(\boldsymbol{h})|}{|\boldsymbol{h}|} \to 0, \tag{A.1}$$

这里 $\boldsymbol{h} = (h^1, h^2)$ 是一个二维向量. 注意，$f(\mathbf{0}) = 0$，$f(\boldsymbol{h}) = |\boldsymbol{h}| \cdot g(\boldsymbol{h}/|\boldsymbol{h}|)$（应该令 $\boldsymbol{h} \neq \mathbf{0}$，为什么？）. 现在，分别考虑 $\boldsymbol{h} = (h_0, 0)$ 与 $\boldsymbol{h} = (0, h_0)$ 的情况，利用 $g(1,0) = g(0,1) = 0$，得到 $f((h_0,0)) = f((0,h_0)) = 0$. 因此，对这种特殊的 $\boldsymbol{h}$ 必须取 $\mathrm{D}f(\mathbf{0}) = 0$. 但若 $\mathrm{D}f(\mathbf{0})$ 存在，则必与 $\boldsymbol{h}$ 无关，所以若 f 在 $\mathbf{0} = (0,0)$ 处可微，则必有 $\mathrm{D}f(\mathbf{0}) = 0$. 代入式 (A.1) 有 $\frac{|f(\boldsymbol{h}) - f(\mathbf{0})|}{|\boldsymbol{h}|} \to 0$，但这是不可能的. 证毕.

2-6. 考虑限制在直线方程 $y = \lambda x$ 上的 $f(x,y)$，可得

$$f(x, \lambda x) = \sqrt{|\lambda|} \cdot |x|,$$

然后证明 $f(x,y)$ 在 $(0,0)$ 处不可微.

2-7.

$$f(\boldsymbol{h}) - f(\mathbf{0}) = O(|\boldsymbol{h}|^2),$$

$$\frac{|f(\boldsymbol{h}) - f(\mathbf{0}) - \mathbf{0} \cdot \boldsymbol{h}|}{|\boldsymbol{h}|} \to 0.$$

2-8. 把可微性定理（或定义）用于 f，并将 f 分成两个分量分别考虑.

2-11. (a) 利用链式法则，令 $x + y = z$，则

$$f(x,y) = F(z)|_{z=x+y}, \ F(z) = \int_a^z g.$$

再利用 $x + y$ 是可微函数以及定理 2-2 即得.

2-12. 所谓双线性函数 $f(\boldsymbol{x}, \boldsymbol{y})$，即分别关于 $\boldsymbol{x}$ 与 $\boldsymbol{y}$ 的线性函数. 若把 $\boldsymbol{x}$ 和 $\boldsymbol{y}$ 各自用分量来表示：$\boldsymbol{x} = (x^1, \cdots, x^n)$，$\boldsymbol{y} = (y^1, \cdots, y^m)$，则有

$$f(\boldsymbol{x}, \boldsymbol{y}) = \sum_{i=1}^{n} \sum_{j=1}^{m} a_{ij} x^j y^j, \quad a_{ij} \text{ 为常数}.$$

再注意到

$$|x^i y^j| \leqslant \sum_{k,l} |x^k y^l| \leqslant \left(\sum_{k=1}^{n} |x^k|^2\right)^{\frac{1}{2}} \left(\sum_{l=1}^{m} |y^l|^2\right)^{\frac{1}{2}} \leqslant |(\boldsymbol{x} \cdot \boldsymbol{y})|^2,$$

就容易证明 $\frac{|f(\boldsymbol{h},\boldsymbol{k})|}{|(\boldsymbol{h},\boldsymbol{k})|} \to 0$. 其余部分自明.

但是以上的证明是利用 $\boldsymbol{x}$ 和 $\boldsymbol{y}$ 的分量（或坐标）来进行的，而微分学的结论应该是与坐标无关的. 本书重点之一就在于此. 因此，下面我们再讲一下如何不利用分量来进行证明. 直接回到定义，并且考虑 $\mathrm{D}f(\boldsymbol{a},\boldsymbol{b})$. 它应该是由下式定义的：

$$\lim_{(\boldsymbol{h},\boldsymbol{k})\to\boldsymbol{0}} \frac{|f(\boldsymbol{a}+\boldsymbol{h},\boldsymbol{b}+\boldsymbol{k})-f(\boldsymbol{a},\boldsymbol{b})-\mathrm{D}f(\boldsymbol{a},\boldsymbol{b})(\boldsymbol{h},\boldsymbol{k})|}{|(\boldsymbol{h},\boldsymbol{k})|}=0.$$

$\mathrm{D}f(\boldsymbol{a},\boldsymbol{b})$ 是一个从 $\mathbb{R}^{m+n}$ 到 $\mathbb{R}^p$ 的线性变换. 上式的分子是 $\mathbb{R}^p$ 中的范数，$(\boldsymbol{h},\boldsymbol{k})$ 是 $\mathbb{R}^{m+n}$ 中的向量，$|(\boldsymbol{h},\boldsymbol{k})|$ 是 $\mathbb{R}^{m+n}$ 中的范数. 若用分量表示，令 $\boldsymbol{h}=(h^1,\cdots,h^m)$，$\boldsymbol{k}=(k^1,\cdots,k^n)$，则 $(\boldsymbol{h},\boldsymbol{k})=(h^1,\cdots,h^m,k^1,\cdots,k^n)$，而 $|(\boldsymbol{h},\boldsymbol{k})|^2=\sum_{i=1}^m|h^i|^2+\sum_{j=1}^n|k^j|^2$.

我们首先要提到一个*极为重要而又极易引起误解的结论：若 $L:\mathbb{R}^l\to\mathbb{R}^p$ 是一个线性函数，则其“导数” $\mathrm{D}L$ 就是它自己*：

$$(\mathrm{D}L)(\boldsymbol{h})=L(\boldsymbol{h}). \tag{A.2}$$

它的证明很简单. 既然 L 是线性函数，那么当然也是线性变换（从 $\mathbb{R}^l$ 到 $\mathbb{R}^p$），而“导数” $\mathrm{D}L$ 按定义同样是从 $\mathbb{R}^l$ 到 $\mathbb{R}^p$ 的线性变换. 因此，式 (A.2) 的双边都有意义. 此外，L 为线性函数，所以对任何 $\boldsymbol{h}$ 有

$$L(\boldsymbol{a}+\boldsymbol{h})-L(\boldsymbol{a})=L(\boldsymbol{h}),\qquad \boldsymbol{a},\boldsymbol{h}\in\mathbb{R}^l,$$

于是有

$$\frac{|L(\boldsymbol{a}+\boldsymbol{h})-L(\boldsymbol{a})-L(\boldsymbol{h})|}{|\boldsymbol{h}|}=0,$$

当然也趋于 0. 比较此式与“导数” $\mathrm{D}L$ 的定义，可见 L 就是 $\mathrm{D}L$，从而式 (A.2) 成立.

说它容易引起误解，是因为我们在一元函数微积分中学过：如果函数 $f(x)$ 的导数满足 $\frac{\mathrm{d}f(x)}{\mathrm{d}x}=f(x)$，那么 $f(x)=C\mathrm{e}^x$，而这不是一个线性函数. 这件事的关键在于，在学习一元函数微积分时，我们有

$$\frac{\mathrm{d}f(x)}{\mathrm{d}x}=\lim_{\Delta x\to 0}\frac{f(x+\Delta x)-f(x)}{\Delta x},$$

即令 $\Delta x\to 0$ 而 x 不变；但谈及 $\frac{\mathrm{d}f(x)}{\mathrm{d}x}=f(x)$ 时，则是把等式两边看作 x 的函数，而 Δx 在取极限后已经消失了. 现在的讲法与之比较，$\boldsymbol{h}$ 对应于 Δx（$\boldsymbol{h}$ 是 $\mathbb{R}^l$ 中的向量），$\boldsymbol{a}$ 则对应于 x，所以本书的讲法很清楚，$\boldsymbol{a}$ 与 $\boldsymbol{h}$ 也分得很清楚，而且 $\boldsymbol{a}$ 一直是固定的. 如果一定要与 $\frac{\mathrm{d}f(x)}{\mathrm{d}x}=f(x)$ 比较，那么左边对应的 $\mathrm{D}f(\boldsymbol{a})$ 是作用于 $\boldsymbol{h}$ 而以 $\boldsymbol{a}$ 为参数的线性变换，右边是函数 f 在 $\boldsymbol{a}$ 处的值，二者无法划等号. 这一点正是微分概念的精华，参阅齐

民友的《重温微积分》第 74~78 页（特别是第 78 页）.

(b) 现在回到本题，考虑双线性函数（即双线性变换）$f(\boldsymbol{x},\boldsymbol{y}):\mathbb{R}^n\times\mathbb{R}^m\to\mathbb{R}^p$. 根据导数的定义，我们应该考察

$$\begin{aligned}&f(\boldsymbol{a}+\boldsymbol{h},\boldsymbol{b}+\boldsymbol{k})-f(\boldsymbol{a},\boldsymbol{b})\\&=[f(\boldsymbol{a}+\boldsymbol{h},\boldsymbol{b}+\boldsymbol{k})-f(\boldsymbol{a},\boldsymbol{b}+\boldsymbol{k})]+[f(\boldsymbol{a},\boldsymbol{b}+\boldsymbol{k})-f(\boldsymbol{a},\boldsymbol{b})].\end{aligned}$$

先看第二项，这里 $\boldsymbol{a}$ 是固定的，而 $f(\boldsymbol{a},\boldsymbol{y})$ 是 $\boldsymbol{y}$ 的线性函数，所以 $f(\boldsymbol{a},\boldsymbol{b}+\boldsymbol{k})-f(\boldsymbol{a},\boldsymbol{b})=f(\boldsymbol{a},\boldsymbol{k})$. 再看第一项，根据同样的理由，

$$f(\boldsymbol{a}+\boldsymbol{h},\boldsymbol{b}+\boldsymbol{k})-f(\boldsymbol{a},\boldsymbol{b}+\boldsymbol{k})=f(\boldsymbol{h},\boldsymbol{b}+\boldsymbol{k}).$$

最后利用 f 关于后一变量是线性的这一性质，有

$$f(\boldsymbol{a}+\boldsymbol{h},\boldsymbol{b}+\boldsymbol{k})-f(\boldsymbol{a},\boldsymbol{b}+\boldsymbol{k})=f(\boldsymbol{h},\boldsymbol{b})+f(\boldsymbol{h},\boldsymbol{k}).$$

回到定义即得

$$f(\boldsymbol{a}+\boldsymbol{h},\boldsymbol{b}+\boldsymbol{k})-f(\boldsymbol{a},\boldsymbol{b})=f(\boldsymbol{h},\boldsymbol{b})+f(\boldsymbol{a},\boldsymbol{k})+f(\boldsymbol{h},\boldsymbol{k}).$$

前两项合并成为关于 $(\boldsymbol{h},\boldsymbol{k})$ 的线性式，而最后一项用 $(\boldsymbol{k},\boldsymbol{h})$ 的分量来写应该是 $\sum_{i=1}^n\sum_{j=1}^m C_{ij}h^ik^j$. 因此

$$|f(\boldsymbol{h},\boldsymbol{k})|\leqslant\sum_{i=1}^n\sum_{j=1}^m C|\boldsymbol{h}|\cdot|\boldsymbol{k}|\leqslant M|(\boldsymbol{h},\boldsymbol{k})|^2.$$

故由导数的定义可知

$$\mathrm{D}f(\boldsymbol{a},\boldsymbol{b})(\boldsymbol{h},\boldsymbol{k})=f(\boldsymbol{h},\boldsymbol{b})+f(\boldsymbol{a},\boldsymbol{k}).$$

把 $\boldsymbol{h}$、$\boldsymbol{k}$ 分别改为 $\boldsymbol{x}$、$\boldsymbol{y}$，本题即得证.

(c) 上面的结果是十分重要的，因为数学中许多运算都具有双线性性质. 例如，最简单的两个独立变量 $x\in\mathbb{R}$ 与 $y\in\mathbb{R}$ 的积 $p(x,y)=x\cdot y$，我们说它是一个二次齐次式. 但若把 x 和 y 分开来看，则 p 作为一个变换，有

$$p:\mathbb{R}\times\mathbb{R}\to\mathbb{R},\qquad (x,y)\mapsto x\cdot y.$$

这恰好是上面讲的 $m=n=p=1$ 的最简单的双线性变换. 故有

$$\mathrm{D}p(a,b)(x,y)=ay+bx,$$

这就是定理 2-3 的 (5).

2-13. (a) 另一个十分重要的“函数”是两个 $\mathbb{R}^n$ 中的向量 $\boldsymbol{x}$ 与 $\boldsymbol{y}$ 的内积（或称数量积）:

$$IP(\boldsymbol{x},\boldsymbol{y})=\langle\boldsymbol{x},\boldsymbol{y}\rangle.$$

从上题的观点看来，它也是一个双线性变换

$$IP : \mathbb{R}^n \times \mathbb{R}^n \to \mathbb{R}, \qquad (\boldsymbol{x}, \boldsymbol{y}) \mapsto \langle \boldsymbol{x}, \boldsymbol{y} \rangle,$$

所以由习题 2-12(b) 可知

$$\mathrm{D}(IP)(\boldsymbol{a}, \boldsymbol{b})(\boldsymbol{x}, \boldsymbol{y}) = \langle \boldsymbol{a}, \boldsymbol{y} \rangle + \langle \boldsymbol{x}, \boldsymbol{b} \rangle.$$

这是一个线性变换 $\mathbb{R}^n \times \mathbb{R}^n \to \mathbb{R}$. $(IP)'(\boldsymbol{a}, \boldsymbol{b})$ 是这个线性变换的矩阵. 若把 $\mathbb{R}^n \times \mathbb{R}^n$ 的元写成一个列向量（竖向量），即 $2n \times 1$ 矩阵，例如

$$\begin{pmatrix} \boldsymbol{x} \\ \boldsymbol{y} \end{pmatrix} = \begin{pmatrix} x^1 \\ \vdots \\ x^n \\ y^1 \\ \vdots \\ y^n \end{pmatrix}, \text{ 则 } \langle \boldsymbol{a}, \boldsymbol{y} \rangle = (0, \cdots, 0, a^1, \cdots, a^n) \begin{pmatrix} x^1 \\ \vdots \\ x^n \\ y^1 \\ \vdots \\ y^n \end{pmatrix}.$$

这里我们把行向量（横向量）$(0, \cdots, 0, a^1, \cdots, a^n)$ 看成一个 $1 \times 2n$ 矩阵. 上式就是这个 $1 \times 2n$ 矩阵作用于一个 $2n \times 1$ 矩阵，其结果是一个 1×1 矩阵，即一个实数. 用同样的方法处理 $\langle \boldsymbol{x}, \boldsymbol{b} \rangle$，又可得另一个 $2n \times 1$ 矩阵 $(b^1, \cdots, b^n, 0, \cdots, 0)$，从而有

$$(IP)'(\boldsymbol{a}, \boldsymbol{b}) = (b^1, \cdots, b^n, a^1, \cdots, a^n) = \begin{pmatrix} b^1 \\ \vdots \\ b^n \\ a^1 \\ \vdots \\ a^n \end{pmatrix}^{\mathrm{T}}.$$

2-14. 把上面讲的双线性变换推广为重线性变换.

2-15. 我们已经习惯如何定义行列式. 但是关于它更深刻的观点是认为一个 n 阶行列式是一个 n 重线性变换. 重线性是很容易证明的. 对于矩阵 (x_{ij})，如习题 2-14 那样，我们把每一列当作一个 n 维列向量 $\boldsymbol{x}_j \in E_j$（即对一切 j 有 $E_j \subset \mathbb{R}^n$）:

$$\boldsymbol{x}_j = \begin{pmatrix} x_{1j} \\ \vdots \\ x_{nj} \end{pmatrix}, \quad \det(\boldsymbol{x}_1, \cdots, \boldsymbol{x}_n) = \begin{vmatrix} x_{11} & \cdots & x_{1n} \\ \vdots & \ddots & \vdots \\ x_{n1} & \cdots & x_{nn} \end{vmatrix}.$$

这个矩阵的元素 x_{ij} 有两个指标 i 与 j，i 表示所在的行，j 表示所在的列.重线性就归结为非常简单的行列式性质. 以第一列为例，若

$$\boldsymbol{x}_1=\lambda\boldsymbol{y}_1+\mu\boldsymbol{z}_1,\quad \boldsymbol{y}_1=\begin{pmatrix}y_{11}\\ \vdots\\ y_{n1}\end{pmatrix},\quad \boldsymbol{z}_1=\begin{pmatrix}z_{11}\\ \vdots\\ z_{n1}\end{pmatrix},$$

其中 λ、μ 为数，则

$$\begin{aligned}\det(\lambda\boldsymbol{y}_1+\mu\boldsymbol{z}_1,\boldsymbol{x}_2,\cdots,\boldsymbol{x}_n)&=\begin{vmatrix}\lambda y_{11}+\mu z_{11}&\cdots&x_{1n}\\ \vdots&\ddots&\vdots\\ \lambda y_{n1}+\mu z_{n1}&\cdots&x_{nn}\end{vmatrix}\\&=\lambda\begin{vmatrix}y_{11}&\cdots&x_{1n}\\ \vdots&\ddots&\vdots\\ y_{n1}&\cdots&x_{nn}\end{vmatrix}+\mu\begin{vmatrix}z_{11}&\cdots&x_{1n}\\ \vdots&\ddots&\vdots\\ z_{n1}&\cdots&x_{nn}\end{vmatrix}\\&=\lambda\det(\boldsymbol{y}_1,\boldsymbol{x}_2,\cdots,\boldsymbol{x}_n)+\mu\det(\boldsymbol{z}_1,\boldsymbol{x}_2,\cdots,\boldsymbol{x}_n).\end{aligned}$$

至于“导数”的求法则与习题 2-12(b) 一样.

2-19. 在求 $D_2f(1,y)$ 时，是对第二元求导，也就是说第一元不变，始终为 1. 因此，不妨先在 $f(x,y)$ 中令 $x=1$，再对得到的 y 的函数求导. 注意，当 $x=1$ 时有 $x^y|_{x=1}=1^y\equiv 1$，又因为 $\ln 1=0$，所以 $f(1,y)=1+0=1$. 这样问题就解决了.

2-23. (a) 注意，A 现在是 $\mathbb{R}^2$ 平面除去一个割口：正 x 轴（包括原点）. 区域的几何性质在研究微分问题时起到了重大作用. 我们讨论函数的可微性，首先是讨论它在某区域上的可微性，这个区域在本书中时常是一个（开）矩形，在许多其他书中则是一个（开）球，这都是最简单的几何形状. 例如我们都非常熟悉的定理：若在 $A\subset\mathbb{R}^1$ 上有 $f'(x)=0$，则 $f(x)=$ 常数.

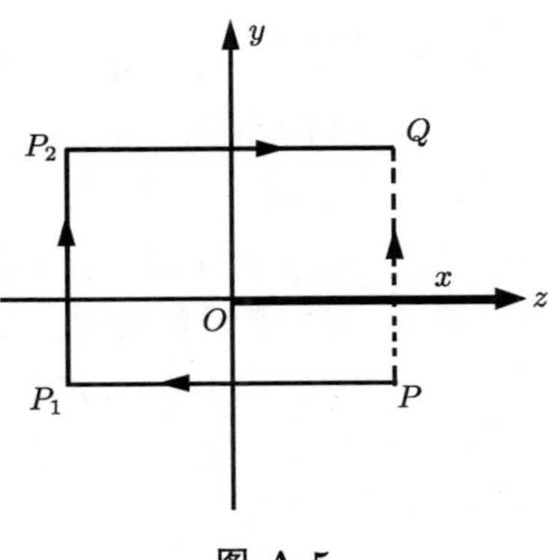

图 A-5

其实这样想就犯了大错. 因为我们不能说，当 $f(x)=$ 常数 时有 $f'(x)=0$，所以有以上结论. 这是把定理与逆定理混为一谈了. 正确的证法是利用拉格朗日公式：若 $f(x)$ 在 $[a,b]$ 上连续，且在 $[a,b]$ 上可微，则必

存在 $c \in (a,b)$，使得

$$f(b) - f(a) = f'(c)(b-a).$$

这里时常被人们忽视的是：我们讨论的是一个区间上的函数. 而在 $\mathbb{R}^1$ 中，区间（开或闭）是最简单的几何图形. 因此我们只能说，若 $f(x)$ 定义在 $A \subset \mathbb{R}^1$ 上，且 A 是一个区间，则由 $f'(x) = 0$ 可得 $f(x) =$ 常数. 如果 A 不是一个区间，那么这个结论是不成立的. 下面是一个反例. 设 $A = [0,1] \cup [2,3]$（两个不相交区间的并集），在 A 上有 $f'(x) = 0$，如图 A-6，则有可能有

$$f(x) = \begin{cases} c_1, & x \in [0,1], \\ c_2, & x \in [2,3], \end{cases} \qquad c_1 \neq c_2.$$

这样的 $f(x)$ 时常称为*局部常值函数*.

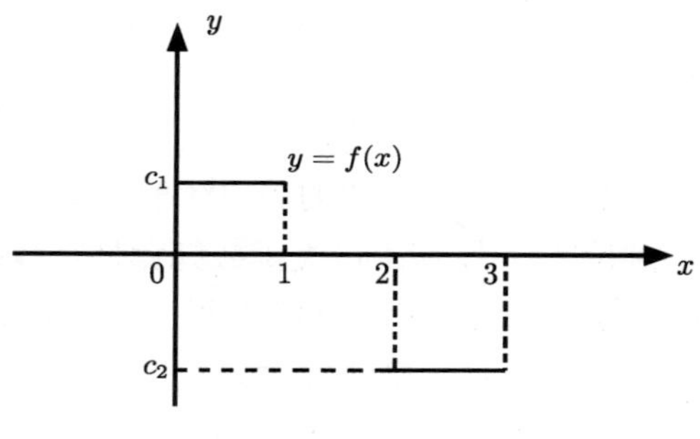

图 A-6

这就是为什么本题中有一个提示：“注意，A 中任何两点可用一串线段相连.”因此，如果我们要证明 $f(x,y)$ 在 P、Q 两点处的值相同，就不能直接用图上的虚线连接 P、Q 两点，并把 $f(x,y)$ 视为此虚线上的 y 的函数，再利用上面的结论，因为它不是区间，而是虚线去掉一点. 有反例表明，最多只能推断 $f(x)$ 是局部常值函数. 因此，正确的做法是用折线 PP_1、P_1P_2、P_2Q. 它们都是区间，所以拉格朗日定理适用，从而得到 $f(P) = f(P_1) = f(P_2) = f(Q)$. 这就说明 $f(x)$ 在 A 上是常值.

这里的关键问题是 A 中的任何两点都可以用折线连接起来，而上面的反例则不行，这个性质与 A 的所谓连通性有关. 经典的微积分教材中一般都只讲到实数系的完备性（柯西准则等），紧性则被“有界闭性”掩盖，而连通性却完全不谈. 其实，所谓连续函数的“基本性质”

中，我们已经讲了有界性，可以达到最大值、最小值，它们都是紧性的表现. 还有“有界闭区间上的连续函数必是一致连续的”也是紧性问题. 但是中值定理的关键则是连通性问题. 在本书中类似本题这样涉及连通性的地方很多，尤其是第 4 章中的定理 4-11. 它极为重要，我们要特别领会其中的思想. 关于这一类问题仍请读者参阅《重温微积分》一书第 6 章中关于紧性与连通性的讨论.

(b) 请看 (a) 中的反例以及拉格朗日定理不适用的说明.

2-25. 这个例子很简单，但是非常重要. 下一题就是讲如何应用它来构造“具有紧支集的无穷可微函数”. 所谓支集就是使得该函数不为 0 的点的集合再加上这个点集的边界点的集合. 这句话有点绕，粗略而言，具有紧支集的无穷可微函数就是那些在某有界闭集之外恒为 0 的无穷可微函数，并且因为它们是连续的，所以在此有界闭集的边界上也必为 0. 这与我们所习惯的所谓初等函数大不相同：那些函数都是只在孤立点处为 0，甚至在实变量情况下恒不为 0（如 e^x）. 但是这类函数太重要了，在所谓“现代分析”中，它们占有突出的地位. 因其重要性，故有一个专门的记号：C_0^∞. 例如本书第 3 章中的定理 3-11 所介绍的单位分解，就是以它（具体来说是以习题 2-26）为基础的. 问题在于这类函数究竟是否存在？这个题目就是给出这类函数的一种最常见的“原材料”，下一题再讲如何用这种“原材料”构造出更多有用的 C_0^∞ 函数，而它的进一步变化会更加丰富多彩. 有兴趣的读者可以参阅《重温微积分》第 3 章，特别是第 132~136 页.

因为此题极为重要，所以我们再介绍另一种更清楚的证明，其基础是下面的引理.

引理 函数

$$f(t)=\begin{cases}\mathrm{e}^{1/t}, & t>0,\\ 0, & t\leqslant 0\end{cases}\tag{A.3}$$

是 $\mathbb{R}^1$ 上的 C_0^∞ 函数，且对所有非负整数 j 有 $f^{(j)}(0)=0$.

证明 在 $t>0$ 时 $f(t)$ 无穷可微. 在 $t\leqslant 0$ 时 $f(t)\equiv 0$，故 $f(t)$ 不但无穷可微，而且各阶导数均恒为 0. 因此，为证此引理，只需证明 $\lim\limits_{t\to 0^+} f^{(j)}(t)=0$ 即可.

注意到当 $t>0$ 时 $\mathrm{e}^{1/t}=\sum_{m=0}^{\infty}(1/m!)(1/t)^m$ 为正项级数，所以对一切正整数 m 有 $\mathrm{e}^{1/t}\geqslant 1/(m!t^m)$，从而有 $\mathrm{e}^{-1/t}\leqslant m!t^m$. 因此，当 $t>0$ 时

$$|f(t)|\leqslant m!t^{m+1}.\tag{A.4}$$

现在考察 $f(t)$ 在 $t=0^+$ 处的各阶（右）导数. 易知，当 $t>0$ 时

$$f'(t)=\frac{1}{t^2}\mathrm{e}^{-1/t},$$

所以 $\lim\limits_{t\to 0^+} f'(t)=0$；当 $t<0$ 时 $f'(t)\equiv 0$，所以 $\lim\limits_{t\to 0^-} f'(t)=0$，从而有 $f'(t)$ 在 $t=0$ 处连续且 $f'(t)=0$. 我们可以用归纳法证明 $f^{(j)}(0)=0$. 事实上，由归纳法可得，当 $t>0$ 时

$$f^{(j)}(t)=P\left(\frac{1}{t}\right)\mathrm{e}^{-1/t},$$

其中 P 是一个 $2j$ 次多项式. 在式 (A.4) 中取 $m=2j$，有

$$\left|f^{(j)}(t)\right|\leqslant C|t|. \tag{A.5}$$

当 $t<0$ 时 $f^{(j)}(t)\equiv 0$，故 $\lim\limits_{t\to 0^-} f'(t)=0$. 根据式 (A.5)，有 $\lim\limits_{t\to 0^+} f'(t)=0$. 补充定义 $f^{(j)}(0)=0$ 后引理即得证. ■

这个 $f(t)$ 并不具有紧支集，其支集为 $\{t\geqslant 0\}$.

令 $t=|x|^2$ 即为本题.

2-26. 利用本题构造 C_0^∞ 函数，其中 (d) 比较麻烦. 我们通常的做法是利用所谓磨光技巧，这里无法解释. 读者可以参阅上面提到的参考书.

2-31. 此题的特点是：在研究偏导数时，可以限制自变量只在某条直线上变化. 例如，既然本题讨论的是 $\mathrm{D}_{\boldsymbol{x}}f(0,0)$，就可以限制 $\boldsymbol{x}$ 只在过 $(0,0)$ 且与 x 轴平行的直线上变化，即只看 $f(x,y)|_{y=0}=f(x,0)$. 而 $y=0$ 不在 A 中，所以 $f(x,0)\equiv 0$（对一切 x 成立），本题得证. 习题 1-26 中，应设 (x,y) 从一切路径趋于 $(0,0)$ 才能考虑 $f(x,y)$ 在 $(0,0)$ 处的连续性，而偏导数与方向导数则不要求这样. 本题的含义就在于此.

2-35. 这里请读者注意，f 的定义域是 $\mathbb{R}^n$. $\mathbb{R}^n$ 有一个特点，即原点与任何点 $\boldsymbol{x}$ 的连线仍在 $\mathbb{R}^n$ 中. 这句话似乎多余，但若把 $\mathbb{R}^n$ 改成 A：设 A 中的一切点 $\boldsymbol{x}$ 与其某一点（设为 $\mathbf{0}$）的连线仍在 A 中，则本题似乎全然不值一提. 因为

$$h'_{\boldsymbol{x}}(t)=\frac{\mathrm{d}}{\mathrm{d}t}f(t\boldsymbol{x})=x^1\mathrm{D}_1f(t\boldsymbol{x})+\cdots+x^n\mathrm{D}_nf(t\boldsymbol{x}),$$

所以沿连接 $\mathbf{0}$（即 $t=0$）与 $\boldsymbol{x}$（即 $t=1$）的线段积分，有

$$f(\boldsymbol{x})=\int_0^1\frac{\mathrm{d}}{\mathrm{d}t}f(t\boldsymbol{x})=\sum_{i=1}^n x^i\int_0^1\mathrm{D}_if(t\boldsymbol{x})\mathrm{d}t=\sum_{i=1}^n x^ig_i(\boldsymbol{x}),$$

其中 $g_i(\boldsymbol{x})=\int_0^1\mathrm{D}_if(t\boldsymbol{x})\mathrm{d}t$. 以上推导中当然用到了 $f(\mathbf{0})=0$，但这并不重要，因为当它不成立时，我们仍然可以得出

$$f(\boldsymbol{x})=f(\mathbf{0})+\sum_{i=1}^n x^ig_i(\boldsymbol{x}). \tag{A.6}$$

而真正重要的是，若“积分区间”（即连接 $\mathbf{0}$ 与 $\boldsymbol{x}$ 的线段）不含于 A 中，积分就没有意义了. 可见问题的关键仍在于 A 的几何性质. 具有这种性质的 A 称为关于 $\mathbf{0}$ 点的星形集. 这与习题 2-23 很类似，也请参见 4.2 节“向量场与微分形式”.

本题的结论，特别是式 (A.6)，在许多书上称为阿达马引理，是一个很有用的结果.

2-36. 请与定理 2-11（反函数定理）相比较. 仔细分析其证明就可以看到，不必讨论 f 在整个定义域 $\mathbb{R}^n$ 上的反函数，而只讨论 $f: V \to W$ 的反函数. 因此，对于 $f: A \to \mathbb{R}^n$，也不必讨论 f 在整个 A 上的性质，而只讨论其在包含 $\boldsymbol{a}$ 的一个开集 V（称为 $\boldsymbol{a}$ 的开邻域）上的性质，这样定理 2-11 就可以几乎逐字地搬到这里. 可令 $V = A$，$W = f(A)$. 由定理 2-11 可知 $f^{-1}: f(A) \to A$ 也是连续的. 而对于连续函数，其值域中开集的原像必仍为开集. 现在 A 是值域中的开集，$f(A)$ 是 A 在 f^{-1} 下的原像，所以也是开集. $f(B)$ 为开集的证明亦同.

2-37. (a) 最好是从几何角度来看它的意义. 在直观上很清楚，取一个适当的值 α，则 $f(x,y) = \alpha$ 表示一条曲线 L. 若 (x_α, y_α) 是此曲线上的一点，则 f 恰好把 $\mathbb{R}^2$ 中的这一点映射到 $\mathbb{R}^1$ 中的 α. 因此，除非这条曲线“退化”成点，否则 α 的原像必不止一点，从而 f 不可能是一一映射. 由此可见，问题在于如何保证它是一条非退化的曲线.

提示的用意即在于此. 这个提示建议考虑一个从 xy 平面到 zw 平面的变换

$$T(x,y) = (f(x,y), y). \tag{A.7}$$

若在 A 上有 $\mathrm{D}_1 f(x,y) \neq 0$，则在其上有

$$T' = \mathrm{D}T = \begin{pmatrix} \mathrm{D}_1 f & \mathrm{D}_2 f \\ 0 & 1 \end{pmatrix}, \tag{A.8}$$

从而有 $\det T' \neq 0$. 因此，由反函数定理可知，L 在 A 中的部分必与 zw 平面中过 (α, y_0) 的一个线段一一对应，而 f 则是把 xy 平面映射到 $\mathbb{R}^1$. 从图 A-7 来看，可以认为 f 是先作一个变换 T，把曲线 L“拉直”，再作一个沿 y 轴方向的投影 Pr，把线段变成了右边上的 P 点（记为 $f = Pr \circ T$）. 因此，它一定不是一一映射.

在这里，$\mathrm{D}f_1$、$\mathrm{D}f_2$ 不同时为 0 是很重要的. 看一个例子：$f(x,y) = 0 \cdot x + 0 \cdot y \equiv 0$. 它当然也破坏了一一对应，但与上面讲的情况不同：

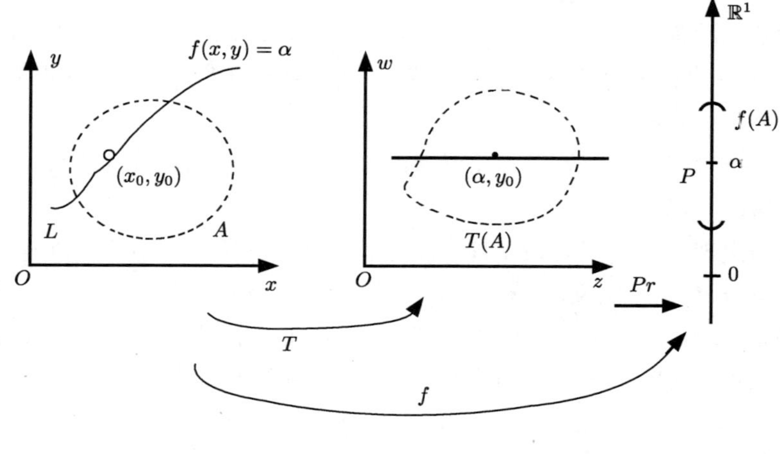

图 A-7

上面是把一个二维区域变成一维——其维数下降 1，现在是下降 2，变成零维的几何图形，即点 0.

(b) 如果理解了 (a) 中讲的几何意义，就知道应该考虑

$$f' = \begin{pmatrix} \dfrac{\partial f_1}{\partial x^1} & \cdots & \dfrac{\partial f_1}{\partial x^n} \\ \vdots & \ddots & \vdots \\ \dfrac{\partial f_m}{\partial x^1} & \cdots & \dfrac{\partial f_m}{\partial x^n} \end{pmatrix}. \tag{A.9}$$

它没有行列式，但是有秩，其秩最大可能是 m，即需要在“最大秩条件”下研究它. 方法仍然是先构造一个 T，再作一个投影 Pr 使得 $f = Pr \circ T$，T 是一一映射，表示“拉直”，而投影 Pr 破坏了一一对应.

由此还可以想到，对于 $m > n$ 的情况大概也不成立，详见上面提到的参考书. 还可以想到，若 f 是连续可微的一一映射，必有 $m = n$. 这称为维数的不变性. 但是，若只设 f 连续，它就是一个很难的问题.

3. 积分

3-3. (a) 因为在划分 P 的任何一个子矩形 S 上同时有 $f \geqslant m_S(f)$ 和 $g \geqslant m_S(g)$，所以 $f + g \geqslant m_S(f) + m_S(g)$. 这个不等式的右边是 $f + g$ 在 S 上的一个下界. 根据下确界的定义，有

$$m_S(f) + m_S(g) \leqslant m_S(f + g).$$

选取一个适当的划分 P，可以使 $\sum_S m_S(f)\cdot v(S)\geqslant L(f,P)-\epsilon$，$\sum_S m_S(g)\cdot v(S)\geqslant L(g,P)-\epsilon$，其中 $\epsilon>0$ 是任意正数．因此，对这个 P 有

$$\begin{aligned}L(f,P)+L(g,P)-2\epsilon &\leqslant \sum_S m_S(f)\cdot v(S)+\sum_S m_S(g)\cdot v(S)\\ &\leqslant \sum_S m_S(f+g)\cdot v(S)\\ &\leqslant L(f+g,P).\end{aligned}$$

但是 ϵ 是任意的，令 $\epsilon\to 0$，即有

$$L(f,P)+L(g,P)\leqslant L(f+g,P). \tag{A.10}$$

同理

$$U(f+g,P)\leqslant U(f,P)+U(g,P). \tag{A.11}$$

(b) 所谓一个函数可积，就是说对划分 P，下和的上确界与上和的下确界相等，其公共值就称为此函数的积分．现在，因为 f 与 g 分别可积，所以假设有一个共同的划分 P 使得 $L(f,P)\geqslant \sup_P L(f,P)-\epsilon$，$L(g,P)\geqslant \sup_P L(g,P)-\epsilon$，其中 $\epsilon>0$ 是任意给定的．代入式 (A.10)，得到

$$\sup_P L(f,P)+\sup_P L(g,P)-2\epsilon\leqslant L(f+g,P),$$

此式左边已与 P 无关，而右边则是对某个 P 而言的，所以可以把右边的 P 改写成 Q，以便让我们"忘记"它"曾经"与左边的 P 相同．在此式右边取关于 Q 的上确界，并注意到 ϵ 的任意性，即有

$$\sup_Q L(f,Q)+\sup_Q L(g,Q)\leqslant \sup_Q L(f+g,Q). \tag{A.12}$$

同理

$$\inf_{Q'} U(f+g,Q')\leqslant \inf_{Q'} U(f,Q')+\inf_{Q'} U(g,Q'), \tag{A.13}$$

其中 Q' 是与 Q 无关的任何划分．对任何划分 Q'，

$$U(f+g,Q')\geqslant L(f+g,Q).$$

固定 Q'，取关于 Q 的上确界，然后再取关于 Q' 的下确界，即有

$$\inf_{Q'} U(f+g,Q')\geqslant \sup_Q L(f+g,Q).$$

结合式 (A.12)(A.13)，即有

$$\begin{aligned}\sup_Q L(f,Q)+\sup_Q L(g,Q) &\leqslant \sup_Q L(f+g,Q)\\ &\leqslant \inf_{Q'} U(f+g,Q')\\ &\leqslant \inf_{Q'} U(f,Q')+\inf_{Q'} U(g,Q').\end{aligned}$$

因为题设 f 与 g 可积，所以上式两边是相等的，于是中间两项自然也相等.

请读者注意，在本书中积分是用上、下和的确界来定义的. 尽管在比较严格的微积分教材中都是这样讲的，但是人们总有这样一个想法：积分是积分和的“极限”. 其实，积分和并不能自然地排成序列，说积分是它的“极限”，那么是什么意义下的“极限”呢？因而许多书上说 $\int_a^b f(x)\mathrm{d}x = \lim\sum_{i=1}^n f(z_i)(x_i - x_{i-1})$ 时，总要加上一句：“对一切划分，令 $\max_i |x_i - x_{i-1}| \to 0$”，“对 z_i 的一切取法”，不管排出什么样的“序列”，其“极限”都是一样的，然后定义这个“一样的”极限值为 $\int_a^b f(x)\mathrm{d}x$，但上面这一段话是很难懂的. 因此，本书非常明确地以确界为积分的基础，而完全不讲“极限”. 这是很值得大家仔细思考的.

但是这样一来，一些原来大家以为很简单的结论就难证了. 习题 3-3 到习题 3-6 正是要求我们以确界为基础，重新证明积分的基本性质. 以确界为基础就必然会产生一个困难：确界的运算不是线性的. 具体来说，我们只能得到两个不等式

$$\inf(f+g) \geqslant \inf f + \inf g,$$
$$\sup(f+g) \leqslant \sup f + \sup g,$$

而不能写等号. 上面的解答提示就是告诉我们，如何克服由此带来的困难.

(c) 也是一样. 注意，

$$\inf(cf) = c\inf(f), \qquad \sup(cf) = c\sup(f)$$

是否正确，要看 c 的符号. 若 $c \geqslant 0$，它们是对的. 若 $c < 0$，请读者考虑应如何处理.

3-4. 这个题目的难点略有不同. 如果 A 是一个一维闭矩形（即闭区间），那么它的划分很简单，只要一些划分点就可以实现. 多加几个划分点就实现了加细. 但是本书是把“单积分”与“重积分”混在一起讲的，这时划分与加细都比较复杂. 以本题为例，如果限于 xy 平面的情况，并且 A 是一个闭矩形（其实闭与不闭均可），如图 A-8，它的划分 P（图中的虚线）就要依靠两组直线（一组平行于 x 轴：$x = \alpha_i$，$i = 1, 2, \cdots, k$；另一组平行于 y 轴：$x = \beta_j$，$j = 1, 2, \cdots, l$）来实现. 现在把一个子矩形 S 放在 A 中（图中的粗线），则需要把 P 加细为 P'，这就要在每组中各加一些直线 $x = \alpha_{i'}$、$y = \beta_{j'}$（图中的实线）才能实现. 如果从几何上已经明白了平面

（即 $\mathbb{R}^2$）的情况，而且知道如何构造划分，那么也就明白了对一般的 n 维情况如何构造划分 P 并对之加细（但具体计算仍然很繁冗）.

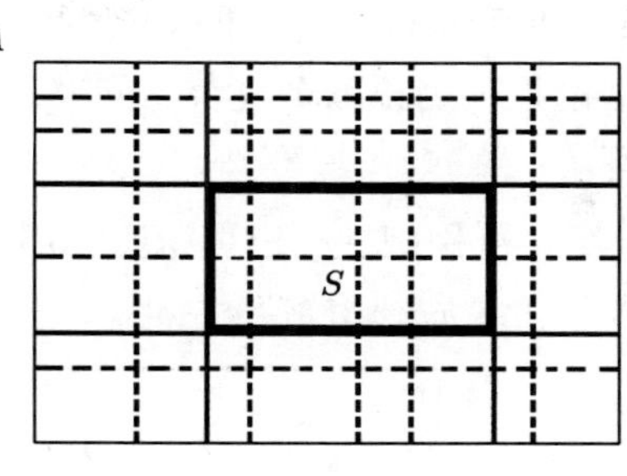

图 A-8

设已有 A 的一个划分 P，因为有 $S \subset A$，所以把 P 加细为 P'. P' 中的子矩形可以分成两组，一组全在 S 中，一组则全在 S 外，于是 P' 就给出了 S 的一个划分 P'_S 和 $A-S$ 的划分 P'_{A-S}. 由下和 $L(f,P)$ 引出 $L(f,P')$，现在后者又分成了 $L(f,P'_S)$ 与 $L(f,P'_{A-S})$. 至此为止，我们有

$$L(f,P) \leqslant L(f,P') = L(f,P'_S) + L(f,P'_{A-S}). \tag{A.14}$$

对上和则有

$$U(f,P) \geqslant U(f,P') = U(f,P'_S) + U(f,P'_{A-S}). \tag{A.15}$$

至此为止，除了加细引出了不等式，其余都是等式.

把二式相减，有

$$\begin{aligned}&[U(f,P'_S) - L(f,P'_S)] + [U(f,P'_{A-S}) - L(f,P'_{A-S})]\\ &\leqslant U(f,P) - L(f,P).\end{aligned} \tag{A.16}$$

式 (A.16) 左边两个方括号都是非负的.

因为题设 f 在 A 上可积，所以对任何 $\epsilon > 0$，必有一个划分 P 使得式 (A.16) 右边小于 ϵ（定理 3-3 的必要性部分）. 因此，由 P 生成的 S 与 $A-S$ 的两个划分 P'_S 与 P'_{A-S} 均满足

$$U(f,P'_S) - L(f,P'_S) < \epsilon,$$
$$U(f,P'_{A-S}) - L(f,P'_{A-S}) < \epsilon.$$

再利用定理 3-3 的充分性部分，可知 $f|S$ 与 $f|(A-S)$ 均可积，而且易知

$$\int_A f = \int_S f|S + \int_{A-S} f|(A-S).$$

若 A 是有限个子矩形的并集，则对 $A-S$ 再利用以上方法即得

$$\int_A f = \sum_S \int_S f|S.$$

其实这只是我们熟知的公式 $\int_a^b f(x)\mathrm{d}x = \int_a^c f(x)\mathrm{d}x + \int_c^b f(x)\mathrm{d}x$ 的推广. 但是这里出现了一个新问题：本题中 A 与 S 都是矩形（开或闭），所以特别简单. 假如它们都是形状极为复杂的集合，甚至 A 是无穷多个这类集合的并集，本题的结论是否仍正确乃复杂的问题. 后面一节“可积函数”可以部分地给出回答.

3-5. 考虑 $g-f$，先证若 g 可积则 $-g$ 也可积（利用习题 3-3(c)），再证非负可积函数的积分也非负，最后利用习题 3-3(b).

3-6. 令

$$f_+ = \begin{cases} f, & f \geqslant 0, \\ 0, & f < 0, \end{cases} \qquad f_- = \begin{cases} 0, & f \geqslant 0, \\ -f, & f < 0. \end{cases}$$

先证 $f_\pm$ 均可积再利用以上各题.

3-7. 本题来自对一个类似于狄利克雷函数的黎曼函数

$$f(x) = \begin{cases} 0, & x \text{ 为无理数}, \\ 1/q, & x = p/q \text{ 为既约分数}, \end{cases} \qquad x \in [0,1]$$

的研究. 它与狄利克雷函数不同，是黎曼可积的. 它的不连续点只是非零有理数，有可数多个，因而黎曼可积. 本题的解法实际上就是通常研究黎曼函数的方法.

任给一个划分 P，因为无理数在 $[0,1]$ 中稠密，所以在 P 的任何子矩形中必有 (x,y)，其中 x 是无理数，因此 $f(x,y)=0$. 但从定义来看，$f(x,y)\geqslant 0$，故 f 在任何子矩形 S 上的下确界为 0：$m_S(f)=0$. 这样 $\sum_S m_S(f)v(S)=0$，所以 $\sup_P\{L(f,P)\}=0$. 因此，现在只需证明 $\inf_P \{U(f,P)\}=0$ 即可. 为此，只需找到一个划分 P，使得 $0\leqslant \sum_S M_S(f) v(S)<\epsilon$（$\epsilon$ 是任意正数）即可. 我们来看一个最简单的划分，即把 $[0,1]\times[0,1]$ 用平行于两轴的直线等分为 N^2 个小正方形（N 待定），如图 A-9 所示. 注意到 f 的上确界其实只与 y 有关，所以我们只看同一横行中的许多小正方形. 若在某一横行中含有一条直线 $y=p/q$（q 也待定），而不含任何直线 $y=p'/q'$ 使得 $q'<q$，则在这个横行中的各个小正方形上均有 $\sup_S f = 1/q$. 但有一件事要注意，$y=p/q$ 可能就是 P 的划分线（图中的虚线）. 这里 $\sup_S f=1/q$ 就同时适用于这条划分线两侧的相邻横行，即在这两个横行上同时有 $\sup_S f=1/q$.

上面说这一横行中不含直线 $y=p'/q'$（$q'<q$），这怎么可能呢?

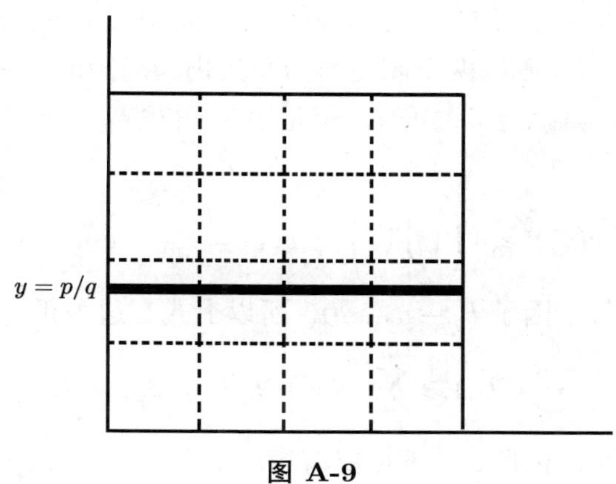

图 A-9

因为本题中所有分数 p'/q'、p/q 均指既约分数，所以当 $q' = 1$ 时只有一条这样的直线 $y = \frac{1}{1}$，当 $q' = 2$ 时有两条 $y = \frac{1}{2}$、$y = \frac{2}{2}$，……当 $q' = q-1$ 时有 $q-1$ 条．总共有

$$Q = 1 + 2 + \cdots + (q-1) = \frac{1}{2}q(q-1)$$

条．在这 Q 条直线上，$f(x,y) = 1/q' > 1/q$，因此，在含有它们（或以它们为边）的横行上，$\sup_S f(x,y) > 1/q$．但不论如何，$\sup_S f(x,y) \leqslant 1$．这样的横行最多有 $2Q$ 个，而在其余的 $N-2Q$ 个横行上，$\sup_S f(x,y) \leqslant 1/q$（注意“$\leqslant$”不能写为“$=$”，因为有些横行中含有 $y = p''/q''$，$q'' > q$，则 $\sup_S f(x,y) = 1/q'' < 1/q$）．这样，在计算 $U(f,P)$ 时，应把各项分为两类：

$$\begin{aligned}U(f,P) &= \sum_{\text{第一类}} \left(1 \cdot \frac{1}{N}\right) \sup_S f + \sum_{\text{第二类}} \left(1 \cdot \frac{1}{N}\right) \sup_S f \\ &\leqslant 1 \cdot \frac{q(q-1)}{N} + \frac{1}{q} \cdot \frac{N - q(q-1)}{N} \\ &< \frac{q(q-1)}{N} + \frac{1}{q}.\end{aligned}$$

对任意给定的 $\epsilon > 0$，先选取 q 使得 $1/q < /\epsilon/2$，再固定 q，令 N 充分大使得 $q(q-1)/N < \epsilon/2$．合并起来即有

$$0 < U(f,P) < \epsilon.$$

由 ϵ 的任意性可得

$$\inf_P \mathrm{D}(f,P) = 0.$$

本题得证．

3-8. 设有有限多个闭矩形 $U_1, \cdots, U_h$ 可以覆盖闭矩形 $I = [a_1, b_1] \times \cdots \times [a_n, b_n]$. 令 $V_i = U_i \cap I$，则因两个闭矩形的交集仍为闭矩形（除非它是空集），故闭矩形 $V_1, \cdots, V_h$ 仍可覆盖 I. 但是因为 $V_i \subset U_i$，所以 $v(V_i) \leqslant v(U_i)$. 此外，

$$\sum_{i=1}^{h} v(V_i) \geqslant v\left(\bigcup_{i=1}^{h} V_i\right) = v(I) = (b_1 - a_1) \cdots (b_n - a_n).$$

根据假设，每个因子 $b_j - a_j > 0$，所以上式右边为正，进而

$$\sum_{i=1}^{h} v(U_i) \geqslant \sum_{i=1}^{h} v(V_i) \geqslant (b_1 - a_1) \cdots (b_n - a_n)$$

不可能任意小. 因此，I 不可能有容度 0.

在这个证明中，我们利用了闭矩形体积的“次可加性”

$$\sum_{i=1}^{h} v(V_i) \geqslant v\left(\bigcup_{i=1}^{h} V_i\right).$$

它在直观上是显然的.

3-9. (a) 设集合 A 有容度 0，则必有有限多个闭矩形 $U_1, \cdots, U_h$ 使得 $A \subset \bigcup_{i=1}^{h} U_i$. 但是 $\bigcup_{i=1}^{h} U_i$ 在任何坐标轴上的投影必定含于有限个闭区间的并集中，因而含于一个闭区间中，$\bigcup_{i=1}^{h} U_i$ 则含于一些闭区间的乘积中. 这个乘积可以写为 $[a_1, b_1] \times \cdots \times [a_n, b_n]$，所以是有界的. A 作为其子集当然也是有界的. 总之，容度 0 的集合必有界，反过来无界集不可能有容度 0.

注意，我们并不需要 A 有容度 0，而只利用了 A 可被有限多个闭矩形覆盖.

(b) 由 (a) 可知，我们只要给出一个无界的具有测度 0 的集合即可. 令 $\mathbb{Z} = \{\cdots, -3, -2, -1, 0, 1, 2, 3, \cdots\}$ 为整数集，请读者证明它有测度 0：选取包含 $k \in \mathbb{Z}$ 的一个小区间，其长为 l_k，设法使 $\sum_{k \in \mathbb{Z}} l_k < \epsilon$（$\epsilon$ 是任意小的正数）即可. 这是比较容易的. 另外要证明 $\mathbb{Z}$ 是闭集. 读者可能在微积分中学过，若一个集合包含其所有极限点，则必为闭集. 但是 $\mathbb{Z}$ 的极限点又是什么呢？我们应该回到定义：$A \subset \mathbb{R}^1$ 为闭集的定义是 $\mathbb{R}^1 - A$ 为开集. 现在 $\mathbb{R}^1 - \mathbb{Z}$ 是可数多个开区间 $(k, k+1)$（$k = 0, \pm 1, \pm 2, \cdots$）的并集，所以为开集.

3-10. (b) 令 $C = \{(0,1) \text{ 中的有理数}\}$ 即可. 请证明 C 有测度 0，再考虑 C 的边界是什么.

3-14. 本章讲的可积函数都是有界的，因此 $f \cdot g$ 也是有界的. 定理 3-8 告诉我们，

$f \cdot g$ 可积的必要条件是 $f \cdot g$ 的不连续点集具有测度 0. 因为

$$\{x : f \cdot g \text{ 在 } \boldsymbol{x} \text{ 处不连续}\} \subset \{x : f \text{ 在 } \boldsymbol{x} \text{ 处不连续}\} \cup \{x : g \text{ 在 } \boldsymbol{x} \text{ 处不连续}\}$$

所以证明右式为测度 0 集合即可.（请读者思考，上式中“$\subset$”能不能换成“$=$”? 为什么?）

3-16. 不妨设 A 为区间 $[0,1] \subset \mathbb{R}$，$C = \{x : x \text{ 为有理数}\}$. 先证 C 有界且有测度 0，但是 χ_C 作为 A 上的函数处处不连续. 因此，由定理 3-8 可知 $\int_A \chi_C$ 不存在.

3-18. 若 $f : A \to \mathbb{R}$ 是非负连续函数且 $\int_A f = 0$，证明 $f \equiv 0$ 就是通常微积分教科书中的习题. 但若去掉 f 连续这个条件，证明就困难多了.

为简单起见，设 A 是 $\mathbb{R}^1$ 中的闭区间 $[0,1]$（本节中的 A 是 $\mathbb{R}^n$ 中的闭矩形）. 固定 m，并设 $\{x : f > \frac{1}{m}\}$ 不具有容度 0. 把 A 等分为 $\left[\frac{k}{N}, \frac{k+1}{N}\right]$ 的并集：$A = \bigcup_{k=0}^{N-1} \left[\frac{k}{N}, \frac{k+1}{N}\right]$，则 $\{x : f > \frac{1}{m}\}$ 是 N 个集合 $\{x : \frac{k}{N} \leqslant x \leqslant \frac{k+1}{N}\} \cap \{x : f > \frac{1}{m}\}$ 的并集. 这 N 个集合中至少有一个不具有容度 0. 把这个子集再 N 等分，依此类推，就会得到一个矛盾.

3-23. 本节中的记号为 $\mathcal{L} = \mathcal{L}(\boldsymbol{x}) = \mathbf{L}\int_B f(\boldsymbol{x}, \boldsymbol{y})\mathrm{d}\boldsymbol{y}$，$\mathcal{U} = \mathcal{U}(\boldsymbol{x}) = \mathbf{U}\int_B f(\boldsymbol{x}, \boldsymbol{y})\mathrm{d}\boldsymbol{y}$. 由定理 3-10 可知，$\mathcal{U}$ 与 $\mathcal{L}$ 均为 A 上的可积函数且 $\int_{A \times B} \chi_C = \int_A \mathcal{U}(\boldsymbol{x})$. 注意，在一个集合“具有容度 0”的定义中并未使用“容度”的概念，而后又定义了 $\int_C 1 = \int_{A \times B} \chi_C$ 为 C 的“容度”，那么 C“具有容度 0”与先计算出 C 的“容度”再发现这个“容度”为 0 是不是一回事? 答案是肯定的，但可惜的是书上没有讲. 如果我们承认这一点，本题就十分容易. 事实上，因为已设 C 具有容度 0，所以 $\int_{A \times B} \chi_C = 0$，即 $\int_A \mathcal{U}(\boldsymbol{x}) = 0$. 在本题中 $\mathcal{U}(\boldsymbol{x})$ 是什么呢? 它是 $\mathcal{U}(\boldsymbol{x}) = \int_{\text{固定}\,\boldsymbol{x}} \chi_C(\boldsymbol{x}, \boldsymbol{y})\mathrm{d}\boldsymbol{y}$，即集合 C 与直线 $\boldsymbol{x} = \text{常数}$ 的交集 $C \cap \{(\boldsymbol{x}, \boldsymbol{y}) : \text{固定 } \boldsymbol{x}\}$（不妨记为 $C(\boldsymbol{x})$）的特征函数 $\chi_{C(\boldsymbol{x})}$ 的积分，也就是 $C(\boldsymbol{x})$ 的容度. 显然 $\mathcal{U}(\boldsymbol{x}) \geqslant 0$，而由 $\int_A \mathcal{U}(\boldsymbol{x}) = 0$ 可知 $\{x : C(\boldsymbol{x}) \text{ 的容度} \neq 0\}$ 具有测度 0（习题 3-18）. 这就是本题所求证的.

现在我们来证明上述两个概念是相同的. 若 C“具有容度 0”，则必有有限多个闭矩形 $R_1, \cdots, R_h$ 使得 $C \subset \bigcup_{j=1}^h R_j$ 且 $\sum_{j=1}^h v(R_j) < \epsilon$，$\epsilon$ 是任意小正数. 易知 $\sum_{j=1}^h v(R_j)$ 不小于 χ_C 的一个上和，从而有一个上和小于 ϵ，所以 χ_C 的上积分为 0. χ_C 的下积分自然也为 0. 因此 $\int \chi_C = 0$. 反之，若 $\int \chi_C = 0$，则对任何正数 ϵ，χ_C 必有一个上和小于 ϵ. 也就是说，必有一个划分 $P = (R_1, \cdots, R_n)$（R_j 为闭矩形）使得 $\sum_{j=1}^n \sup_{R_j} \chi_C \cdot v(R_j) < \epsilon$. 而对于 $S = \{R_j : \sup_{R_j} \chi_C = 1\}$ 有 $\sum_S v(R_j) < \epsilon$，即 C“具有容度 0”.

本题可能有其他证法，但实质上都是相同的.

3-25. 当 $n=1$ 时，结论恒成立. 假设这个结论对 $n-1$ 维情况成立. 现在证明它对 n 维情况也成立. 令 $C_n=[a_1,b_1]\times\cdots\times[a_n,b_n]$，若 C_n 有测度 0，根据习题 3-17，有 $\int\chi_{C_n}=0$，进而有

$$\int_{C_{n-1}}\chi_{[a_n,b_n]}=\int\chi_{C_n}=0.$$

（请读者说明此式的意义.）

根据上面的讨论，又有 $\chi_{[a_n,b_n]}=0$.（这个说法不严格，请读者补正.）但这是不对的，因为 $\chi_{[a_n,b_n]}=b_n-a_n>0$.

3-27. 设区域 $C=\{(x,y):a\leqslant x\leqslant b,\ x\leqslant y\leqslant b\}$. 它是一个三角形，如图 A-10 所示. 请读者自己证明 χ_C 可积，从而 $\chi_C\cdot f(x,y)$ 也可积（习题 3-14）. 对每个固定的 x，证明 $\chi_C\cdot f(x,y)$ 是 y 的可积函数，再利用定理 3-10 的注 2 即有

$$\int_{[a,b]\times[a,b]}\chi_C f(x,y)\mathrm{d}x\,\mathrm{d}y=\int_a^b\mathrm{d}x\int_x^b\chi_C f(x,y)\mathrm{d}y=\int_a^b\mathrm{d}x\int_x^b f(x,y)\mathrm{d}y.$$

交换积分次序，结论得证.

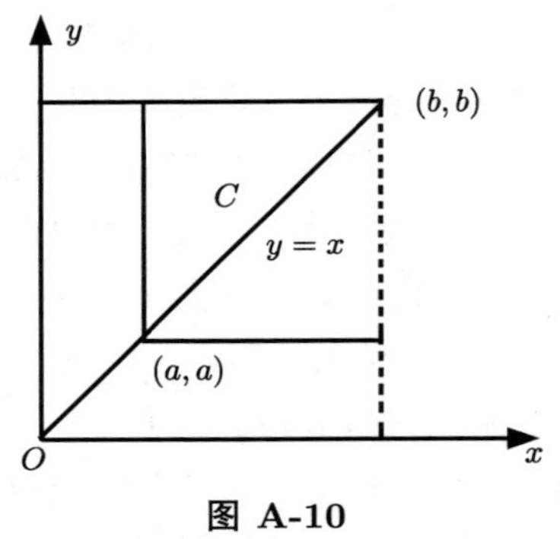

图 A-10

3-30. 习题 1-17 中的集合 A 有很多种构造方法，但是不管使用哪种方法，这样的 A（即本题中的 C）的边界总是 $[0,1]\times[0,1]$. 这个边界有测度 0 吗? 这时 χ_C 可积吗（定理 3-9）?

注意，定理 3-10 的注 2 表明，若 f 在 $A\times B$ 上可积（即 $\int_{A\times B}f$ 存在），并且 $g_x(y)=\int_B f(x,y)\mathrm{d}y$ 在 A 上可积，$h_y(x)=\int_A f(x,y)\mathrm{d}x$ 在 B 上也可积，则

$$\int_{A\times B}f=\int_A\mathrm{d}x\int_B f(x,y)\mathrm{d}y=\int_B\mathrm{d}y\int_A f(x,y)\mathrm{d}x.$$

但是这个题目告诉我们，哪怕后两个积分（逐次积分）存在且相等，第一个积分（重积分）也不一定存在. 产生这样的问题在于我们采用的积分定义有待改进.

3-33. 本题最好再加上一个条件：$f(x,y)$ 本身也在 $[a,b]\times[c,d]$ 上连续. 以一元情况为例，如果只有 $f(t)$ 可积而不连续，那么如何把 $\int_a^x f(t)\mathrm{d}t$ 对 x 求导将是一个很复杂的问题. 如果读者从经典的微积分中学过相关的定理，做本题时就不必加上这个条件.

3-35. 这是一个线性代数题目，对本章讲到的变量替换以及下面两章都起到很关键的作用. 因此，读者应该努力熟悉它所涉及的思路和技巧. 根据本章的设定，$\boldsymbol{e}_1,\cdots,\boldsymbol{e}_n$ 表示 $\mathbb{R}^n$ 的通常基（标准正交）. 也就是说，它们是 n 个线性无关的向量，且 $\langle \boldsymbol{e}_i,\boldsymbol{e}_j\rangle=\delta_{ij}$. 因此，$\mathbb{R}^n$ 中的每个向量 $\boldsymbol{x}$ 都可以表示为 $\boldsymbol{x}=x^1\boldsymbol{e}_1+\cdots+x^n\boldsymbol{e}_n$，而我们可以用 $(x^1,\cdots,x^n)$ 来表示这个向量. 这里 $x^1,\cdots,x^n$ 都是实数，与 $\boldsymbol{e}_1,\cdots,\boldsymbol{e}_n$ 为向量不同，这些实数称为 $\boldsymbol{x}$ 关于这组基的坐标. 例如

$$\boldsymbol{e}_1=1\cdot\boldsymbol{e}_1+0\cdot\boldsymbol{e}_2+\cdots+0\cdot\boldsymbol{e}_n,$$

所以 $\boldsymbol{e}_1$ 的坐标表示是 $(1,0,\cdots,0)$，这就是本书第 1 章的讲法. 不过，为方便起见，我们采用列向量的写法：

$$\boldsymbol{x}=\begin{pmatrix}x^1\\ \vdots\\ x^n\end{pmatrix}.$$

(a) 重点是把 g 用矩阵表示出来，例如第一个：

$$g(\boldsymbol{x})=g\left(\sum_{i=1}^n x^i\boldsymbol{e}_i\right)=\sum_{i=1}^n x^i g(\boldsymbol{e}_i)=ax^j\boldsymbol{e}_j+\sum_{i\neq j}x^i\boldsymbol{e}_i,$$

即

$$g\begin{pmatrix}x^1\\ \vdots\\ x^n\end{pmatrix}=\begin{pmatrix}x^1\\ \vdots\\ ax^j\\ \vdots\\ x^n\end{pmatrix}\text{——第 } j \text{ 个元素.}\tag{A.17}$$

它的几何意义如下：若以 $\boldsymbol{e}_1,\cdots,\boldsymbol{e}_n$ 为基作出一个单位矩形（立方体）V，则在 g 的作用下，其第 j 个基伸长了 a 倍（请读者考虑 a 的符号对 g 的几何意义的影响），而其他基不变. 因此，$g(V)$ 仍是一个矩形，

其体积为 $|a|v(V)$. 由式 (A.17) 可得 a 的矩阵表示为

$$g=\begin{pmatrix}1 & & & & \\ & \ddots & & & \\ & & a & & \\ & & & \ddots & \\ & & & & 1\end{pmatrix} \text{——第 } j \text{ 行},$$

于是

$$\det g=\begin{vmatrix}1 & & & & \\ & \ddots & & & \\ & & a & & \\ & & & \ddots & \\ & & & & 1\end{vmatrix}=a.$$

因此

$$v(g(V))=|a|v(V)=|\det g|v(V).$$

请读者用类似方法考虑后两个. 第二个 g 在几何上表示"切变", 在切变下体积是不变的, 这是一个非常简单的几何定理, 如图 A-11 所示. 读者可以依照上一部分把这个情况详细写出, 特别是写出 g 的矩阵表示.

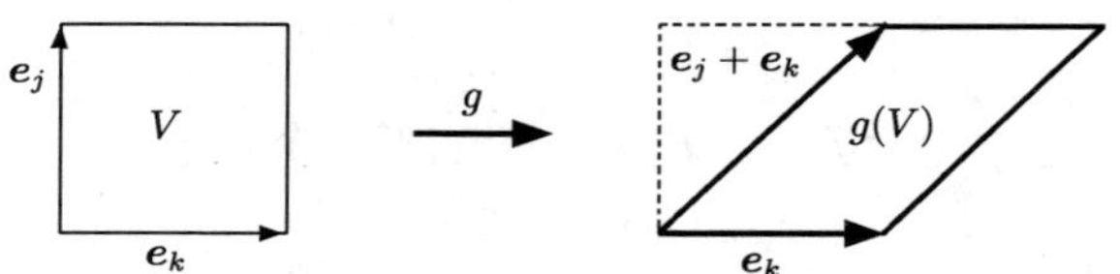

图 A-11

第三个 g 把 e_i 与 e_j 对调. 我们最熟悉的是 $\mathbb{R}^2$ 中 x 轴与 y 轴的对调. 此时坐标系由右手系变成左手系, 称为定向的改变. 问题在于 V 的体积 $v(V)$ 有没有符号? 在讲重积分时, 体积元素一定是取非负的, 但到了第 5 章, 体积将带有符号, 而且若我们规定某个定向的体积为非负的 (例如在右手系下), 定向改变后体积就要变号. 这样就有

$$v(g(V))=-v(V).$$

一般地,

$$v(g(V))=\det g\cdot v(V).$$

但是按本章的讲法，我们仍有

$$v(g(V)) = |\det g| v(V).$$

这个区别是理解第 4 章和第 5 章的关键. 也请读者写出这个 g 的矩阵表示.

至于证明 $v(g(U)) = |\det g| v(U)$，要注意，至少从题面上看并没有设 U 的基就是 $\boldsymbol{e}_1, \cdots, \boldsymbol{e}_n$ 方向上的向量. 因此应该用

$$\int \chi_U \text{ 和 } \int \chi_{g(U)}$$

来计算体积，并且看它们之间的关系. 而例如在计算 $\int \chi_U$ 时，我们要计算其上、下积分. 构造一个划分 P 把 U 分成许多其基平行于 $\boldsymbol{e}_1, \cdots, \boldsymbol{e}_n$ 的小矩形. 任取一个小矩形 R，若 R 完全在 P 中，则 $\sup_R \chi_U = \inf_R \chi_U = 1$. 而若 R 有一部分在 P 外，则

$$\sup_R \chi_U = 1, \quad \inf_R \chi_U = 0.$$

上、下积分的差别就在于此. 读者应该自己证明 $\int \chi_U$ 即 U 的体积. 至于 $g(U)$，g 改变了覆盖 U 的小矩形. 但这里有一个问题，即在切变下小矩形变成小平行体. 因此，上面的讨论要改变，即划分须推广为用小平行体而不是小矩形来实现，这并不困难. 再次请读者把以上证明的不严格处补正.

4. 链上的积分

4-1. (a) 请注意，由定理 4-4(3) 可得

$$\begin{aligned}\boldsymbol{\varphi}_{i_1} \wedge \cdots \wedge \boldsymbol{\varphi}_{i_k} &= \frac{(1+\cdots+1)!}{1!\cdots 1!}\mathrm{Alt}(\boldsymbol{\varphi}_{i_1} \otimes \cdots \otimes \boldsymbol{\varphi}_{i_k}) \\ &= k!\mathrm{Alt}(\boldsymbol{\varphi}_{i_1} \otimes \cdots \otimes \boldsymbol{\varphi}_{i_k}),\end{aligned} \tag{A.18}$$

再由交错算子 Alt 与张量积的定义可得

$$\begin{aligned}&\mathrm{Alt}(\boldsymbol{\varphi}_{i_1} \otimes \cdots \otimes \boldsymbol{\varphi}_{i_k})(\boldsymbol{e}_{i_1}, \cdots, \boldsymbol{e}_{i_k}) \\ &= \frac{1}{k!}\sum_{\sigma \in S_k} \mathrm{sgn}\,\sigma (\boldsymbol{\varphi}_{i_1} \otimes \cdots \otimes \boldsymbol{\varphi}_{i_k})(\boldsymbol{e}_{i_{\sigma(1)}}, \cdots, \boldsymbol{e}_{i_{\sigma(k)}}) \\ &= \frac{1}{k!}\sum_{\sigma \in S_k} \mathrm{sgn}\,\sigma\, \delta_{i_1 i_{\sigma(1)}} \cdots \delta_{i_k i_{\sigma(k)}} \\ &= \frac{1}{k!}.\end{aligned} \tag{A.19}$$

合并式 (A.18)(A.19)，本题即得证. 可见如果楔积 $\wedge$ 的定义中没有因子 $\frac{(h+l+\cdots+m)!}{k!l!\cdots m!}$，那么式 (A.19) 中的因子 $\frac{1}{k!}$ 将难以清除，从而会得到

$$\boldsymbol{\varphi}_{i_1}\wedge\cdots\wedge\boldsymbol{\varphi}_{i_k}\left(\boldsymbol{e}_{i_1},\cdots,\boldsymbol{e}_{i_k}\right)=\frac{1}{k!}.$$

这是很不自然的，因为对于 $\mathbb{R}^3$ 的情况，若 $k=2$，则楔积与叉积是十分相似的. 楔积 $\varphi_1\wedge\varphi_2$ 是以 φ_1,φ_2 为基的平行四边形的面积，前面乘以一个因子 $\frac{1}{k!}=\frac{1}{2!}$ 将得到由两个向量 φ_1、φ_2 所组成的三角形的面积. 对于一般的 k，我们将得到一个 k 维平行体的带符号的体积 $\boldsymbol{\varphi}_{i_1}\wedge\cdots\wedge\boldsymbol{\varphi}_{i_k}$，而 $\frac{1}{k!}\boldsymbol{\varphi}_{i_1}\wedge\cdots\wedge\boldsymbol{\varphi}_{i_k}$ 是一个 k 维单形的带符号的体积. 本书没有介绍单形，而是以 k 维正方体为基础. 后者是区间、正方形、立方体……的推广，而前者则是区间、三角形、四面体……的推广.

(b) 若将 $\boldsymbol{v}_1,\cdots,\boldsymbol{v}_k$ 用基 $\boldsymbol{e}_1,\cdots,\boldsymbol{e}_n$ 来表示，则有

$$\boldsymbol{v}_i=\sum_{j=1}^{n}a_{ij}\boldsymbol{e}_j,\qquad i=1,2,\cdots,k. \tag{A.20}$$

由 (a) 可得

$$\boldsymbol{\varphi}_{i_1}\wedge\cdots\wedge\boldsymbol{\varphi}_{i_k}\left(\boldsymbol{v}_1,\cdots,\boldsymbol{v}_k\right)=\sum_{\sigma\in S_k}\operatorname{sgn}\sigma\, a_{\sigma(1)i_1}\cdots a_{\sigma(k)i_k}. \tag{A.21}$$

把式 (A.20) 写成矩阵的形式：

$$\begin{pmatrix}\boldsymbol{v}_1\\ \vdots\\ \boldsymbol{v}_k\end{pmatrix}=\begin{pmatrix}a_{11} & \cdots & a_{1n}\\ \vdots & \ddots & \vdots\\ a_{k1} & \cdots & a_{kn}\end{pmatrix}\begin{pmatrix}\boldsymbol{e}_1\\ \vdots\\ \boldsymbol{e}_n\end{pmatrix}.$$

注意，这里的竖列并不是一个竖向量，而是把 k 个（或 n 个）向量竖写，再“借用”矩阵乘法的规则，所以只是一个方便的记法. 式 (A.21) 显然是这个矩阵的第 $i_1,\cdots,i_k$ 列所依次构成的 k 阶子矩阵的行列式.

4-2. f^* 是一个线性变换. 注意到 Ω^k 的维数是 $\binom{n}{k}$，所以 Ω^n 的维数是 1. 一维空间上的线性变换只能是“乘以常数 c”. 只要把 f 写出来就能很容易地看出 $c=\det f$ 的证明.

4-3. 按提示写出矩阵 $\boldsymbol{A}$: $\begin{pmatrix}\boldsymbol{w}_1\\ \vdots\\ \boldsymbol{w}_n\end{pmatrix}=\boldsymbol{A}\begin{pmatrix}\boldsymbol{v}_1\\ \vdots\\ \boldsymbol{v}_n\end{pmatrix}$. 先计算 $\boldsymbol{A}\boldsymbol{A}^{\mathrm{T}}$.

4-5. det 是一个交错 n 阶张量，所以对每个 $\boldsymbol{v}$ 都是连续的，c 也是连续的，因此 $\det\circ c$ 也是连续的. 而基只有两类，它在“连续”变化下就只能始终保持在同一类中.

4-6. (a) 叉积“×”是从 $\mathbb{R}^n$ 中的 $n-1$ 个向量 $\boldsymbol{v}_1,\cdots,\boldsymbol{v}_{n-1}$ 到 $\mathbb{R}^n$ 中的向量 $\boldsymbol{z}$ 的一个重线性“交替”映射. 当 $n=2$ 时，它就是 $\mathbb{R}^2$ 中的一个向量 $\boldsymbol{v}$ 到另一个向量 $\boldsymbol{z}$（记作 $\boldsymbol{z}=\boldsymbol{v}\times$）的映射，从而使 $\langle\boldsymbol{\omega},\boldsymbol{z}\rangle=\det\begin{pmatrix}\boldsymbol{v}\\ \boldsymbol{w}\end{pmatrix}$ 对一切 $\boldsymbol{\omega}\in\mathbb{R}^2$ 成立. 我们现在来给出 $\boldsymbol{z}=\boldsymbol{v}\times$ 的具体表达式. 若对 $\mathbb{R}^2$ 的一组标准正交基 $\boldsymbol{e}_1,\boldsymbol{e}_2$ 有

$$
\begin{aligned}
\boldsymbol{v}&=a\boldsymbol{e}_1+b\boldsymbol{e}_2, &&\text{或记作} &\boldsymbol{v}&=(a,b),\\
\boldsymbol{w}&=x\boldsymbol{e}_1+y\boldsymbol{e}_2, &&\text{或记作} &\boldsymbol{w}&=(x,y),\\
\boldsymbol{z}&=\alpha\boldsymbol{e}_1+\beta\boldsymbol{e}_2, &&\text{或记作} &\boldsymbol{z}&=(\alpha,\beta).
\end{aligned}
$$

则因 $\langle\boldsymbol{w},\boldsymbol{z}\rangle=\alpha x+\beta y$，$\det\begin{pmatrix}\boldsymbol{v}\\ \boldsymbol{w}\end{pmatrix}=\begin{vmatrix}a & b\\ x & y\end{vmatrix}=ay-bx$，而且此式须对一切 (x,y) 均成立，故有

$$\alpha=-b,\ \beta=a.$$

可知在 $n=2$ 的情况下，“×”这个映射就是

$$\times:\boldsymbol{v}=(a,b)\mapsto\boldsymbol{z}=\boldsymbol{v}\times=(-b,a).\tag{A.22}$$

它当然没有“重”线性，而只有线性，也谈不上“交替”. 而从几何上看，式 (A.22) 就是旋转 $\frac{\pi}{2}$.

(b) 对一般的 n，情况当然没有这么简单，这时我们有

$$\langle\boldsymbol{w},\boldsymbol{z}\rangle=\langle\boldsymbol{w},\boldsymbol{v}_1\times\cdots\times\boldsymbol{v}_{n-1}\rangle=\det\begin{pmatrix}\boldsymbol{v}_1\\ \cdots\\ \boldsymbol{v}_{n-1}\\ \boldsymbol{w}\end{pmatrix}\tag{A.23}$$

对一切 $\boldsymbol{w}\in\mathbb{R}^n$ 成立. 和上面一样，令

$$
\begin{aligned}
\boldsymbol{v}_i&=\sum_{j=1}^n a_{ij}\boldsymbol{e}_j,\quad i=1,2,\cdots,n-1,\\
\boldsymbol{w}&=\sum_{j=1}^n x_j\boldsymbol{e}_j,\\
\boldsymbol{z}&=\boldsymbol{v}_1\times\cdots\times\boldsymbol{v}_{n-1}=\sum_{j=1}^n\alpha_j\boldsymbol{e}_j.
\end{aligned}
$$

代入式 (A.23) 的两边，即有

$$\sum_{i=1}^{n}\alpha_i x_i=\begin{vmatrix} a_{1,1} & \cdots & a_{1,n}\\ \vdots & \ddots & \vdots\\ a_{n-1,1} & \cdots & a_{n-1,n}\\ x_1 & \cdots & x_n\end{vmatrix}.$$

把右边的行列式沿最后一行展开，并记 x_i 的代数余子式为 A_i，即有 $\alpha_i = A_i$.

特别地，若令 $\boldsymbol{w}=\boldsymbol{z}=\boldsymbol{v}_1\times\cdots\times\boldsymbol{v}_{n-1}$，则有

$$\det\begin{pmatrix}\boldsymbol{v}_1\\ \vdots\\ \boldsymbol{v}_{n-1}\\ \boldsymbol{v}_1\times\cdots\times\boldsymbol{v}_{n-1}\end{pmatrix}=\begin{vmatrix} a_{1,1} & \cdots & a_{1,n}\\ \vdots & \ddots & \vdots\\ a_{n-1,1} & \cdots & a_{n-1,n}\\ \alpha_1 & \cdots & \alpha_n\end{vmatrix}=\sum_{i=1}^{n}A_i^2>0.$$

右边必为正，而不仅仅是非负，这是因为已设 $\boldsymbol{v}_1,\cdots,\boldsymbol{v}_{n-1}$ 线性无关，所以至少有一个 $A_i\neq 0$.

因为这个行列式为正，所以 $[\boldsymbol{v}_1,\cdots,\boldsymbol{v}_{n-1},\boldsymbol{v}_1\times\cdots\times\boldsymbol{v}_{n-1}]$ 是通常定向.

4-9. 本题是我们熟知的向量的“向量积”（本书称为“叉积”）的定义和一些基本性质的新讲法. 在我们熟知的讲法中，向量 $\overrightarrow{OA}$ 和 $\overrightarrow{OB}$ 的向量积 $\overrightarrow{OA}\times\overrightarrow{OB}$ 定义为这样的向量 $\overrightarrow{OC}$：$\overrightarrow{OC}$ 与 $\overrightarrow{OA}$、$\overrightarrow{OB}$ 均正交，其大小为 $|\overrightarrow{OA}|\cdot|\overrightarrow{OB}|\sin(\overrightarrow{OA},\overrightarrow{OB})$（即 $\overrightarrow{OA}$、$\overrightarrow{OB}$ 所组成的平行四边形的面积），而 $\overrightarrow{OC}$ 的指向应使 $\overrightarrow{OA}$、$\overrightarrow{OB}$、$\overrightarrow{OC}$ 构成一个右手坐标系. 这里假设 $\mathbb{R}^3$ 中已经有了一个标准正交坐标系 O-xyz，而且是右手系. 本书的讲法则不同，它同样假设 $\mathbb{R}^3$ 有通常的标准正交基 $\boldsymbol{e}_1,\cdots,\boldsymbol{e}_n$（相当于 O-xyz 轴），而且有一个选定的定向 $\boldsymbol{\mu}=[\boldsymbol{e}_1,\cdots,\boldsymbol{e}_n]$. 这自然相当于右手系的规定. 但在高维空间中无所谓左、右手，所以在两种可能的定向中要事先选定一种. 特别重要的是，本书只承认 $\mathbb{R}^n$ 中的 $n-1$ 个向量的叉积 $\boldsymbol{v}_1\times\cdots\times\boldsymbol{v}_{n-1}$，而不承认少于 $n-1$ 个向量的叉积，而我们熟知的是两个向量的向量积 $\overrightarrow{OA}\times\overrightarrow{OB}$，所以只有 $n-1=2$ 即 $n=3$ 时，这两种讲法才有可能统一. 我们学习向量积时，一般不会强调它只在 $\mathbb{R}^3$ 中才有意义，这一点极易引起误会. 例如，若 $\overrightarrow{OA}$、$\overrightarrow{OB}$ 是 xy 平面中的向量又会如何? 这时 $\overrightarrow{OA}\times\overrightarrow{OB}$ 在 z 轴方向上，则已越出 $\mathbb{R}^2$，即 xy 平面，所以“$\times$”不是 $\mathbb{R}^2$ 中的向量运算.

本书讲的是 $\mathbb{R}^n$ 中的 $n-1$ 个向量的叉积，那么能否讲两个向量的叉积呢? 答案是可以的，但其结果是一个交错二阶张量，而不是向量. k

（$k < n-1$）个向量的叉积是一个交错 k 阶张量，那么 $n-1$ 个向量的叉积不应该也是一个交错 $n-1$ 阶张量吗？答案是肯定的. 但是这种张量张成一个 n 维空间，且与 $\mathbb{R}^n$ 同构，所以它们可以被视为相同. 因此，本书定义 $\boldsymbol{v}_1 \times \cdots \times \boldsymbol{v}_{n-1}$ 为一个向量. 这类问题在重线性代数理论中有完美的叙述.

本题的目的就是要读者根据 $\boldsymbol{v}_1 \times \cdots \times \boldsymbol{v}_{n-1} = \boldsymbol{z} \in \mathbb{R}^n$，而 $\mathbb{R}^n$ 中的向量 $\boldsymbol{z}$ 又是由

$$\langle \boldsymbol{w}, \boldsymbol{z} \rangle = \langle \boldsymbol{w}, \boldsymbol{v}_1 \times \cdots \times \boldsymbol{v}_{n-1} \rangle = \det \begin{pmatrix} \boldsymbol{v}_1 \\ \vdots \\ \boldsymbol{v}_{n-1} \\ \boldsymbol{w} \end{pmatrix} \tag{A.24}$$

定义的，来在 $\mathbb{R}^n$ 中重新证明我们熟知的向量积的性质.

(a) 请计算 $\det \begin{pmatrix} \boldsymbol{e}_1 \\ \boldsymbol{e}_1 \\ \boldsymbol{w} \end{pmatrix} = ?$ $\det \begin{pmatrix} \boldsymbol{e}_1 \\ \boldsymbol{e}_2 \\ \boldsymbol{w} \end{pmatrix} = ?$ $\langle \boldsymbol{w}, \boldsymbol{e}_3 \rangle = ?$ 由 $\boldsymbol{e}_1 = (1,0,0)$、$\boldsymbol{e}_2 = (0,1,0)$、$\boldsymbol{e}_3 = (0,0,1)$ 即得.

(b) 先证明叉积的分配律：

$$\langle \boldsymbol{w}, (\boldsymbol{u}+\boldsymbol{u}') \times \boldsymbol{v} \rangle = \det \begin{pmatrix} \boldsymbol{u}+\boldsymbol{u}' \\ \boldsymbol{v} \\ \boldsymbol{w} \end{pmatrix} = \det \begin{pmatrix} \boldsymbol{u} \\ \boldsymbol{v} \\ \boldsymbol{w} \end{pmatrix} + \det \begin{pmatrix} \boldsymbol{u}' \\ \boldsymbol{v} \\ \boldsymbol{w} \end{pmatrix}$$
$$= \langle \boldsymbol{w}, \boldsymbol{u} \times \boldsymbol{v} \rangle + \langle \boldsymbol{w}, \boldsymbol{u}' \times \boldsymbol{w} \rangle,$$
$$(\boldsymbol{u}+\boldsymbol{u}') \times \boldsymbol{v} = \boldsymbol{u} \times \boldsymbol{v} + \boldsymbol{u}' \times \boldsymbol{v},$$

再利用 (a).

(c) 与 (e) 为一组. 不妨先证 (e)，再注意到 $\langle \boldsymbol{v}, \boldsymbol{w} \rangle = |\boldsymbol{v}|\,|\boldsymbol{w}| \cos\theta$ 即得 (c).

(e) 的证明是一个著名的恒等式：

$$\left(\sum_{k=1}^{n} a_k b_k\right)^2 = \left(\sum_{k=1}^{n} a_k^2\right)\left(\sum_{k=1}^{n} b_k^2\right) - \sum_{1 \leqslant k \leqslant j \leqslant n} (a_k b_j - a_j b_k)^2 . \tag{A.25}$$

此式十分有用，而且不难证明.

(c) 中的后一个式子 $\langle \boldsymbol{v} \times \boldsymbol{w}, \boldsymbol{v} \rangle = \langle \boldsymbol{v} \times \boldsymbol{w}, \boldsymbol{w} \rangle = 0$ 就是说 $\overrightarrow{OA} \times \overrightarrow{OB}$ 与 $\overrightarrow{OA}$ 和 $\overrightarrow{OB}$ 都正交.

(d) 第一个式子是混合积，它说明混合积的几何意义就是以 $\boldsymbol{v}, \boldsymbol{w}, \boldsymbol{z}$ 为基的平行体的带符号的体积.

另两个恒等式易证.

4-11. 因为 $\boldsymbol{v}_1, \cdots, \boldsymbol{v}_n$ 是一组基，所以 $f(\boldsymbol{v}_i)$ 仍可以用这组基来表示：

$$f(\boldsymbol{v}_i) = \sum_{j=1}^{n} a_{ij}\boldsymbol{v}_j, \qquad i = 1, \cdots, n.$$

又因为这组基是标准正交的，所以若分别求 $\boldsymbol{v}_k$ 与上式两边的内积（在 $\boldsymbol{T}$ 的意义下），则有

$$\boldsymbol{T}(f(\boldsymbol{v}_i), \boldsymbol{v}_k) = \sum_{j=1}^{n} a_{ij}\boldsymbol{T}(\boldsymbol{v}_j, \boldsymbol{v}_k) = \sum_{j=1}^{n} a_{ij}\delta_{jk} = a_{ik}.$$

同样，考虑 $\boldsymbol{T}(\boldsymbol{v}_i, f(\boldsymbol{v}_k))$，则有

$$\boldsymbol{T}(\boldsymbol{v}_i, f(\boldsymbol{v}_k)) = a_{ki}.$$

根据 $\boldsymbol{T}$ 的自伴性，$\boldsymbol{T}(f(\boldsymbol{v}_i), \boldsymbol{v}_k) = \boldsymbol{T}(\boldsymbol{v}_i, f(\boldsymbol{v}_k))$，从而得到 $a_{ik} = a_{ki}$.

本题告诉我们从 $\mathbb{R}^n$ 到 $\mathbb{R}^n$ 的自伴算子在标准正交基下可以表示为 n 阶对称矩阵.

4-13. (a) f_* 就是 $\mathrm{D}f$ 所表示的线性映射，称为相应于 f 在 $\boldsymbol{p}$ 处的切映射. 它的几何意义在图 A-12 中自明.

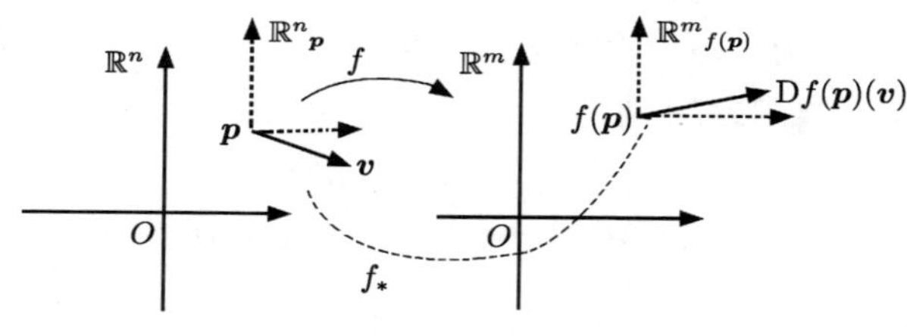

图 A-12

(1) 由此考察 $(g \circ f)_*$：对任何向量 $\boldsymbol{v_p} \in \mathbb{R}^n{}_{\boldsymbol{p}}$

$$(g \circ f)_*(\boldsymbol{v_p}) = (\mathrm{D}(g \circ f)(\boldsymbol{p})(\boldsymbol{v}))_{g \circ f(\boldsymbol{p})}.$$

利用链式法则

$$\mathrm{D}(g \circ f)(\boldsymbol{p}) = (\mathrm{D}g)(f(\boldsymbol{p})) \circ (\mathrm{D}f)(\boldsymbol{p}),$$

代入上式，原式即得证：

$$(g \circ f)_*(\boldsymbol{v_p}) = g_* \big|\mathbb{R}^m{}_{f(\boldsymbol{p})} \circ f_* \big|\mathbb{R}^n{}_{\boldsymbol{p}}(\boldsymbol{v_p}).$$

(2) $(g \circ f)^*$ 的基本定义是

$$\begin{aligned}
&((g \circ f)^*\boldsymbol{\omega})(\boldsymbol{p})(\boldsymbol{v}_1, \cdots, \boldsymbol{v}_k)\\
&= \boldsymbol{\omega}(g \circ f(\boldsymbol{p}))((g \circ f)_*(\boldsymbol{v}_1), \cdots, (g \circ f)_*(\boldsymbol{v}_k))\\
&= \boldsymbol{\omega}(g \circ f(\boldsymbol{p}))(g_* \circ f_*(\boldsymbol{v}_1), \cdots, g_* \circ f_*(\boldsymbol{v}_k))\\
&= g^*\boldsymbol{\omega}(f(\boldsymbol{p}))(f_*(\boldsymbol{v}_1), \cdots, f_*(\boldsymbol{v}_k)) = (f^* \circ g^*\boldsymbol{\omega})(\boldsymbol{p})(\boldsymbol{v}_1, \cdots, \boldsymbol{v}_n).
\end{aligned}$$

原式得证.

本题的重要性在于说明，若由 f_* 过渡到对偶的 f^*，则映射复合的次序要反转.

4-14. 把 c 看作从 $[0,1]$ 到 $\mathbb{R}^2$ 的映射，并考虑相应的 c_*. 为此，先应考察 $\mathrm{D}c(t)$ 以及 $[0,1]$ 中的单位切向量 e_1.

4-17. 这里对本题的条件加一些说明. 首先 f 应该是可微的，否则切映射、散度等均不能定义. 其次 f 的定义域不一定是整个 $\mathbb{R}^n$，而可以一般地取为一个开集 $D \subset \mathbb{R}^n$. 开集的条件是重要的，因为开集是不含边界点的，而一个函数（或变换）在边界点上“可微”是很难解释的. 同样，f 的值域也不一定是全空间 $\mathbb{R}^n$，甚至也不必是开集，我们把它记为 $f(D) \subset \mathbb{R}^n$ 即可. 于是原题变为“若 $f : D \subset \mathbb{R}^n \to f(D) \subset \mathbb{R}^n$ 是可微的，……”.

本题的 (a) 就是让读者明白，一组 p 个 p 元标量值函数就是 $D \subset \mathbb{R}^n$ 上的向量场.

把这个向量场用局部坐标写出来以后，(b) 的证明就是自明的.

4-18. 前一部分的做法和上题相仿. 后一部分十分重要，我们给出它的几何意义，并请读者把它严格化（可略去高阶无穷小量）. 作 f 的两个等值曲面 $f(\boldsymbol{p}) = c_1$ 和 $f(\boldsymbol{p}) = c_2$，如图 A-13 所示. 过 P 作 $f(\boldsymbol{p}) = c_1$ 的法线交 $f(\boldsymbol{p}) = c_2$ 于 Q，则在“自变量”从 P 走到 Q 时 f 变化了 $\Delta f = c_2 - c_1$. 若沿另一条路径走到 Q'，Δf 仍然是 $c_2 - c_1$. 可见只要 PQ 最短，f 就变化得最快，而最短的路径显然是法线 PQ. 我们已知 $\operatorname{grad} f$ 的方向是 f 沿等值曲面 $f(\boldsymbol{p}) =$ 常数 的法线上升的方向，故本题得证.

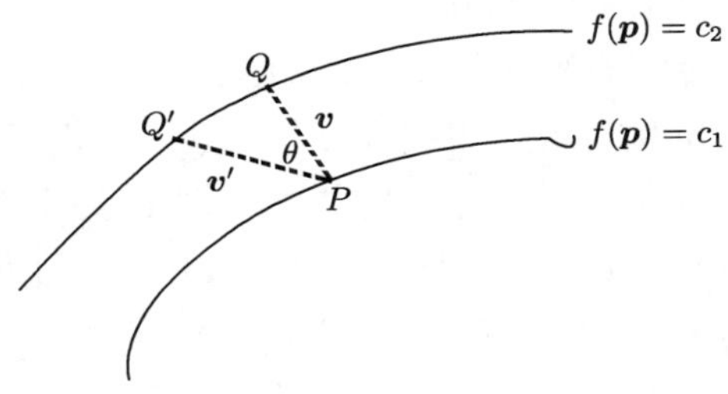

图 A-13

如果希望把它严格化，就有例如

$$|\Delta f| = |c_2 - c_1| = |f(Q') - f(P)| \approx |(\mathrm{D}f)(P)(\boldsymbol{v}')| = |(\mathrm{D}f)(P)|\,|\boldsymbol{v}'|.$$

而 $|\boldsymbol{v}'|\cos\theta = |\boldsymbol{v}|$，因此易得本题的结论. 上面我们略去了什么？为什么可以略去？

4-19. 这个题目的意义在于把我们在熟知的微积分课程中的一个难点——“场论”用微分形式写出，这样就可以得到十分简明而且容易记忆的陈述. (a) 是说如何把 grad、curl、div 写成不同阶数的微分形式. (b) 其实就是公式 $\mathbf{d}^2=\mathbf{0}$（定理 4-10 中的 (3)）. (c) 就是定理 4-11.

但是我们切勿以为这只是形式的类比. (a) 告诉我们，微分形式化的 grad、curl、div 分别在 $\Omega^1(\mathbb{R}^3{}_p)$、$\Omega^2(\mathbb{R}^3{}_p)$、$\Omega^3(\mathbb{R}^3{}_p)$ 中，因此可以自然地推广到 $\Omega^1(\mathbb{R}^n{}_p),\Omega^2(\mathbb{R}^n{}_p),\cdots,\Omega^n(\mathbb{R}^n{}_p)$.（$\Omega^3$ 到 Ω^{n-1} 缺失了，但用微分形式的理论同样可以处理，只不过没有那么明显的几何意义罢了.）从这个题目也可以再回到前面讲叉积的说明. $\overrightarrow{OA}\in\Omega^1(\mathbb{R}^3{}_p)$，$\overrightarrow{OA}\times\overrightarrow{OB}\in\Omega^2(\mathbb{R}^3{}_p)$（记号不严格），而在一般的 $\mathbb{R}^n$ 中则只能讨论 $\boldsymbol{v}_1\times\cdots\times\boldsymbol{v}_{n-1}$. 这正是重线性代数的本质之处.

我们还应特别注意 (c) 中要求 A 为星形开集，定理 4-11 中也是如此要求的，其中最重要之处是可以在中心点与任何一点的连线上积分. 请读者再回到习题 2-23，在那里我们特别强调了拉格朗日公式一定要用于定义在一个区间上的函数. 拉格朗日公式就是微分学的中值定理. 我们还经常用到积分学的中值定理，其中也要求“积分区域”是一个区间.

4-21. 请参看习题 3-41 中 θ 是如何定义的，并请读者再思考一下，为何 θ 的“定义”会如此复杂? 本题讲到“在 θ 有定义的集合上”，这就是说要去掉点 $(0,0)$.（为什么?）本题同样是很重要的. 如果不细心，就会得出 $\mathbf{d}\arctan\frac{y}{x}$，而这种记法是有缺陷的. 显然题目已将 $(x,y)=(0,0)$ 排除，因为这时 θ 没有定义. 但 $x=0$ 时，θ 还是有定义的（例如可以是 $\frac{\pi}{2}$），$\arctan\frac{y}{x}$ 却没有意义. 这样就容易理解习题 3-41 了.

4-22. 这是在数学中表示“有限和”的一个常用的方法. 问题在于 $\mathcal{S}$ 中奇异 n 维立方体的数量（准确地说是 $\mathcal{S}$ 的势）“很大”，不但不一定是有限的，而且不一定是可数无限的，甚至不一定能把 $\mathcal{S}$ 中的每个奇异 n 维立方体对应于 $\mathbb{R}^1$ 中的连续变量 α：$\alpha\in\mathbb{R}^1$——这时我们至少还可以说 $\mathcal{S}$ 具有连续统势. 于是，我们说“可以定义一个函数 $f:\mathcal{S}\to\mathbb{Z}$”只对有限多个 $c\in\mathcal{S}$ 有 $f(c)\neq 0$，而对其他 c 有 $f(c)=0$. 若把集合 $\{f(c):f(c)\neq 0\}$ 记为 C，则 C 是一个有限集. 设 $C=\{a_1,a_2,\cdots,a_k\}$，相应的奇异 n 维立方体记为 $c_1,\cdots,c_k$. 这样 f 可用本题中的记号表示为

$$f=\sum_{i=1}^{k}f(c_i)c_i=\sum_{i=1}^{k}a_ic_i,$$

从而变成了“形式”有限和，我们称之为 n 维链. 若有两个 n 维链，如

$f = \sum_{i=1}^{k} a_i c_i$ 和 $g = \sum_{j=1}^{l} b_j d_j$，则不但不一定有 a_i 等于某个 b_j，甚至 $\{c_1, \cdots, c_k\}$ 与 $\{d_1, \cdots, d_l\}$ 可能根本不相交. 那么二者如何相加? 例如 c_1 与 d_3 是同一个奇异 n 维立方体而其余都不相同，则

$$f + g = \sum_{i=2}^{k} a_i c_i + (a_1 + b_3)c_1 + \sum_{j \neq 3} b_j d_j.$$

总之，这也是一个"形式"加法.

从奇异立方体到链，以至到"循环"和"边缘"，我们处理的都是形式加法. 尽管如此，我们仍然说这是一种代数的方法. 在现代数学中，这种"代数的方法"是极为重要的.

4-23. 固定一个 R，则 $c_{R,n}(t)$ 是半径为 R 的圆周，但是依逆时针方向绕了 n 圈（这里 $n > 0$）. 若 $n < 0$，则是依顺时针方向绕了 $|n|$ 圈（或者说 $-n$ 圈）. 现在再让 R 变化，例如从 a 到 b，则得到一个从矩形 $[a, b] \times [0, 1]$ 到圆环的映射，把圆环覆盖了 n 次. 每个窄条 $[a, b] \times \left[\frac{k}{n}, \frac{k+1}{n}\right]$ 覆盖一次. 但是这个矩形还不是本题中的 $[0, 1]^2$. 为此还要再在 R 轴上作一个变换

$$R = a + \rho(b - a), \qquad 0 \leqslant \rho \leqslant 1.$$

与上面的映射复合才得到本题所求的 $c : [0, 1]^2 \to \mathbb{R}^2 - \{\mathbf{0}\}$. 特别要注意的是 ∂c 的求法. 在图 A-14 中的左下，我们把一个窄条的边缘上的方向用箭头标出. 从 A 到 B（虚线）相当于圆环上从 P 到 Q（下岸），然后在第二个窄条上从 B 到 A（虚线）相当于圆环上从 Q 到 P（上岸），二者抵消. 如此往复，最后只剩下最左边的从 $\rho = 1$ 到 $\rho = 0$ 以及最右边的从 $\rho = 0$ 到 $\rho = 1$，它们又相当于圆环上从 Q 到 P 和从 P 到 Q，上、下岸各一次，二者又抵消. "抵消"这个说法在几何上的含义非常明显，但在代数上如何表示? 这就是 $\overrightarrow{PQ} + \overrightarrow{QP} = \mathbf{0}$. 但是我们看到的并非向量 $\overrightarrow{PQ}$，而是一条链. 因此就有了链的"代数运算"：$\overrightarrow{QP} = (-1)\overrightarrow{PQ}$，$\overrightarrow{PQ} + (-1)\overrightarrow{PQ} = 0$，这正是上题中讲的形式运算. 而现在 $\overrightarrow{PQ}$ 确实可以是向量，上面的运算又与向量的运算非常相近. 那么链的运算是否就是线性空间上的运算? 实际上它的内容还要丰富得多. 不妨说，这两个题目正是"代数拓扑学"的一个切入点. 下一题的性质也是如此.

4-24. "c 是一个奇异一维立方体，且 $c(0) = c(1)$"这句话就是说 c 是一条封闭曲线，0 和 1 是起点和终点（它们是同一点 A）的参数值. 图 A-15 是一张示意图. 当然，实际情况可能复杂得多. 在最简单的情况下，这条曲线不自交. 不自交的封闭曲线在数学上称为约当曲线（与"约当测度"的命名

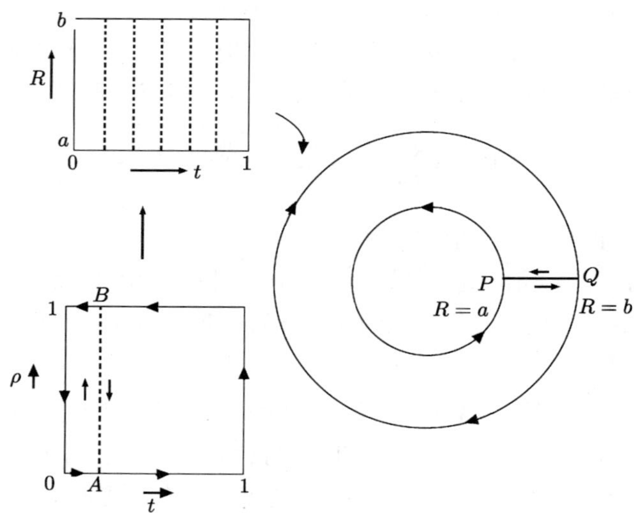

图 A-14

来自同一个人）. 有一个著名的约当定理：平面中的一条约当曲线必将平面分为内、外两部分，若在其内、外各取一点 P、Q 并用一条连续曲线 L 把它们相连，则 L 必与此约当曲线相交. 这个定理时常使读者大为困惑：如此明显的事还要证明吗?（事实上极难证明.）问题远非人们想象的那么简单. 如图 A-15 那样的区域，何为其内? 何为其外? 这条曲线 c 在 B 处自交多少次? 它绕过点 O 多少圈? 对于内外问题，我们在学习线积分时一定会遇到它，而且在数学的其他分支以及物理学中它都是很重要的. 本书中讲的线积分与我们在通常的微积分课程中所学的线积分其实有很大不同. 例如，我们要考虑图 A-15 中左边那样的封闭曲线上的线积分或更复杂的问题，还要考虑例如格林定理此时是否也成立. 这是本书的核心. 我们过去学习线积分所使用的教科书，没有一本说不行，但是真正要动手时又束手无策！一个关键的问题就是如何处理这样复杂的积分路径. 本题提出的就是一种比约当定理更好的处理方式.

把 $[0,1]$ 分成许多段：$[t_1,t'_1]\cup\cdots\cup[t_n,t'_n]\subset[0,1]$，使得每个 t_k（t'_k）均为自交点，并且在 (t_k,t'_k) 和 (t'_k,t_{k+1}) 中没有其他自交点. 如图 A-16 所示，用上题的方法先把 $c([t_1,t'_1])$ 变为一个圆 $c_{1,1}$（后一个指标表示第一个圆）. 把它去掉，再对下一个自交点作类似处理，于是有了第二个圆 $c_{1,2}$（或同一个圆的第二圈）……这样直到最后一个自交点 t_n（t'_n）. 把它们都

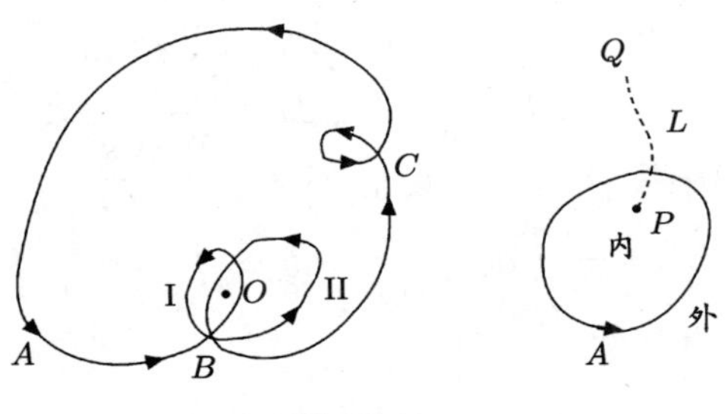

图 A-15

去掉，在图 A-15 中的左边，最后留下的是最外围的 $ABCA$. 这是一条约当曲线，而且是一个平面区域（二维链）c^2 的边缘. 因此，从 c 中去掉 n 个圆（或同一个圆 n 次）$c_{1,n}$，用形式运算表示为 $c - c_{1,n} = \partial c^2$.

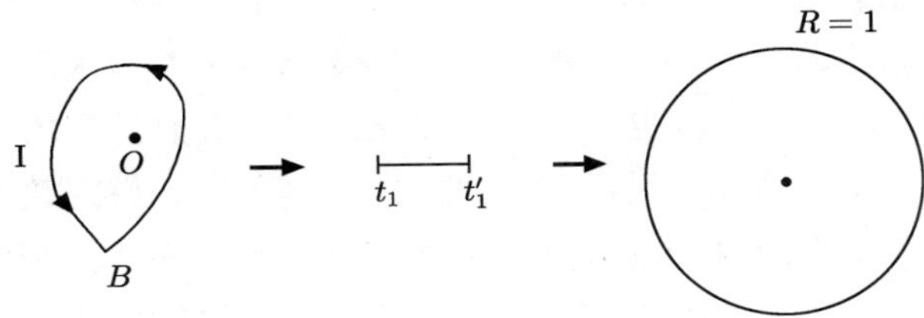

图 A-16

上面的论述当然有失严格性，但是表明了本题的含义. 想了解更严格的讲法，可以参阅本书的参考文献 [1] 第 4 章第 4 节（1962 年中译本第 137 页至第 147 页）. 一本更清楚的书是 S. Lang, *Complex Analysis*, 3e, Springer-Verlag, 1994，第 3 章和第 4 章.

4-25. 本题应改为：求证

$$\int_{p_*([0,1]^k)} \boldsymbol{\omega} = \int_{[0,1]^k} p^* \boldsymbol{\omega}.$$

它其实就是积分中的变量替换. 若 $\det p' < 0$，结果会如何?

4-26. 本题是习题 4-24 的继续. $\int_{C_{R,n}} \mathbf{d}\theta = 2\pi n$ 易证. 若 $c_{R,n} = \partial c$，并且 $\mathbf{0}$ 不在二维链 c 中，则有

$$\int_{c_{R,n}} \mathbf{d}\theta = \int_{\partial c} \mathbf{d}\theta = \int_c \mathbf{d}^2\theta = 0,$$

其中 n 是整数.

4-27. 习题 4-21 告诉我们，在 $\mathbb{R}^2-\{\mathbf{0}\}$ 上，

$$\mathbf{d}\theta=\frac{-y}{x^2+y^2}\,\mathbf{d}x+\frac{x}{x^2+y^2}\,\mathbf{d}y$$

是恰当形式，因此 $\mathbf{d}^2\theta=\mathbf{0}$. 根据习题 4-24，有

$$\int_{c-c_{R,n}}\mathbf{d}\theta=\int_c\mathbf{d}\theta-\int_{c_{R,n}}\mathbf{d}\theta=\int_{\partial c^2}\mathbf{d}\theta=\int_{c^2}\mathbf{d}^2\theta=0.$$

再根据习题 4-26，有

$$\int_c\mathbf{d}\theta=2n\pi.$$

此式左边的积分与 $c_{R,n}$ 的选择无关，而只依赖于 c，所以右边的 $n=\frac{1}{2\pi}\int_c\mathbf{d}\theta$ 也只与 c 有关. 本题得证.

这个整数 n 描述了闭曲线 $c:[0,1]\to\mathbb{R}^2-\{\mathbf{0}\}$ 绕过 $\mathbf{0}$ 的圈数（沿顺时针方向绕一圈计 -1 圈），称为卷绕数，因为 $\int_c\mathbf{d}\theta=\theta$ 表示 P 沿 c 绕过一圈后动径 $\overrightarrow{OP}$ 一共旋转了多少度. 如果 c 十分复杂，那么从图形上直观地想出圈数是很不容易的. 它是一个非常有用的概念，而且可以看作对约当定理给出的一个很方便的表述. 如果令 O 连续地发生微小的变化，只要不遇到 c，卷绕数就也只会连续变化. 但卷绕数是整数，所以“连续变化”就是不变. 因此，只要 O 在变化中不遇到 c，卷绕数一定是常数. 这样一来，卷绕数作为 O 的函数是局部常值函数. 对于约当曲线，很容易看到，当 O 在曲线 c 所围成的区域之内时，$\overrightarrow{OP}$ 恰好只转一圈，卷绕数为 1. 当 O 在曲线 c 所围成的区域之外时，卷绕数为 0. 因此，约当定理就可以表述为：平面中的任何约当曲线 L 必将平面分成两部分，对于一部分中的点，c 的卷绕数为 1，这一部分称为内部；对于另一部分中的点，c 的卷绕数为 0，这一部分称为外部. 如果沿一条连续曲线从内部走到外部，那么一定要穿过曲线 L.

请读者思考一下，图 A-17 中的曲线 c 把平面分成了几个部分？把 O 移到各个部分中，卷绕数分别是多少？再思考一下，哪些属于内部，哪些属于外部？

提醒读者，真正需要注意的是这里的思想与技巧在数学中有重要的应用，下题就是一例.

4-28. 代数基本定理（以下简记为 FTA）是每个读者都知道的. 它的原始证明是由高斯给出的，可以在一本很老的代数教科书中找到. 但是这个证明太困难了，而且高斯实际上（不自觉地）用到了一个基本的拓扑定理——连续函数的介值定理，以致人们认为高斯的证明“有毛病”. 下面的证明突出的一点就是应用了卷绕数，从而真正表明了这个定理的本质.

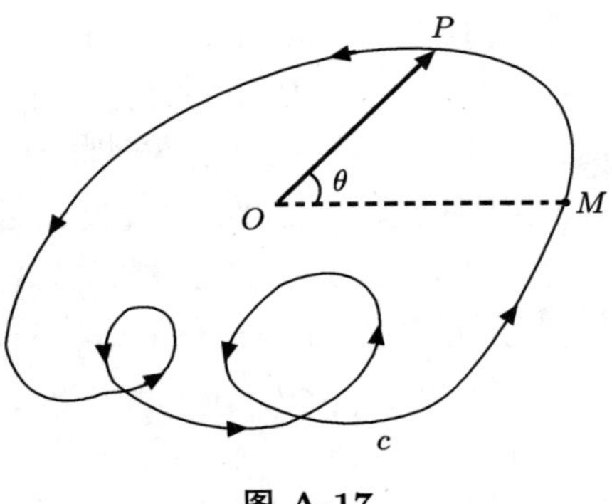

图 A-17

如本题所述，我们进入复数域，引入复变量 z，并且令 $f(z) = z^n + a_1z^{n-1} + \cdots + a_n$，其中 $a_1, \cdots, a_n$ 均为复数，$n > 0$. 证明的基本思路如下：注意，$\mathbb{R}^2$ 平面就是 $\mathbb{C}$ 平面. $\mathbb{R}^2$ 平面中的曲线（用参数表示）$x = x(t)$, $y = y(t)$ 也就是 $x + \mathrm{i}y = x(t) + \mathrm{i}y(t)$. 令 $z = x + \mathrm{i}y$，立刻看到 $\mathbb{R}^2$ 平面中的实曲线与 $\mathbb{C}$ 平面中的复曲线是一回事. 为简单起见，不妨使用极坐标 $z = r\mathrm{e}^{\mathrm{i}\theta}$，并考虑 z 在半径为 R 的圆周 c_R 上运动，$\theta \in [0, 2\pi]$ 是一个参数. 若把参数 θ 写成 $\theta = 2\pi t$，则 t 作为参数在 $[0, 1]$ 上变化，这就是本书中讲的奇异一维立方体 $c_{R,t}$. 我们对 f 也有一个新看法，认为它是从 z 所在的 $\mathbb{C}$ 平面到 $w = f(z)$ 所在的 $\mathbb{C}$ 平面的变换. 如果 $f(z)$ 有一个根 $z_0 = R_0\mathrm{e}^{\mathrm{i}\theta_0}$，过它作一个圆周如图 A-18 中的左边，那么 f 仍把它映射为 w 平面中的封闭曲线且经过 $0 = f(z_0)$. 一般地，原来的圆周 $c_{R,t}$ 现在变成了 w 平面中的另一个奇异一维立方体，即本题中所说的 $c_{R,f} = f \circ c_{R,t}$.

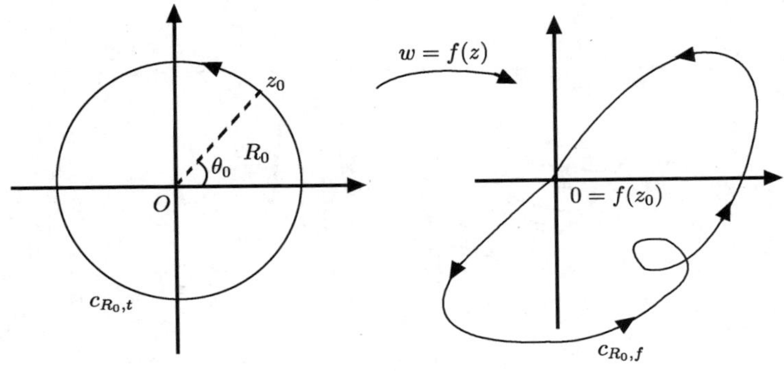

图 A-18

下面回到卷绕数的概念. 习题 4-27 中提到 c 关于 $\mathbf{0}$ 的卷绕数，它来自习题 4-24，其中规定 $c \in \mathbb{R}^2 - \{\mathbf{0}\}$. 在我们现在的情况下，$w$ 平面中的曲线 $c_{R,f} = f \circ c_{R,t}$ 不能经过 $w=0$. 而图 A-18 中右边的 $c_{R_0,f}$ 恰好经过 $w=0$，于是随着这条曲线在附近变化，卷绕数的变化会出现怪异. 这就是本题的关键所在. 那么 $c_{R,f}$ 关于 0 的卷绕数是怎样变化的?

(a) 这里指出，当 R 充分大时，因为 $\partial c = c_{R,f} - c_{R,n}$，所以由习题 4-27 可知，$c$ 的卷绕数是 $\frac{1}{2\pi}\int_{c_{R,f}} \mathbf{d}\theta = n$（$f(z)$ 关于 z 的次数）. 本题给出了习题 4-24 中所说的二维链 c^2，但通常可以用一个更接近微积分的证法得出. 令 $|z| = R$（注意，这里考虑的是 z 平面），则只要 R 充分大，必有

$$\begin{aligned}|f(z)| &\geqslant |z|^n - \left(|a_1|\,|z|^{n-1} + \cdots + |a_n|\right)\\ &= |z|^n\left[1 - \left(\frac{|a_1|}{|z|} + \cdots + \frac{|a_n|}{|z|^{n-1}}\right)\right]\\ &= R^n\left[1 - \sum_{h=1}^{n}\frac{|a_h|}{R^h}\right] \geqslant \frac{1}{2}R^n.\end{aligned}$$

也就是说，w 平面中的曲线 $c_{R,f}$ 必在半径为 $\frac{1}{2}R^n$ 的圆之外. 再作一个更大的圆 $|w| = R^n$，则 $c_{R,f}$ 又在圆 $|w| = R^n$ 之内（见图 A-19）. 阴影区域就是上面所说的 c^2.

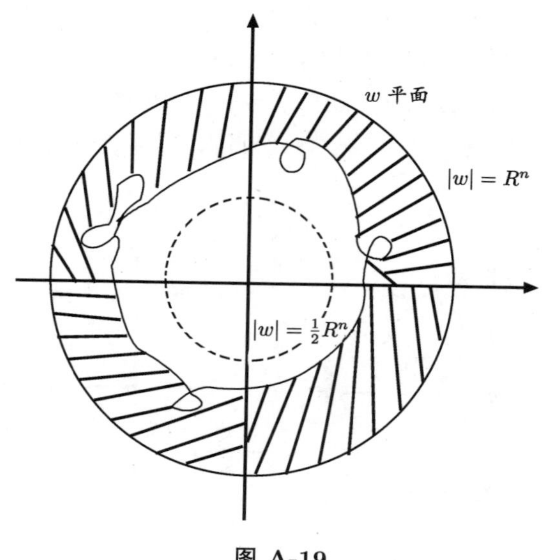

图 A-19

由此可知，当 R 充分大时，$c_{R,f}$ 关于 $w=0$ 的卷绕数为 n.

(b) 下面来看另一个极端，如图 A-20 所示. 为此，我们不妨设 $a_n = 0$，因为当 $a_n = 0$ 时，$f(z) = 0$ 自然有一个根 $z_0 = 0$. 现在让 R 充分小，则 $c_{R,t}$ 是 z 平面中以 $z = 0$ 为心的“小”圆，而其在 w 平面中的像 $c_{R,f}$ 是位于 a_n（$a_n \neq 0$）附近的一条闭曲线. 不论它是否绕过 a_n，不论其构造如何复杂，它总能不绕过 $w = 0$. 此时，$c_{R,f}$ 关于 $w = 0$ 的卷绕数为 0.

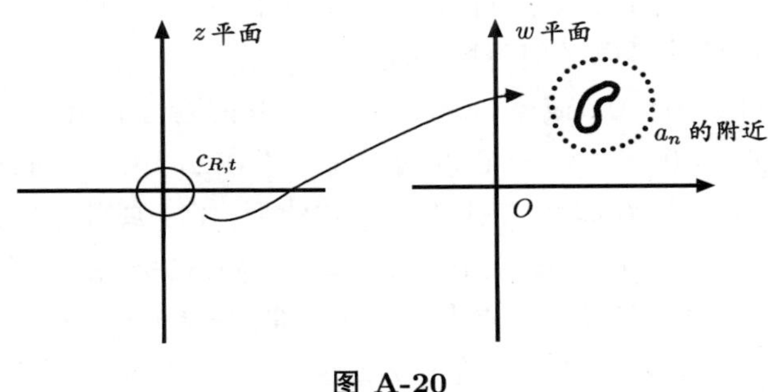

图 A-20

那么怎样把这两个极端情况（R 极大和 R 极小）联系起来呢? 引入参数 $\lambda \in [0,1]$ 使得 $R = \lambda\rho$，其中 ρ 是一个很大的数，则 $\lambda \approx 0$ 与 $\lambda = 1$ 分别对应于很小的 $c_{R,t}$ 与很大的 $c_{R,t}$ 这两个极端，再加上每个圆 $c_{R,t}$ 本身的参数 $\theta = 2\pi t$. 不过 $t = 0$ 和 $t = 1$ 即 $\theta = 0$ 和 $\theta = 2\pi$ 是同一个点. 令 $F_{\lambda,t}(z) = f(\lambda\rho e^{i\theta})$，则 $\lambda \approx 0$ 与 $\lambda = 1$ 分别对应于很小的 $c_{R,f}$ 与很大的 $c_{R,f}$，这样就把两个极端情况联系起来了. 对于固定的 λ，$f(z)$ 把 z 平面中的圆 $c_{R,t} = \{z : |z| = \lambda\rho\}$ 映射为 w 平面中的一条曲线.

现在我们可以用反证法来证明 FTA. 若 $f(z)$ 在 $\mathbb{C}$ 上没有零点，则没有任何一个 $z = \lambda R e^{i\theta}$ 使得 $f(z) = 0$. 这样一来，曲线由很大的 $c_{R,f}$ 变成很小的 $c_{R,f}$ 时，卷绕数一定连续变化（见习题 4-27 的解答），那么就不可能由 R 很大时的卷绕数 n 变为 $R \to 0$ 时的卷绕数 0. 这个矛盾证明了 FTA.

上面的证明是不严格的. 要做到严格，就需要代数拓扑学中的同伦理论.

第 4 章习题 4-28 后面的各题有一部分是关于同伦理论的，另一部分是对复变函数论的介绍，也利用了代数拓扑学的基本思想. 本书的意图就是希望读者能由此进入其他数学分支，所以我们就不再讲解了.

5. 流形上的积分

5-3. (a) 不妨只考虑 $\boldsymbol{x} \in A$ 的边界 的邻域. 另外, 因为 A 的边界是一个 $n-1$ 维流形, 所以不妨取一个局部坐标系使得 $\boldsymbol{x}$ 为原点, 而 A 的边界为 $x^n = 0$. 于是 $x^n > 0$ (或 $x^n < 0$) 中必有点在 A 的内域中, 因而又有一个开邻域 (开矩形) 完全在 A 中. 取这些开矩形的并集, 可知 $x^n = 0$ 附近的上半空间 $x^n > 0$ 完全在 A 中. 对 $x^n < 0$ 亦作类似处理. 这样就可以区别两种情况.

(1) $x^n > 0$ (或 $x^n < 0$) 中 $x^n = 0$ 的附近完全在 A 中, 而 $x^n < 0$ (或 $x^n > 0$) 中 $x^n = 0$ 的附近完全不在 A 中. 这时, A 局部地与上半空间 $x^n > 0$ 同胚, 则 A 为带边流形, ∂A 局部上即为 $x^n = 0$.

(2) $x^n > 0$ 与 $x^n < 0$ 中 $x^n = 0$ 的附近完全在 A 中, 但 $x^n = 0$ 在 A 的边界中. 这时 A 的边界局部上即为 $x^n = 0$, 但它不是 A 的边缘. 总之, $N = A \cup (A$ 的边界$)$ 要么尽含 $x^n = 0$ 的一个完整的邻域, 要么只含半空间 $x^n \geqslant 0$ 的一部分. 对 A 的所有边界点均作此处理后, 即有要么 N 没有边缘 ($\partial N = \varnothing$), 要么 N 是带边流形. 但是我们可以把一般的流形也看作带边流形的特例 (见习题 5-19), 这样本题得证. 如果不把一般的流形看作带边流形的特例, 那么本题需要加上一个条件 $N = A \cup (A$ 的边界$) \neq \mathbb{R}^n$ 就对了. 否则, 下面有一个反例.

原书给出了一个例子: $A = \{\boldsymbol{x} \in \mathbb{R}^n : |\boldsymbol{x}| < 1$ 或 $1 < |\boldsymbol{x}| < 2\}$, 即一个开球与一个开环的并集. A 的边界由两部分组成: 球面 $\{\boldsymbol{x} : |\boldsymbol{x}| = 1\}$ 与外环面 $\{\boldsymbol{x} : |\boldsymbol{x}| = 2\}$. 后者是情况 (1), 而前者是情况 (2). $\partial N = \{\boldsymbol{x} : |\boldsymbol{x}| = 2\}$. 但若把 A 改为 $A = \{\boldsymbol{x} \in \mathbb{R}^n : |\boldsymbol{x}| < 1$ 或 $|\boldsymbol{x}| > 1\}$ 则 N 确实是无边的. 此时 $N = A \cup (A$ 的边界$) = \mathbb{R}^n$.

5-6. f 的图像是 $\mathbb{R}^{n+m} = \mathbb{R}^n \times \mathbb{R}^m$ 的一个子集, 而 f 则是一个映射. 把映射与图像区分开是现代数学中常用的思想.

本题其实是定理 5-2 的一个推论. 条件 (C) 中的 U 现在取为 $f(\boldsymbol{x})$ 的定义域, 也就是 W 的一个开子集. 条件 (C) 中的 $\mathbb{R}^k$ 现在变成 $\mathbb{R}^n$, 而可微映射 f 的像 $\mathbb{R}^n$ 现在变成 $\mathbb{R}^{n+m}$. 条件 (C) 中的可微映射 f 并不是本题中的 f, 而是 $\boldsymbol{y} = F(\boldsymbol{x})$ (见图 A-21):

$$\begin{aligned} &y^i = x^i, && 1 \leqslant i \leqslant n, \\ &y^j = f^{j-n}(x^1, \cdots, x^n), && n+1 \leqslant j \leqslant n+m, \end{aligned}$$

或写成

$$F\begin{pmatrix} x^1 \\ \vdots \\ x^n \end{pmatrix} = \begin{pmatrix} x^1 \\ \vdots \\ x^n \\ f^1(\boldsymbol{x}) \\ \vdots \\ f^m(\boldsymbol{x}) \end{pmatrix}.$$

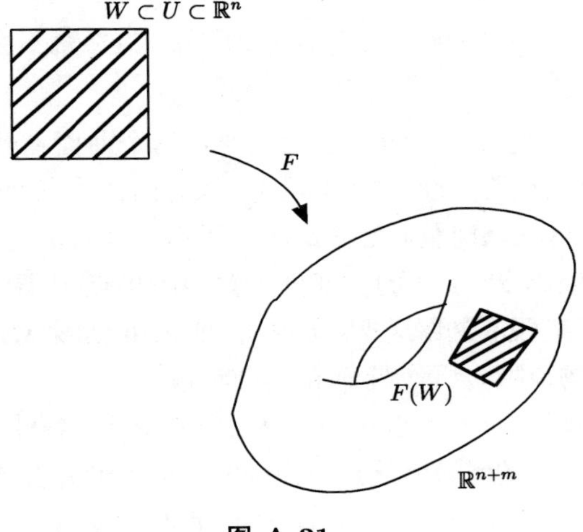

图 A-21

这个 F 在 $F(W)$ 与 W 之间建立了一个连续的一一对应. 因为 $F(W)$ 中的任何一点 $\boldsymbol{y}$ 的前 n 个分量就是 W 中的点 $\boldsymbol{x}$，所以 F 自然是可微的，并且其导数是一个 $(n+m)\times n$ 阶矩阵：

$$F'(\boldsymbol{x}) = \begin{pmatrix} \boldsymbol{I} \\ \frac{\partial f}{\partial \boldsymbol{x}} \end{pmatrix},$$

其中 $\boldsymbol{I}$ 是 n 阶单位矩阵. 故 $F'(\boldsymbol{x})$ 的秩为 n（即定理 5-2 中的 k）.

上面讲的 $F(W)\to W$ 的一一对应的连续性可以在 W 取为 U 的一个充分小开子集后由隐函数定理得出. 因此，这个结果其实是局部性的. 但这并不妨碍结论，因为定理 5-2 本身就是局部性的.

微分流形的定义是很清楚的，但用它来判断 $\mathbb{R}^n$ 的子集 M 是否是流形并不方便. 一个方便的办法是应用定理 5-1：简单地说，流形就是"方程组" $g(\boldsymbol{x})=\boldsymbol{0}$ 的解集，或者说流形就是符合 $g(\boldsymbol{x})=\boldsymbol{0}$ 的轨迹，所以常见的曲线、曲面都是流形. 另一个办法是应用定理 5-2: 流形就是从 $\mathbb{R}^k$ 中的某开集到一个更高维空间 $\mathbb{R}^n$ 的像. 这其实就是把由方程 $g(\boldsymbol{x}) = \boldsymbol{0}$ 定义的流形当作用它的参数方程 $F: \boldsymbol{x} \mapsto \boldsymbol{z}$ 表示. 因此, 这两个定理既直观又重要. 在初学时容易误会之处之一是各个空间的维数, 例如定理 5-2 中 $\mathbb{R}^n$ 的维数并不是"自变量"的维数, F 的像的维数也不是 $\boldsymbol{y} = f(\boldsymbol{x})$ 的函数值空间的维数, 而是 $\boldsymbol{y} = f(\boldsymbol{x})$ 的自变量与函数值的维数之和 $n+m$. 另一个容易忽略之处在于这两个定理都有关于秩的条件.

5-8. (b) 若 M 不是闭集, 则其边界点可能不在 M 中, 故其边界可能不是 ∂M. 例如, 令 M 为 $\mathbb{R}^n$ 中的开单位球 $\{\boldsymbol{x}: |\boldsymbol{x}| < 1\}$, 则 M 的边界 $= \{\boldsymbol{x}: |\boldsymbol{x}| = 1\}$ 是单位球面, 它不在 M 中, 当然就不会是 ∂M. 这里的 M 不是带边流形, 这很容易引起误会.

5-9. 这个题目的直观含义是很清楚的. 要作一个曲面在其上一点处的切平面, 可以先取过此点的"许多"曲线, 并作它们在此点处的切线. 除了在一些特异点处, 这些切向量必定张成一个平面, 即所求的切平面. 要除去的一些特异点都是所谓的"奇点"(例如圆锥的顶点). 图 5-5 给出了比较直观的理解. 现在把这个作法推广到一般的 k 维流形 M. 注意到流形上是没有奇点的, 所以不会遇到上面讲的那种情况.

下面我们将采用定理 5-2 中的记号 (注意, 条件 (C) 中的 (2), $f'(\boldsymbol{y})$ 的秩即流形 M 的维数, 就是上面说的流形上没有奇点). 如图 A-22 所示, 我们现在要讨论 M 在 $\boldsymbol{x}$ 处的切空间, 所以 $\boldsymbol{x} \in M \cap U$ 是固定的, 以下记为 $\boldsymbol{a}$. 在 $\boldsymbol{a}$ 附近选取局部坐标 $\boldsymbol{z} = (z^1, \cdots, z^n)$, 而 M 被映射为 $W \subset \mathbb{R}^k$, 即 M 上的点满足 $z^{k+1} = \cdots = z^n = 0$. 现在过 $\boldsymbol{a}$ 作 $M \cap U$ 中的曲线 $z^i = z^i(t), t \in (-1,1), i = 1,2,\cdots,n$. 不妨设 $t = 0$ 对应于 $\boldsymbol{a}$: $a^i = z^i(0)$. 若有两条这样的曲线 $z^i(t)$ 和 $\widetilde{z}^i(t)$, 则它们在 $\boldsymbol{a}$ 处相切的充分必要条件是 $z^{i\prime}(0) = \widetilde{z}^{i\prime}(0) = \lambda_i$. 按相切关系把这些曲线分成等价类, 则每个等价类对应于一个向量 $\boldsymbol{\Lambda} = (\lambda_1, \cdots, \lambda_n)$, 称为过 $\boldsymbol{a}$ 的一个切向量. 读者可能会想, 如果同一条曲线采用了另一个参数 τ: $t = t(\tau)$, 并且 $\frac{\mathrm{d}t}{\mathrm{d}\tau} \neq 0$ (请读者思考 $\neq 0$ 这一条件意味着什么), 曲线就变成 $z^i = z^i(t(\tau)) = Z^i(\tau)$, 而相应的切向量就变成

$$\left.\frac{\mathrm{d}z^i}{\mathrm{d}\tau}\right|_{\boldsymbol{a}} = \left.z^{i\prime}(\tau)\right|_{\boldsymbol{a}} = z^{i\prime}(0)\left.\frac{\mathrm{d}t}{\mathrm{d}\tau}\right|_{\boldsymbol{a}} = \lambda_i\left.\frac{\mathrm{d}t}{\mathrm{d}\tau}\right|_{\boldsymbol{a}}.$$

因此, 现在的切向量不是 $\boldsymbol{\Lambda}$, 而是 $\left.\frac{\mathrm{d}t}{\mathrm{d}\tau}\right|_{\boldsymbol{a}}$. 它与 $\boldsymbol{\Lambda}$ 平行 (注意, $\left.\frac{\mathrm{d}t}{\mathrm{d}\tau}\right|_{\boldsymbol{a}} \neq 0$), 但并不是同一个切向量. 我们时常以为切向量是斜率的推广, 这并不准确,

因为平行的向量虽然不同，但有相同的斜率. 准确地说，切向量是速度向量的推广. 如果时间尺度变了（即重新选取时间参数 τ），那么速度的方向虽未变，其大小却变了. 这个问题在我们引入向量空间的概念后就没有困难了，因为两个向量 $\boldsymbol{\Lambda}$ 与 $c\boldsymbol{\Lambda}$ 虽然不同，但仍是同一向量空间的元. 读者可能又会问，向量的加法怎样反映在曲线的等价类的“加法”上？回答这个问题之前，先问另一个问题：我们在上面作的是过 $\boldsymbol{a}$ 的 U 中的曲线，而我们需要的是 $M\cap U$ 中的曲线. 怎样从一般的曲线中区分出那些在 M 中的曲线？它们的相应切向量是否张成一个 k 维子空间？也就是说，这些切向量是否张成一个“平面”？

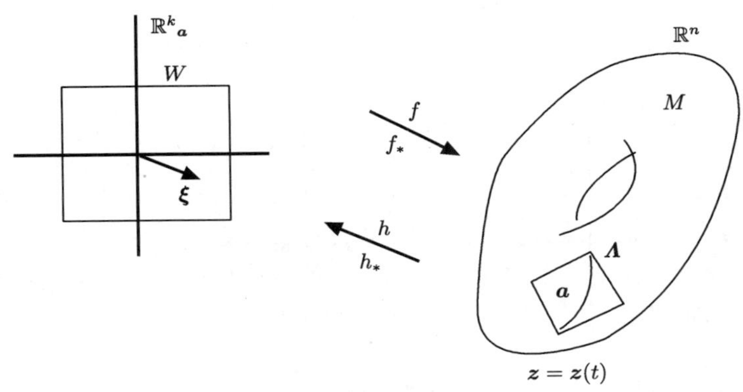

图 A-22

为此，我们注意到，当 f 的秩为 k 时，由 f、h 引出的 f_*、h_* 均为线性同构（即线性一一映射）. 因此，M 上的相切曲线所构成的等价类——用向量 $\boldsymbol{\Lambda}$ 表示——将被映射为 $\boldsymbol{\xi}=h_*\boldsymbol{\Lambda}$（记号上若有不清楚之处，请读者自行改进）. 反之，$\mathbb{R}^k{}_{\boldsymbol{a}}$ 中的向量 $\boldsymbol{\xi}$ 亦必被映射为 $\boldsymbol{\Lambda}=f_*\boldsymbol{\xi}$，而且因为 f_* 是线性同构，所以 $\boldsymbol{\Lambda}$ 的集合也是一个 k 维线性空间，即切空间 $M_{\boldsymbol{a}}$. 因此 $M_{\boldsymbol{a}}=\{\boldsymbol{\Lambda}\}$.

5-12. 这个结果称为扩张定理，即微分流形 M 上的一个可微向量场 $\boldsymbol{F}$ 必可扩张到包含 M 的某开集 A 上. 这个似乎自明的结论证明起来却相当复杂，需要查找有关的专门著作. 例如有 Seeley 的扩张定理，它指出，若 M 的边缘相当规则，则对于定义在 M 上的每个 C^∞ 函数 $f(\boldsymbol{x})$，必可找到定义在 $\mathbb{R}^n$ 上的一个 C^∞ 函数 $F(\boldsymbol{x})$，使得当 $\boldsymbol{x}\in M$ 时，$F(\boldsymbol{x})=f(\boldsymbol{x})$. 关于这个定理的准确叙述和证明，请参阅 J. Chazarain and A. Piriou, *Introduction to the Theory of Partial Differential Equations*. 1982.

5-13. (a) 本题中的记号与定理 5-1 略有区别. 这里的 U 应该就是定理 5-1 中的 A. 这个题目的几何意义如下: 正如习题 5-6 中, f 是一个低维流形 $\mathbb{R}^n$ 在更高维的 $\mathbb{R}^{n+m}$ 中的“嵌入”, 现在则把一个流形表示为 $g^{-1}(\mathbf{0})$, 从而变成由较高维的 $\mathbb{R}^n$ 到较低维的 $\mathbb{R}^{n-p}$ 上的“投影”, 如图 A-23 所示.

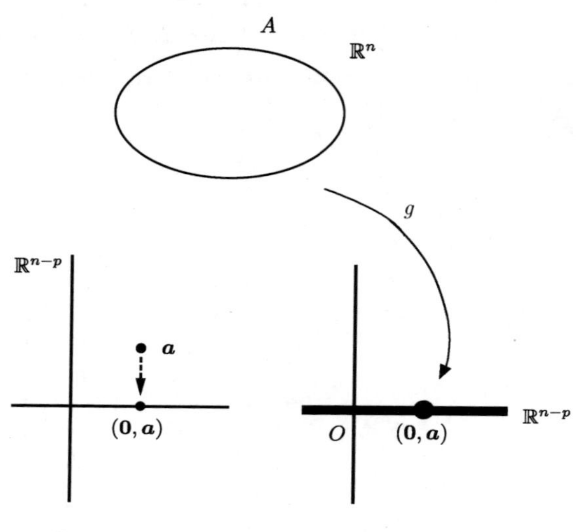

图 A-23